AutoCAD Moldflow UG MoldWizard 模具开发 4合1

万书斌 李卫华 王守勇·编著

电子工业出版社
Publishing House of Electronics Industry
北京·BEIJING

内容简介

本书是一本专门为想在较短时间内学会并掌握模具及数控加工等专业知识和行业技能应用的人而编写的教材。本书分别运用 Moldflow、UG 及 AutoCAD 等模具专业应用软件,全面介绍模具模流分析、模具分模、模具零部件设计、模具系统与机构设计、模具数控加工及模具结构图和装配图设计等方方面面的知识。读者学习本书后便能轻松掌握模具设计流程中所需的软件技能。

本书从教学与自学的易用性、实用性出发,基于多个模具设计软件进行实战应用,对模具设计全流程进行了全面细致的讲解,并配以大量的实战案例加深理解与练习。

本书适合即将和已经从事材料成型、机械设计、模具设计、数控加工等专业技术人员,以及想快速提高CAE、CAD和CAM软件应用的爱好者参考阅读,还可作为本科、大中专和相关培训学校的机械CAD制图、材料成型及模具数控专业的培训教材。

未经许可,不得以任何方式复制或抄袭本书之部分或全部内容。

版权所有,侵权必究。

图书在版编目(CIP)数据

AutoCAD Moldflow UG MoldWizard 模具开发4合1 / 万书斌,李卫华,王守勇编著.—北京:电子工业出版社,2020.6

ISBN 978-7-121-38956-6

Ⅰ.①A… Ⅱ.①万… ②李… ③王… Ⅲ.①模具—计算机辅助设计—应用软件 Ⅳ.①TG76-39

中国版本图书馆CIP数据核字(2020)第067021号

责任编辑:田 蕾
印   刷:三河市鑫金马印装有限公司
装   订:三河市鑫金马印装有限公司
出版发行:电子工业出版社
     北京市海淀区万寿路173信箱 邮编:100036
开   本:787×1092 1/16 印张:22 字数:633.6千字
版   次:2020年6月第1版
印   次:2020年6月第1次印刷
定   价:89.00元

凡所购买电子工业出版社图书有缺损问题,请向购买书店调换。若书店售缺,请与本社发行部联系,联系及邮购电话:(010)88254888,88258888。

质量投诉请发邮件至 zlts@phei.com.cn,盗版侵权举报请发邮件至 dbqq@phei.com.cn。

本书咨询联系方式:(010)88254161~88254167转1897。

前言
PREFACE

本书是一本专门为想在较短时间内学会并掌握模具及数控加工等专业知识和行业技能应用的人而编写的教材。本书分别运用 Moldflow、UG 及 AutoCAD 等模具专业应用软件，全面介绍模具模流分析、模具分模、模具零部件设计、模具系统与机构设计、模具数控加工及模具结构图和装配图设计等方方面面的知识。读者学习本书后便能轻松掌握模具设计流程中所需的软件技能。

本书内容

本书基于多个模具设计软件进行实战应用，对模具设计全流程进行了全面细致的讲解，并配以大量的实战案例加深理解与练习。

全书共 10 章，章节内容安排如下。

第 1 章：Moldflow 是用于塑料注射成型分析的软件，它主要以塑料流动理论、有限元法和数值模拟等理论为基础，以塑料件成型过程为对象，快速分析塑料产品在实际生产中可能产生的缺陷，并提供一系列解决方案。本章主要介绍 Autodesk Moldflow 软件的操作界面、分析流程、功能命令等相关知识。

第 2 章：本章利用 Moldflow 的分析功能对手机后壳产品进行模流分析。通过解决产品翘曲变形问题，取得模具冷却系统设计、浇注系统设计的最佳方案。

第 3 章：本章利用 Moldflow 针阀式热流道的时序控制技术，对某型汽车的前保险杠进行模流分析，主要目的是解决制件在充填过程中产生的熔接线问题。

第 4 章：二次成型工艺是指热塑性弹性体通过熔融黏附结合到工程塑胶的一种注塑过程。相比用第三方材料黏接，二次成型工艺过程更快。因此，其已被广泛应用于塑胶结构设计。本章以塑料扣双色注塑成型为例，详细介绍 Moldflow 重叠注塑成型分析的应用过程。

第 5 章：本章主要学习三维结构设计软件 UG 在模具分模流程中的实际应用。通过使用 UG 的零件建模工具进行手动分模，运用软件技巧和模具技术，达到灵活分模的目的。

第 6 章：本章介绍如何利用 UG 软件的模具设计模块 MoldWizard 进行模具分型面的设计。分型面是模具设计环节中的重中之重，分型面设计的好坏，将直接影响到产品的质量，同时也影响了模具结构和生产成本。可以说模具技术基本体现在分模技术和模具结构设计上。

第 7 章：本章利用 MoldWizard 进行成型零件的结构设计工作。成型零件主要包括型腔、型芯、各种镶块、成型杆和成型环等。由于成型零件与成品直接接触，它的质量关系到制件质量，因此要求其有足够的强度、刚度、硬度、耐磨性，以及有足够的精度和适当的表面粗糙度，并保证能顺利脱模。

第 8 章：系统与机构是模具组成中不可或缺的一部分，而且技术性较高，故在本章中仅针对某些模具进行解说，其余的设计细节与要求留给大家慢慢思索。本章将使用 HB_MOULD 模具插件和 MoldWizard 模块共同完成模具系统和机构的设计。

第 9 章：本章运用 UG 软件的 CAM 数控加工模块，进行模具零件的面铣、平面铣、轮廓铣、固定轴曲面轮廓铣、可变轴曲面轮廓铣等数控加工操作。

第 10 章：最后利用基于 AutoCAD 软件平台的注塑模具设计辅助设计系统——LTools 2010，进行注塑模具的结构图设计和装配图设计。

本书特色

本书从教学与自学的易用性、实用性出发，用"软件知识讲解+实操练习"的教学方式，全面教授基于模具设计的专业软件技能和模具设计行业的实践应用。

本书最大特色在于：

- 行业同步训练逻辑清晰。
- 精美的效果图赏心悦目，极具行业设计价值。
- 大量的视频教学，结合书中内容介绍，能更好地融会贯通。
- 随书赠送大量有价值的学习资料及练习内容，能让读者充分利用软件功能进行相关设计。

作者信息

本书由山东烟台工程职业技术学院工业技术应用系的万书斌、李卫华老师和机械工程系的王守勇老师共同编著。由于时间仓促，本书难免有不足和错漏之处，还望广大读者批评和指正！

感谢您选择了本书，希望我们的努力对您的工作和学习有所帮助，也希望您把对本书的意见和建议告诉我们。

读者服务

读者在阅读本书的过程中如果遇到问题，可以关注"有艺"公众号，通过公众号与我们取得联系。此外，通过关注"有艺"公众号，您还可以获取更多的新书资讯、书单推荐、优惠活动等相关信息。

扫一扫关注"有艺"

资源下载方法：关注"有艺"公众号，在"有艺学堂"的"资源下载"中获取下载链接，如果遇到无法下载的情况，可以通过以下三种方式与我们取得联系：

1. 关注"有艺"公众号，通过"读者反馈"功能提交相关信息；
2. 请发邮件至 art@phei.com.cn，邮件标题命名方式：资源下载＋书名；
3. 读者服务热线：（010）88254161~88254167 转 1897。

投稿、团购合作：请发邮件至 art@phei.com.cn。

视频教学

随书附赠 62 集实操教学视频，扫描下方二维码关注公众号即可在线观看全书视频（扫描每一章章首（第 1 章除外）的二维码可在线观看相应章节的视频）。

目录 CONTENTS

01 Moldflow 2018 模流分析基础 ... 1

1.1 Moldflow 2018 软件简介 ... 2
- 1.1.1 Moldflow Adviser（MPA） ... 2
- 1.1.2 Moldflow Insight（MPI） ... 2
- 1.1.3 Moldflow Synergy 2018 用户界面 ... 4
- 1.1.4 功能区命令 ... 6

1.2 Moldflow 2018 基本操作 ... 7
- 1.2.1 工程文件管理 ... 7
- 1.2.2 导入和导出 ... 9
- 1.2.3 视图的操控 ... 11
- 1.2.4 模型查看 ... 11

1.3 Moldflow 建模与分析流程 ... 12
- 1.3.1 创建工程项目 ... 12
- 1.3.2 导入或新建 CAD 模型 ... 12
- 1.3.3 生成网格及网格诊断 ... 13
- 1.3.4 选择分析类型 ... 13
- 1.3.5 选择成型材料 ... 14
- 1.3.6 设置工艺参数 ... 14
- 1.3.7 设置注射（进料口）位置 ... 15
- 1.3.8 构建浇注系统 ... 15
- 1.3.9 构建冷却回路 ... 15
- 1.3.10 运行分析 ... 16
- 1.3.11 结果分析 ... 17

1.4 制作分析报告 ... 18
- 1.4.1 方案选择 ... 18
- 1.4.2 数据选择 ... 18
- 1.4.3 报告布置 ... 18

02 变形控制模流分析案例 ... 19

2.1 模流分析项目介绍 ... 20

2.2 前期准备与分析 ... 20
2.2.1 前期准备 ... 20
2.2.2 最佳浇口位置分析 ... 23
2.2.3 创建一模两腔平衡布局 ... 26
2.2.4 浇注系统设计 ... 27
2.2.5 冷却系统设计 ... 30
2.3 初步分析 ... 31
2.3.1 工艺设置与分析过程 ... 31
2.3.2 分析结果解读 ... 32
2.4 优化分析 ... 39
2.4.1 成型窗口分析 ... 39
2.4.2 二次"冷却＋填充＋保压＋翘曲"分析 ... 42

03 时序控制模流分析案例 ... 47

3.1 模流分析项目介绍 ... 48
3.1.1 设计要求 ... 48
3.1.2 关于大型产品的模流分析问题 ... 48
3.2 前期准备与分析 ... 48
3.2.1 前期准备 ... 48
3.2.2 最佳浇口位置分析 ... 51
3.3 初步分析（普通热流道系统） ... 53
3.3.1 浇注系统设计 ... 54
3.3.2 工艺设置 ... 58
3.3.3 分析结果解读 ... 58
3.4 改针阀式热流道系统后的首次分析 ... 59
3.4.1 针阀式热流道系统设计 ... 59
3.4.2 分析结果解读 ... 68
3.5 优化设计（熔接线位置） ... 70
3.5.1 改变热流道直径 ... 70
3.5.2 分析结果解读 ... 71

04 重叠注塑成型模流分析案例 ... 73

4.1 二次成型工艺概述 ... 74
4.1.1 重叠注塑成型（双色成型） ... 74
4.1.2 双组份注塑成型（嵌入成型） ... 78
4.1.3 共注塑成型（夹芯注塑成型） ... 81
4.2 设计任务介绍——重叠注塑成型 ... 82
4.3 前期准备与分析 ... 83

		4.3.1 前期准备	83
		4.3.2 最佳浇口位置分析	88
	4.4	初步分析	89
		4.4.1 分析结果解读	92
		4.4.2 双色产品注塑问题的解决方法	95
	4.5	优化分析	95
		4.5.1 重设材料、浇口及工艺设置	95
		4.5.2 分析结果解读	97

05 UG 手动分模案例 …… 101

- 5.1 熟悉 UG NX 12.0 工作界面 …… 102
- 5.2 图层的应用 …… 104
- 5.3 模具设计辅助工具 …… 107
  - 5.3.1 实体造型工具 …… 107
  - 5.3.2 特征操作工具 …… 111
  - 5.3.3 曲面造型工具 …… 118
  - 5.3.4 移动对象 …… 122
- 5.4 综合实战——产品分型面设计 …… 123

06 UG 模具分型设计 …… 129

- 6.1 认识分型面 …… 130
  - 6.1.1 分型面类型与形状 …… 130
  - 6.1.2 分型面的选择原则 …… 130
- 6.2 MoldWizard 分型面设计工具 …… 132
  - 6.2.1 【定义区域】工具 …… 132
  - 6.2.2 【设计分型面】工具 …… 133
- 6.3 分型面的检查 …… 145
- 6.4 UG NX 12.0 的分型面设计方法 …… 152
  - 6.4.1 在建模环境下利用建模命令设计分型面 …… 152
  - 6.4.2 在 MW 环境下利用自动分型工具 + 建模命令设计分型面 …… 157
  - 6.4.3 在建模环境下利用手动 + 自动分型设计分型面 …… 161
  - 6.4.4 在 MW 环境下利用自动分型工具设计分型面 …… 169
- 6.5 分型面设计注意事项 …… 170

07 UG 模具零部件设计 …… 207

- 7.1 整体式成型零部件设计 …… 208

IX

7.2 组合式成型零部件设计 ·· 212
7.3 综合实战——塑料垃圾桶成型零件设计 ·· 222
    7.3.1 分割出型腔零件和型芯零件 ··· 223
    7.3.2 设计型芯零件中的子镶块 ·· 224
    7.3.3 将加强筋槽从型芯中拆分出来 ·· 232
    7.3.4 创建型芯及模板上的其他特征 ·· 232
    7.3.5 型腔侧镶块设计 ·· 233

08 UG 系统与机构设计 ·· 237

8.1 HB_MOULD 模架设计 ··· 238
8.2 HB_MOULD 侧向分型与抽芯机构设计 ·· 242
8.3 MW 浇注系统设计 ··· 255
8.4 MW 冷却系统设计 ··· 258
8.5 MW 顶出系统设计 ··· 262

09 UG 模具数控加工案例 ··· 265

9.1 数控加工基本知识 ·· 266
    9.1.1 计算机数控的概念与发展 ·· 266
    9.1.2 数控机床的组成与结构 ··· 267
    9.1.3 数控加工特点 ··· 267
    9.1.4 数控加工原理 ··· 267
9.2 面铣削 ·· 269
    9.2.1 面铣削加工类型 ·· 269
    9.2.2 面铣削加工几何体 ·· 270
    9.2.3 刀具和刀轴 ··· 272
9.3 平面铣削 ··· 278
    9.3.1 平面铣削操作类型 ·· 278
    9.3.2 平面铣削加工 ·· 279
    9.3.3 平面铣削切削层 ··· 279
9.4 轮廓铣削 ··· 285
    9.4.1 轮廓铣削类型 ·· 285
    9.4.2 型腔铣 ··· 286
    9.4.3 深度铣 ··· 286
9.5 固定轴曲面轮廓铣 ·· 292
    9.5.1 固定轴铣类型 ·· 292
    9.5.2 固定轴铣加工工序 ·· 292
9.6 可变轴曲面轮廓铣（多轴铣）··· 295

9.6.1 多轴铣加工类型 ·· 295
 9.6.2 刀具轴矢量控制方式 ·· 295
 9.6.3 多轴机床 ·· 296
 9.6.4 多轴加工的特点 ·· 296
9.7 综合实战——凸模零件加工 ··· 299
 9.7.1 数控编程工艺分析 ··· 299
 9.7.2 粗加工 ·· 300
 9.7.3 半精加工 ·· 302
 9.7.4 精加工 ·· 303

10 AutoCAD 模具制图案例 ·· 309

10.1 LTools 2010 简介 ·· 310
 10.1.1 LTools 2010 系统集成面板 ··· 310
 10.1.2 LTools 2010 选项卡 ··· 311
10.2 制作涂料片模具结构图 ··· 311
 10.2.1 设计思路分析 ·· 311
 10.2.2 产品缩水设置 ·· 316
10.3 调用标准模架 ··· 320
10.4 模具总装配图设计 ·· 324

01

Moldflow 2018 模流分析基础

Moldflow 是用于塑料注射成型分析的软件，主要以塑料流动理论、有限元法和数值模拟等理论为基础，以塑件成型过程为对象，快速分析塑料产品在实际生产中可能产生的缺陷，并提供一系列解决方案。本章主要介绍 Autodesk Moldflow 2018 软件的操作界面、分析流程、功能命令等相关知识。

☑ 知识点 01：Moldflow 2018 软件简介
☑ 知识点 02：Moldflow 2018 基本操作
☑ 知识点 03：Moldflow 建模与分析流程
☑ 知识点 04：制作分析报告

1.1 Moldflow 2018 软件简介

Moldflow 是全球注塑成型 CAE 技术领导者，Autodesk Moldflow 2018 的推出，实现了对塑料供应设计的标准，统一了企业上下游对塑料件设计的标准；其次，实现了企业对 know-how 的积累和升华，改变了传统的基于经验的试错法；更重要的是，Moldflow 2018 实现了与 CAE 的整合优化，通过了诸如 Algor、Abaqus 等机械 CAE 的融合，对成型后的材料物性/模具的应力分布展开结构强度分析，这一提升，增强了 Moldflow 在 Autodesk 制造业设计套件 2018 中的整合度，可以更加柔性和协同地开展设计工作。Moldflow 2018 的设计和制造环节，提供了两大模拟分析软件：Moldflow Adviser 和 Moldflow Insight。

1.1.1 Moldflow Adviser（MPA）

Moldflow Adviser 是入门级的模流分析软件，客户主要针对产品结构工程师和模具工程师。Moldflow Adviser 已经与当下主流三维软件 Creo、UG 等软件合并使用，也称"塑件顾问"，包含了塑料顾问和模具顾问。

Moldflow Adviser 主要的使用目的是对产品进行浇口最佳位置分析和流动分析，帮助产品工程师对产品进行改进，并对模具的浇口设计和其他系统设计提供必要的帮助。其主要功能有以下几点：

- 易于创建浇流道系统：可对单模穴、多模穴及组合模具方便地创建主流道、分流道和浇口系统。
- 预测充模模式：快速地分析塑料熔体流过浇流道和模穴的过程，以平衡流道系统，并考虑不同的浇口位置对充模模式的影响。
- 预测成型周期：模具设计师可利用一次注射量和锁模力这些信息选定注射机，优化成型周期，减少废料量。
- 可快速方便地传输结果：Moldflow Adviser 的网页格式的分析报告可在设计小组成员之间方便地传递各种信息，例如浇流道的尺寸和排布、塑料熔体流动方式。

Moldflow Adviser 对所选择的注射机支持四种分析模式：

（1）Part Only：仅对产品进行分析。可确定合理的工艺成型条件、最佳的浇口位置，并进行充模模拟及冷却质量和凹痕分析，从而辅助产品结构设计。

（2）Single Cavity：对单模穴成型进行分析。要求建立浇流道，可进行充模模拟。

（3）Multi Cavity：对多模穴成型进行分析。要求建立浇流道，可进行充模模拟及流道平衡分析，确定模穴的 q 合理排布及优化浇流道的尺寸。

（4）Family：对组合模穴成型进行分析，可一次成型两种或两种以上的不同产品。要求建立浇流道，可进行充模模拟及流道平衡分析，确定模穴的合理排布及优化浇流道的尺寸。

1.1.2 Moldflow Insight（MPI）

Moldflow Insight 软件，作为数字样机解决方案的一部分，提供了一整套先进的塑料模拟工具。AMI 提供了强大的分析功能，优化塑件产品和与之关联的模具，能够模拟最先进的成型过程。现今，AMI 普遍用于汽车制造、医疗、消费电子和包装等行业，大大缩短产品的更新期。

Moldflow Insight 在确立最终设计之前在计算机中进行不同材料、产品模型、模具设计和成型条件的实验。这种在产品研发的过程中评估不同状况的能力，使得企业能够获得高质量产品，避免制造阶段成本提高和时间延误。

Moldflow Insight 致力于解决塑料成型相关的广泛的设计与制造问题，对生产料件和模具的各种成型包括新的成型方式，都有专业的模拟工具。软件不但能够模拟普通的成型，还可以模拟为满足苛刻设计要求而采取独特的成型过程。在材料特性、成型分析、几何模型方面技术的依靠，让 AMI 代表最前沿的塑料模拟技术，可以缩短产品开发周期，降低成本，并且让团队可以有更多的时间去创新。

Moldflow Insight 包含了最大的塑胶材料数据库。用户可以查到 8 000 种以上的商用塑胶的最新、最精确的材料数据，因此，能够放心地评估不同的候选材料或者预测最终应用条件苛刻的成型产品性能。在软件中也可以看到能量使用指示和塑胶的标记，因此，可以更进一步地降低材料能量并且选择可持续发展的有利的材料。

目前，欧特克公司推出 Moldflow Insight 2018 软件，但软件包中包含了 Autodesk Moldflow Synergy 2018、Autodesk Moldflow Insight 2018 及 CADdoctor for Autodesk Simulation 2018 等。那么初学者该如何选择哪一款软件进行安装呢？首先要了解 Moldflow 的相关产品。

（1）Moldflow Insight Standard（MFIB）可独立下载及独立安装。此款产品功能如下：
- 注塑成型深入仿真。
- 聚合物流动、模具冷却和零件翘曲预测。
- 网格划分和工艺参数控制。

（2）Moldflow Insight Premium（MFIP）可独立下载及独立安装。此款产品功能如下：
- 包括 Moldflow Insight Standard 的所有功能。
- 同步解算功能。
- 高级模具加热和冷却工艺。
- 工艺优化。

（3）Moldflow Insight Ultimate（MFIA）可独立下载及独立安装。此款产品功能如下：
- 包括 Moldflow Insight Premium 的所有功能。
- 专业成型工艺仿真。
- 光学性能预测。

仅安装 Moldflow Insight Ultimate 就能进行所有成型工艺的解算（包括本地同步解算和云解算）。所以 Moldflow Insight Ultimate 是一个解算器，是必装的模块，否则不能运算。

> **技术要点**
> Moldflow Insight Standard、Moldflow Insight Premium 和 Moldflow Insight Ultimate 是模块，是没有用户界面的，需要安装 Moldflow Synergy 用户界面软件才能应用。

（4）Autodesk Moldflow Synergy（MFS）为 Moldflow Insight 的前后处理界面（用户操作平台），包括模型输入、输出处理，网格划分，分析结果显示，分析报告制作等。所以此软件也是必装的。

（5）CADdoctor for Autodesk Simulation（MFCD）是网格修复软件，网格划分的质量好坏关系到成型质量的好坏。由于模型本身结构很复杂，比如一些很细小的加强筋、BOSS、凸起等，在 Moldflow Synergy 中网格划分后往往得不到好的网格，那么就需要利用 CADdoctor 对分析模型进行简化,去除一些细小的繁杂结构,因为这些不会影响或者极小影响到整个注塑工艺的成型分析,基本上可以忽略这样的极小误差。

> **技术要点**
>
> 本书所介绍的内容基本上包含了 Autodesk Moldflow Synergy、Autodesk Moldflow Insight 和 CADdoctor for Autodesk Simulation。

1.1.3　Moldflow Synergy 2018 用户界面

当安装并注册了 Autodesk Moldflow Synergy 2018、Autodesk Moldflow Insight 2018 和 CADdoctor for Autodesk Simulation 2018 后,从桌面上双击 Autodesk Moldflow Synergy 2018 图标,启动 Moldflow Synergy 2018 功能区用户界面,如图 1-1 所示。

Moldflow Synergy 2018 功能区操作界面相比以前版本的界面有了很大的改变,界面更加美观,排版更加合理,图标更加清晰,操作变得更加方便,让老用户可以更好地使用 Moldflow Synergy 2018。Moldflow Synergy 2018 的界面主要由应用程序菜单、快速访问工具栏、功能区选项卡、【工程】面板、【层】面板、模型视窗、日志视窗组成。

1. 应用程序菜单

其包括新建、打开、保存、导出、发布、打印、工程、文件属性、关闭选项,当单击某一选项时,会弹出下一级菜单,同时在菜单栏初始化时右侧会出现最近使用的文档,方便再次打开上次使用的文档,如图 1-2 所示。

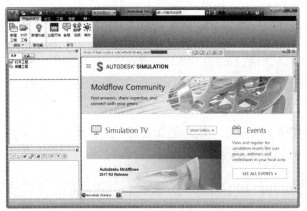

图 1-1　Moldflow Synergy 2018 用户界面

图 1-2　应用程序菜单

2. 快速访问工具栏

其包括新建工程、打开工程、保存方案、撤销、重做、操作记录、打印、捕获等命令,同时允许用户自行设定,以便符合个人使用习惯,如图 1-3 所示。

图 1-3　快速访问工具栏

3. 功能区选项卡

功能区选项卡处于快速访问工具栏下方,选项卡包括主页、工具、查看等,同时有些选项卡只有在进入新环境中时才会显示,如图 1-4 所示。

图 1-4　功能区选项卡

4. 【工程】面板

在模型视窗左侧有两块面板：【工程】面板和【层】面板。【工程】面板中包含【任务】选项卡（图 1-5）和【工具】选项卡（图 1-6）。

（1）【任务】选项卡

【任务】选项卡中又包括工程视图窗格和方案任务窗格。

- 工程视图窗格（简称"工程视窗"）：工程视窗位于用户界面的左上方，显示当前工程所包含的项目，用户可以对每个工程进行重命名、复制、删除等操作。
- 方案任务视图窗格（简称"方案任务视窗"）：方案任务视窗位于工程视窗下方，显示当前案例分析的状态，具体包括导入的模型、风格属性、材料、浇注系统、冷却系统、工艺条件、分析结果等。

图 1-5　【任务】选项卡

图 1-6　【工具】选项卡

（2）【工具】选项卡

【工具】选项卡在没有执行任何工具命令时，仅显示初步操作信息提示。当执行了功能区【几何】选项卡、【网格】选项卡及【边界条件】选项卡中的工具命令后，【工具】选项卡下将显示相应的工具操作面板。利用此工具面板进行系列操作，可以完成几何、网格或边界条件的创建。

5. 【层】面板

位于方案任务视窗下方，用户可以进行新建、删除、激活、显示、设定图层等操作，合理运用层管理，可给操作带来非常大的便利，如图 1-7 所示。

6. 模型视窗

位于整个界面的中央，用来显示模型或分析结果等，如图 1-8 所示。

图 1-7　【层】面板

图 1-8　模型视窗

7. 日志视窗

日志视窗位于模型视窗下方，用来显示运行状况以及操作记录，如图 1-9 所示。

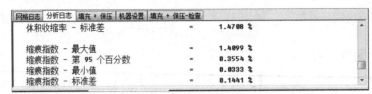

图 1-9　日志视窗

1.1.4　功能区命令

Moldflow Synergy 2018 的功能区选项卡风格与微软办公软件界面风格是完全相同的，操作起来十分方便。

1.【主页】选项卡

在【主页】选项卡中，集成了大多数常用的功能按钮，如导入、添加、双层面、几何、网格、分析序列、选择材料、注射位置、工艺设置、边界条件、开始分析、日志、作业管理器、结果、报告等，如图 1-10 所示。

图 1-10　【主页】选项卡

2.【工具】选项卡

【工具】选项卡主要用于数据库和宏的管理，如图 1-11 所示。

图 1-11　【工具】选项卡

3.【查看】选项卡

在【查看】选项卡中，集成了视图调节功能，如：模型显示调节、窗口调节、模型移动、排布等，如图 1-12 所示。

图 1-12　【查看】选项卡

4.【入门】选项卡

在【入门】选项卡中，用户可以对 Moldflow 2018 进行一个初步的了解和学习（相当于一个向导），如图 1-13 所示。

图 1-13　【入门】选项卡

5. 【几何】选项卡

【几何】选项卡只有在单击【主页】选项卡上的【几何】按钮 时，才会弹出【几何】选项卡，【几何】选项卡主要集成了建模工具、冷却回路、模腔重复等功能，如图1-14所示。

图 1-14　【几何】选项卡

6. 【边界条件】选项卡

【边界条件】选项卡同【几何】选项卡一样，只有单击【主页】选项卡上的【边界条件】按钮 ，才会弹出【边界条件】选项卡，如图1-15所示。

图 1-15　【边界条件】选项卡

1.2　Moldflow 2018 基本操作

软件入门的第二步就是熟悉工程项目的创建、文件操作、图形视图的控制、模型的观察等。下面逐一介绍。

1.2.1　工程文件管理

1. 创建新工程

打开 Moldflow Synergy 2018 用户界面后，首要工作就是创建一个工程。"工程"在 Moldflow 中作为顶层结构存在，级别最高。所有的分析方案、分析序列、材料、注射位置、工艺设置及运行分析等组织分支都被包含在创建的工程中。

当第一次使用 Moldflow 时，在功能区界面的【开始并学习】选项卡下单击【新建工程】按钮 ，或者在【任务】选项卡下的工程视窗中双击【新建工程】图标 ，弹出如图 1-16 所示的【创建新工程】对话框。

图 1-16　【创建新工程】对话框

- 工程名称：要创建新工程，需要输入工程名称，名称可以是英文、数字或者中文。

> **技术要点**
>
> 注意：输入名称时不能与前面所创建的工程同名。

- 创建位置：默认的创建位置跟安装 Moldflow Synergy 2018 时的路径有关。也可以单击 浏览(B)... 按钮重新设置工程文件的存储路径。

单击【确定】按钮将创建新工程，并进入到该工程的用户界面中，如图 1-17 所示。但此时的界面由于没有导入分析的模型，功能区中许多功能命令是灰显的，处于未激活状态。

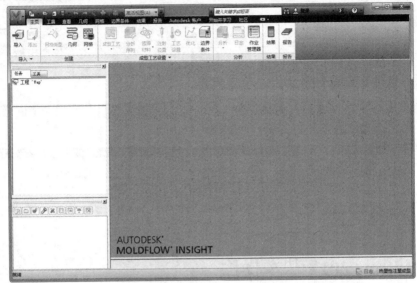

图 1-17 工程用户界面

2. 打开现有工程

如果已经创建了工程，并且是持续的工程设计，那么就可以通过在【开始并学习】选项卡下单击【打开】按钮 ，或是在【任务】选项卡下的工程视窗中双击【打开工程】图标 ，从存储工程的路径中找到要打开的工程文件，单击【打开】按钮即可，如图 1-18 所示。

图 1-18 打开工程文件

3. 关闭工程

当需要关闭当前工程时，可以在软件窗口左上角单击软件图标 打开菜单浏览器，执行【关闭】|【工程】命令即可，如图 1-19 所示。

当然，还有另一种做法，就是在软件顶部的快速访问工具栏上单击 新建工程 命令，新建工程以覆盖当前工程，如图 1-20 所示。

图 1-19 关闭工程的操作

图 1-20 新建工程以覆盖当前工程

1.2.2 导入和导出

创建工程文件后，还要导入零件模型便于分析。导入的模型将自动保存在所创建的工程中。一个工程就代表了一个实际项目，每个项目里可以包含多个方案。

在工程界面的【主页】选项卡的【导入】面板中单击【导入】按钮，弹出【导入】对话框，选择合适的文件类型，打开模型，如图 1-21 所示。Moldflow 自身保存的模型格式为 sdy，当然还可以打开其他三维软件所产生的文件类型，如 UG、Creo、Solidworks、CATIA 等，以及常见的 udm 格式（CADdoctor 生成的文件）、stl 格式（三角形网格的文件格式）、igs 格式（曲面的文件格式）等。

> **技术要点**
>
> udm 格式是通过 CADdoctor 生成的，这种模型由特征表面连接而成，划分出来的网格排列非常整齐。udm 格式比 stl 格式的网格质量高，因为 stl 本身是小块的三角形单元，受这种小块三角形边界的影响，划分出来的网格就不可能那么整齐有规律，匹配率也较低。在导入 udm 时，可以自动创建一个曲线层和一个面层，但曲线层用处不大。一般来说，为了保证计算精度，优先选择 udm 格式，其次为 igs 格式，再次为 stl 格式。

三种格式的对比如表 1-1 所示。

表 1-1 常用导入格式对比

格 式	优 点	缺 点	适 用 性
udm	可编辑；网格均匀；自适应网格	需要 CADdoctor 软件处理	对大多数模型都适用
igs	可编辑；可以定义不同区域网格密度；自适应网格；网格均匀；可导入曲线为单独层；圆柱为多个面构成	表面容易丢失；网格数量比 stl 的多	网格质量依赖于 CAD 系统；制品几何简单
stl	圆柱为一个面构成；很少丢失面	不可编辑；减小弦高设置会增加网格数量；网格匹配较低	弦高设置影响很大；网格受初始 stl 面片影响

打开零件模型后，弹出【导入】对话框，提示必须选择一个网格类型，包括 3 种网格类型，如图 1-22 所示。

技术要点

如果导入的是 sdy 格式文件，则不会弹出【导入】对话框，将直接进入到方案分析中。

图 1-21　导入零件模型

图 1-22　【导入】对话框

技术要点

"中性面"网格适用于产品结构简单的薄壁模型，原因是壁厚越厚且结构越复杂时，计算结果误差越大。"双层面"网格适用于结构稍微复杂的薄壁模型，原因是壁厚越厚的模型得到的分析数据不完整、误差大。"实体"网格适用于壁厚较厚的且结构很复杂的模型，但计算量较大，分析时间太长，对计算机系统有所要求。

选择一种网格分析类型后，单击【导入】对话框的【确定】按钮，完成分析模型的导入。此时的 Moldflow 界面就是方案设计用户界面，如图 1-23 所示。

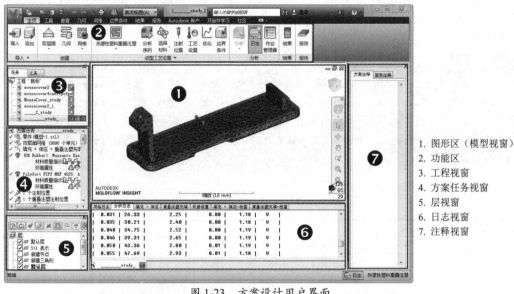

1. 图形区（模型视窗）
2. 功能区
3. 工程视窗
4. 方案任务视窗
5. 层视窗
6. 日志视窗
7. 注释视窗

图 1-23　方案设计用户界面

当完成方案分析后，可以在菜单浏览器中执行【导出】命令，导出为"ZIP 存档形式的方案和结果""模型"或者"翘曲网格/几何"，如图 1-24 所示。

1.2.3 视图的操控

导入的零件模型，需要在图形区窗口进行操控，以便于观察模型和分析后的状态。如果只安装了 Moldflow，那么默认的视图控制方式是鼠标和键盘快捷键组合。

> **技术要点**
> 如果安装了三维软件，如 UG、Creo、CATIA 等，那么在启动 Moldflow 时就会提示：选择哪种软件的键鼠功能应用于 Moldflow。

在软件窗口左上角单击菜单浏览器图标，再单击菜单浏览器中的【选项】按钮，打开【选项】对话框。在【鼠标】选项卡下可以预设键鼠操控方式，如图 1-25 所示。

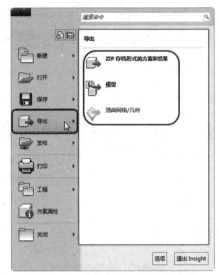

图 1-24 导出方案、结果或模型

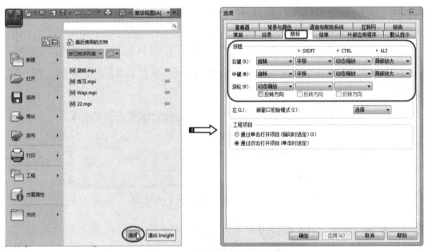

图 1-25 预设键鼠操控方式

图 1-25 显示的键鼠操控方式为笔者选择的以 UG 视图操控作为参考的操控方式。

当然，不太习惯用键鼠操控方式的读者，还可以在功能区【查看】选项卡下的【浏览】和【视角】面板中单击相应的视图操控按钮，如图 1-26 所示。

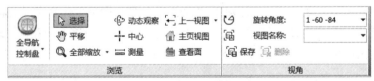

图 1-26 视图操控按钮

1.2.4 模型查看

可以利用【查看】选项卡的模型外观、剖切平面、窗口等面板，对模型进行查看。如图 1-27 所示的为相关的模型查看工具。

图 1-27 【查看】选项卡

1.3 Moldflow 建模与分析流程

本节介绍 Moldflow 的分析流程,从建立新的工作目录、建立新的分析案例到完成案例分析,查看分析结果的整个流程都将逐步详解,使读者能够形成一个流畅的分析操作思路。

1.3.1 创建工程项目

"工程项目"是 Moldflow 中的最高管理单位,项目中包含的所有信息都存放在一个路径下,一个项目可以包含多个案例与报告。

启动 Moldflow 后,在功能区界面的【开始并学习】选项卡下单击【新建工程】按钮,或者在【任务】选项卡下的工程视窗中双击【新建工程】图标,弹出如图 1-28 所示的【创建新工程】对话框。在该对话框中要求用户输入新的工程名称以及选择保存路径。

通常情况下使用程序默认的保存路径来创建一个新项目,创建完成后,即可在主界面工程视窗中进行项目管理操作了。

图 1-28 【创建新工程】对话框

1.3.2 导入或新建 CAD 模型

新建项目后,就可以在项目中导入 CAD 模型了。在工程用户界面的【主页】选项卡下的【导入】面板上单击【导入】按钮,弹出【导入】对话框,选择合适的网格类型,打开模型。

打开零件模型后,弹出【导入】对话框,选择一个网格类型,单击【确定】按钮完成模型的导入,如图 1-29 所示。

除了直接导入 CAD 模型,用户还可以自行创建方案分析模型。在菜单浏览器中选择【文件】|【新建】|【方案】命令或在快速访问工具栏上单击【新建方案】按钮,还可以在工程视窗中通过快捷菜单命令来实现,如图 1-30 所示。

图 1-29 【导入】对话框

图 1-30 手动创建分析模型选择的命令

1.3.3 生成网格及网格诊断

在导入或新建模型后，要对模型进行网格划分。在【网格】选项卡下的【网格】面板中单击【生成网格】按钮，随后在工程视窗的【工具】选项卡下弹出划分网格模型的操作界面，在此选项卡中的【常规】选项卡下输入"曲面上的全局边长"的值后，再单击【立即划分网格】按钮，程序就自动对分析模型进行网格划分，如图1-31所示。

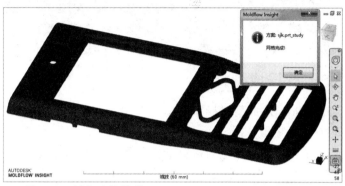

图1-31 划分网格模型

网格模型划分完成后，需要对划分的网格进行检验及修改。

往往对模型进行网格划分之后，模型会产生一系列的缺陷，那么，如何确定缺陷出现的位置，这就需要对网格做出统计之后才能明确。

在功能区【网格】选项卡下的【网格诊断】面板中单击【网格统计】按钮，再在工程视窗的【工具】选项卡中单击【显示】按钮，Moldflow就会自动对划分的网格进行统计计算，并在下方的统计结果列表中显示，如图1-32所示。

> **技术要点**
> 如果统计结果中有不合理的网格，用户就要运用网格工具来进行修补，直到修改正确为止。

1.3.4 选择分析类型

通常用户进行的Moldflow分析仅限于Flow（流动）分析和Cool（冷却）分析。

在方案任务视窗中默认的分析类型为"填充"，用鼠标右键单击"填充"分析类型后弹出命令菜单，选择【设置分析序列】命令，或者在【主页】选项卡下的【成型工艺设置】选项区中单击【分析序列】按钮，打开【选择分析序列】对话框。

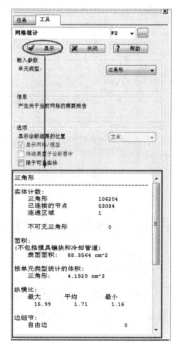

图1-32 网格统计结果信息

在列表中选择"浇口位置"选项，然后单击【确定】按钮，完成分析类型的选择，如图1-33所示。

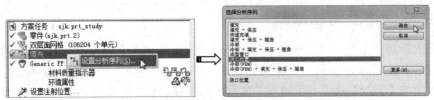

图 1-33　选择分析类型

> **技术要点**
>
> 此时分析类型由"填充"变为"浇口位置",并且在工程视窗中可看见方案后面出现一个黄色的方向向下的浇口图案,表示用户要分析的是最佳浇口位置,如图 1-34 所示。

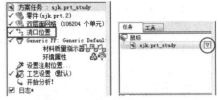

图 1-34　分析类型的代码显示

1.3.5　选择成型材料

Moldflow 的成型材料库中几乎包含了所有国内外的塑性材料,在本例分析时采用 ABS+PC 材料进行模拟分析。

在方案任务视窗中的材料节点位置单击鼠标右键,然后选择右键快捷菜单中的【选择材料】命令,或者在【成型工艺设置】面板中单击【选择材料】按钮,打开【选择材料】对话框,选择国内的制造商及其拥有的材料型号,如图 1-35 所示。

要查看该材料,在方案任务视窗中的材料节点位置单击鼠标右键,然后选择【详细资料】菜单命令,打开【热塑性材料】对话框,如图 1-36 所示。该对话框中显示了所选材料的详细参数。

图 1-35　【选择材料】对话框

图 1-36　【热塑性塑料】对话框

1.3.6　设置工艺参数

通常情况下,模拟成型的工艺参数几乎采用默认设置,若模拟的结果不够理想,可重新对工艺参数进行详细设置。

在【成型工艺设置】面板中单击【工艺设置】按钮,弹出【工艺设置向导-浇口位置设置】对话框。通过该对话框设置注塑机及模温、料温的工艺条件,如图 1-37 所示。

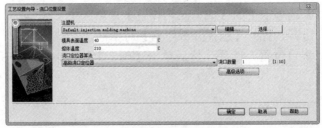

图 1-37　浇口位置的工艺条件设置

1.3.7 设置注射（进料口）位置

由于是分析模型的最佳浇口位置，因此浇口位置是待定的，一般情况下此步骤可直接跳过。但当最佳浇口位置分析完毕后进行其他类型分析时，则必须设置注射位置（创建浇口模型），这有助于分析的准确性。

1.3.8 构建浇注系统

对于浇注系统的建立，Moldflow 提供了一个流道建立系统。

在【主页】选项卡的【创建】面板中单击【几何】按钮，功能区弹出【几何】选项卡，如图 1-38 所示。

图 1-38 【几何】选项卡

当利用系统自带的流道系统建立流道时，需单击【几何】选项卡上的 流道系统 按钮，弹出流道设置向导，如图 1-39 所示。

对话框中的参数设置如下所述：

（1）指定主流道位置：即主流道的三维坐标，同时系统提供了模型中心和浇口中心两个选择。

（2）主流道设置：包括入口直径、长度以及拔模角。

（3）流道设置：包括流道直径以及类型。

（4）浇口设置：入口直径、拔模角以及长度或者角度。

单击【完成】按钮，系统自动创建出流道系统，如图 1-40 所示。

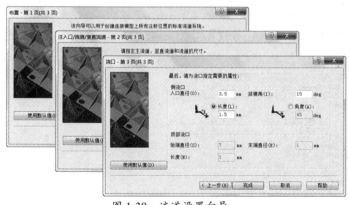

图 1-39 流道设置向导

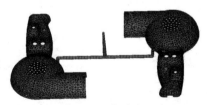

图 1-40 流道系统

1.3.9 构建冷却回路

对于冷却回路的建立，Moldflow 提供了一个冷却回路系统。

当利用系统自带的冷却回路系统建立冷却回路时，需单击【几何】选项卡上的【冷却回路】按钮，弹出冷却回路设置向导，如图 1-41 所示。

对话框中的参数设置如下所述：

（1）指定水管直径设置。

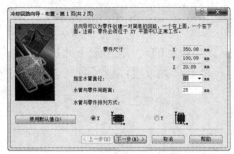 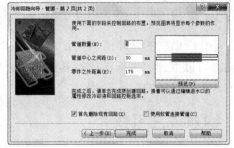

图 1-41　冷却回路设置向导

（2）水管与零件间距离设置。
（3）水管与零件排列方式设置：选择【X】或【Y】。
（4）管道数量设置。
（5）管道中心之间距设置。
（6）零件之外距离设置。

单击【完成】按钮，设置的冷却回路如图 1-42 所示。

图 1-42　冷却回路

1.3.10　运行分析

在完成以上设置后，即可进行分析计算，分析任务视窗如图 1-43 所示。整个求解器的计算过程基本由系统自动完成。

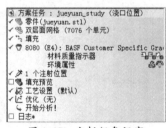

图 1-43　分析任务视窗

单击【主页】选项卡上的【开始分析】按钮，系统开始分析计算。
单击【主页】选项卡上的【作业管理器】按钮，可以查看任务队列和计算进程，如图 1-44 所示。
通过分析计算的日志，可以实时监控整个分析的过程，如图 1-45 所示。

图 1-44　任务管理器　　　　　　　　　图 1-45　分析日志

1.3.11　结果分析

当模拟分析的前期准备全部完成后，在方案任务视窗中双击"立即分析"按钮，Moldflow自动进行最佳浇口位置的模拟分析计算，分析完成后，可得到最佳浇口位置的图像信息，如图1-46所示。

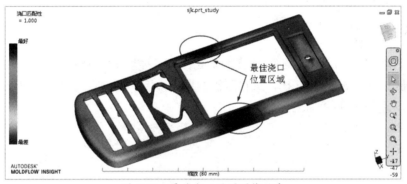

图 1-46　最佳浇口位置图像信息

如果进行了填充分析及其他的翘曲分析等，当分析结束以后，在【任务】视窗中选择分析结果进行观察，如图1-47所示。

同时也可以执行【主页】选项卡下的【结果】命令 对分析结果进行查询，还可以通过适当的处理方式，得到个性化的分析结果。

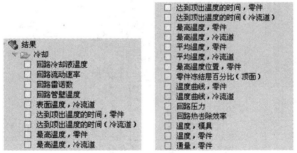

图 1-47　可选的分析结果

1.4 制作分析报告

单击【主页】选项卡中的【报告】按钮 后，功能区弹出【报告】选项卡，再单击【报告向导】按钮 ，弹出【报告生成向导】对话框，如图 1-48 所示。

1.4.1 方案选择

在【可用方案】列表框中选择所需生成报告的方案，单击 添加>> 按钮添加。若要删除，在【所选方案】列表框中选择已选方案，单击 <<删除 按钮删除。单击 下一步(N)> 按钮进入下一步设置。

1.4.2 数据选择

在【可用数据】列表框中选择所需数据，单击 添加>> 按钮添加，或者单击 全部添加>> 按钮。若要删除，在【选中数据】列表框中选择已选数据，单击 <<删除 按钮删除，或者单击 <<全部删除 按钮。单击 下一步(N)> 按钮进入下一步设置。

1.4.3 报告布置

在【报告格式】下拉列表中选择所需的格式，系统提供了 HTML 文档、Miscrosoft Word 文档、Miscrosoft PowerPoint 文档，选择所需的报告模板，同时也可以更改每个项目的属性。最后单击 生成 按钮开始生成报告。

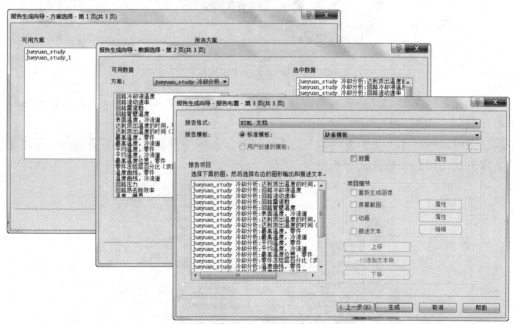

图 1-48 【报告生成向导】对话框

02

变形控制模流分析案例

本章主要介绍利用Moldflow的分析功能对手机后壳模型进行模流分析。通过解决产品翘曲变形问题，来取得模具冷却系统设计、浇注系统设计的最佳方案。

- ☑ 知识点01：模流分析项目介绍
- ☑ 知识点02：前期准备与分析
- ☑ 知识点03：初步分析
- ☑ 知识点04：优化分析

扫码看视频

2.1 模流分析项目介绍

分析项目：手机后壳（模型图见图 2-1）
最大外形尺寸：110mm×45 mm×5.5 mm（长×宽×高）
壁厚：最大 3.5mm；最小 0.8mm
设计要求：
1. 材料：PC
2. 缩水率：1.005
3. 外观要求：光滑，无明显制件缺陷（如熔接线、缩痕、气泡、翘曲等）
4. 模具布局：一模两腔
5. 翘曲总量：要有较少的翘曲变形，总的变形量不超过 0.4mm

图 2-1 手机后壳模型

2.2 前期准备与分析

手机后壳模型，对尺寸精度要求较高，而且属于大批量生产产品，所以采用热流道模具成型。产品结构已经确定，不再更改。预先假设进浇位置，希望借以 Moldflow 模流分析帮助改善产品的常见缺陷。

2.2.1 前期准备

Moldflow 分析的前期准备工作主要有以下几点：
- CADdoctor 模型简化
- 新建工程并导入 UDM 模型
- 创建网格

1. CADdoctor 模型简化

① 启动 CADdoctor 2018。执行【文件】|【从 Design Link 导入】命令，导入本例素材文件"手机后壳.x_t"，如图 2-2 所示。

图 2-2 导入 x_t 模型文件

② 在【主菜单】面板的【形成】选项卡下选择【转换】模式，在【外】列表中选择【Moldflow UDM】目标系统文件。然后单击【检查】按钮，错误类型列表中列出模型中所有的错误，如图 2-3 所示。

③ 经过检查后，发现模型出现一些错误需要修复，如图 2-4 所示。单击【自动修复】按钮，系统自动对模型进行修复，得到如图 2-5 所示的完美修复结果。

02 变形控制模流分析案例

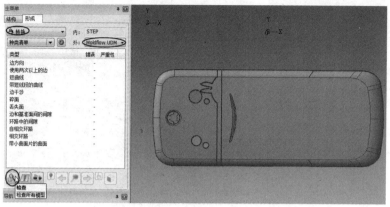

图 2-3 执行检查

图 2-4 自动修复

图 2-5 修复结果

④ 再选择【简化】模式，在列出的特征种类中选择【圆角】这一项，并修改其阈值为"1"，如图 2-6 所示。

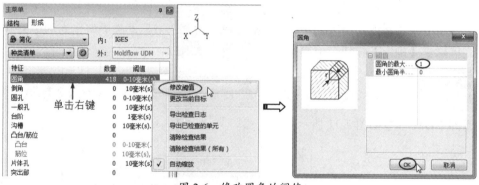

图 2-6 修改圆角的阈值

⑤ 然后单击【检查所有模型】按钮，系统自动检查模型中的所有圆角，并在模型中以粉红色显示所有符合条件的圆角，如图 2-7 所示。

⑥ 在下方【导航】面板的【编辑工具】工具条中单击【移除所有（圆角）】按钮，删除所有半径为 1mm 之内的圆角特征。

⑦ 再次切换到【转换】模式，导出 UDM 结果文件。

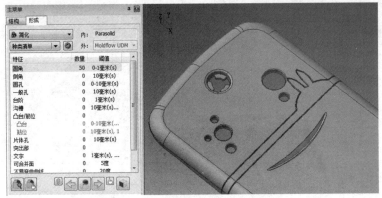

图 2-7　检查所有符合条件的圆角

2. 新建工程并导入 UDM 模型

① 启动 Moldflow 2018，然后单击【新建工程】按钮，弹出【创建新工程】对话框。输入工程名称及保存路径后，单击【确定】按钮完成工程的创建，如图 2-8 所示。

② 在【主页】选项卡下单击【导入】按钮，弹出【导入】对话框。在本例模型保存的路径文件夹中打开"手机壳.udm"，如图 2-9 所示。

图 2-8　创建工程　　　　　　　　图 2-9　导入模型

③ 随后弹出要求选择网格类型的【导入】对话框，选择"双层面"类型作为本案例分析的网格，再单击【确定】按钮完成模型的导入操作，如图 2-10 所示。

> 技术要点
>
> 对于厚度在 5mm 以下的非均匀厚度薄壳产品，优先采用"双层面"网格类型。

④ 导入的 UDM 模型如图 2-11 所示。

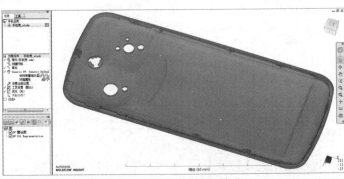

图 2-10　选择网格类型　　　　　　图 2-11　导入的 UDM 模型

3. 创建网格

① 在【主页】选项卡的【创建】面板中单击【网格】按钮，打开【网格】选项卡。
② 在【网格】选项卡的【网格】面板中单击【生成网格】按钮，工程视窗的【工具】选项卡中显示【生成网格】选项板。
③ 设置"全局边长"的值为"1"，然后单击【立即划分网格】按钮，程序自动划分网格，结果如图 2-12 所示。

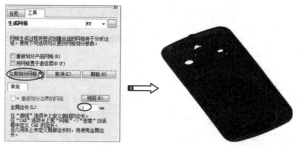

图 2-12　划分网格

> **技术要点**
> 网格的边长值取决于模型的厚度尺寸、网格的匹配质量及模型的形状精度。一般为制件厚度的 1.2~2.5 倍，足以保证分析精度。

④ 在【网格诊断】面板中单击【网格统计】按钮，然后再单击【网格统计】选项板的【显示】按钮，系统自动对网格进行统计，【网格信息】对话框，如图 2-13 所示。

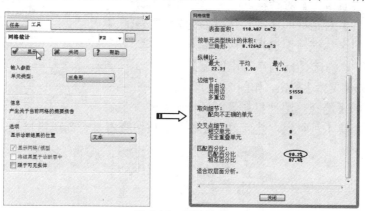

图 2-13　网格统计

⑤ 从网格统计结果看，网格的匹配百分比系数达到 90.2%，质量是相当好的，其他缺陷也没有出现，完全满足分析需求。

2.2.2 最佳浇口位置分析

最佳浇口位置分析包括选择分析序列、选择材料、工艺设置等步骤。

1. 选择分析序列

① 在【主页】选项卡的【成型工艺设置】面板中首先选择【热塑性注塑成型】分析类型，然后单击【分析序列】按钮，弹出【选择分析序列】对话框。

② 选择【浇口位置】选项，再单击【确定】按钮完成分析序列的选择，如图 2-14 所示。

2. 选择材料

① 在【成型工艺设置】面板中单击【选择材料】按钮，或者在任务视窗中执行右键菜单【选择材料】命令，弹出【选择材料】对话框，如图 2-15 所示。

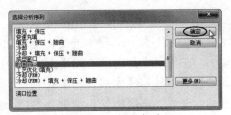

图 2-14　选择分析序列

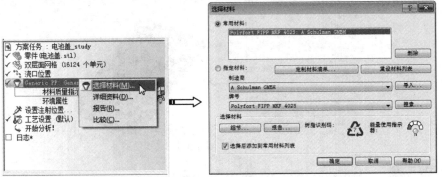

图 2-15　选择材料

② 对话框中的"常用材料"列表中的材料简称 PP，为系统默认设置的材料。而手机后壳的材料为 PC，因此需要重新指定材料。单击【指定材料】单选按钮，然后再单击【搜索】按钮，弹出【搜索条件】对话框。

③ 在【搜索条件】对话框的【搜索字段】列表中选择【材料名称缩写】选项，然后输入子字符串 "PC"，勾选【精确字符串匹配】复选框，再单击【搜索】按钮，如图 2-16 所示。

图 2-16　指定搜索条件

④ 在随后弹出的【选择热塑性材料】对话框中按顺序来选择第 1 种材料，然后单击【细节】按钮查看是否为所需材料，如图 2-17 所示。

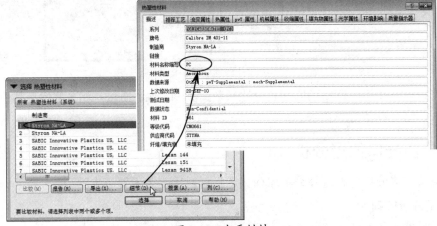

图 2-17　查看材料

⑤ 无误后单击【选择】按钮，即可将所搜索的材料添加到"指定材料"列表中，如图 2-18 所示。最后单击【确定】按钮完成材料的选择。

3. 工艺设置

① 在【主页】选项卡的【成型工艺设置】面板中单击【工艺设置】按钮，弹出【工艺设置向导-浇口位置设置】对话框，如图 2-19 所示。

② 对话框中主要有 2 种参数需要大家设置：模具表面温度和熔体温度。设置模具表面温度为 95，设置熔体温度为 305，选择【高级浇口定位器】选项，最后单击【确定】按钮完成工艺设置。

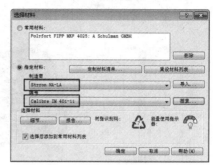

图 2-18　完成材料的选择

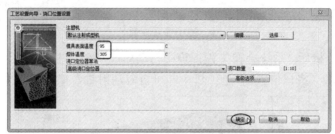

图 2-19　工艺参数设置

③ 在【分析】面板中单击【开始分析】按钮，程序执行最佳浇口位置分析。经过一段时间的计算后，得出如图 2-20 所示的分析结果。

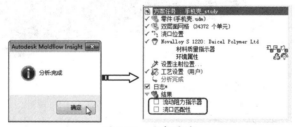

图 2-20　分析完成

④ 在任务视窗中勾选【流动阻力指示器】复选框，查看流动阻力，如图 2-21 所示。从图 2-21 中可以看出，阻力最低区域就是最佳浇口位置区域。

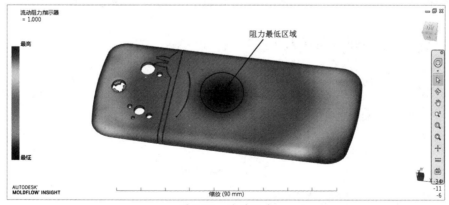

图 2-21　流动阻力

⑤ 勾选【浇口匹配性】复选框，同样也可以看出最佳浇口位置位于产品何处，如图 2-22 所示。匹配性最好的区域就是最佳浇口位置区域。

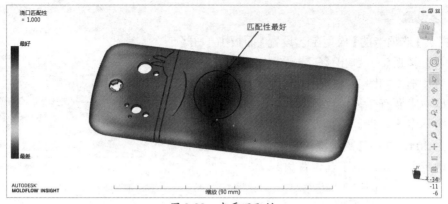

图 2-22　查看匹配性

⑥ 最佳浇口位置分析后，系统会在工程视窗中自动生成一个新方案项目。在工程视窗中双击"手机后壳_study（浇口位置）"子项目，即可查看注射锥，如图 2-23 所示。

图 2-23　查看最佳浇口位置的注射锥

2.2.3　创建一模两腔平衡布局

本例手机后壳热流道模具的型腔布局为一模两腔，下面在 Moldflow 中创建一模两腔的平衡式布局。

① 在工程视窗中选择"手机壳_study（浇口位置）"方案，进行复制并重命名，如图 2-24 所示。

② 双击新方案，进入到该方案任务中。

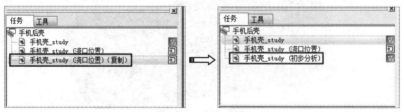

图 2-24　复制方案

③ 在【几何】选项卡的【修改】面板中单击 型腔重复 按钮，弹出【型腔重复向导】对话框。设置布局参数后单击【完成】按钮，如图 2-25 所示。

图 2-25 创建平衡布局

2.2.4 浇注系统设计

本例手机后壳模具的浇注系统包括热主流道、热分流道和热浇口三部分。浇口形式采用潜伏式设计，因为其表面不能留浇口痕迹。

① 在【几何】选项卡的【创建】面板中单击【在坐标之间的节点】按钮，然后在模型视窗中选取两个节点作为开始坐标与结束坐标的参考，选取节点后，需要在【工具】选项卡下的【在坐标之间的节点】面板中修改 X 与 Z 的坐标值为 0，如图 2-26 所示。

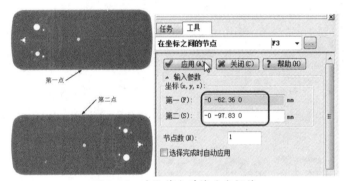

图 2-26 选取节点并修改坐标值

② 在【几何】选项卡的【创建】面板中单击【创建直线】按钮，弹出【创建直线】面板。首先选取上一步创建的节点作为第一点（坐标为 0,-80.09,0），复制该点坐标值到第二点的文本框中，然后修改坐标值为"0,-67.09,0"，最后单击【应用】按钮创建一条直线，如图 2-27 所示。

③ 同样，再创建出对称侧的直线，如图 2-28 所示。

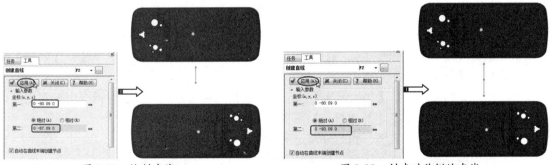

图 2-27 绘制直线　　　　　　　　　　图 2-28 创建对称侧的直线

④ 仍然选择中心的那个节点作为第一点，然后修改 Z 坐标值，创建如图 2-29 所示的直线。

图 2-29　创建竖直直线

⑤ 在【创建】面板中单击【按点定义圆弧】按钮，然后在模型视窗中选取中心节点和网格模型中浇口位置的节点（在产品内部拾取）作为圆弧的第一点和第三点，如图 2-30 所示。

⑥ 在【按点定义圆弧】面板上输入圆弧第二点坐标为（0,-53.09,-9），单击【应用】按钮完成圆弧的创建，如图 2-31 所示。

图 2-30　拾取圆弧的第一点和第三点　　　图 2-31　创建圆弧

⑦ 选中圆弧曲线，再单击【实用程序】面板中的【镜像】按钮，将其镜像至 XZ 平面的另一侧，如图 2-32 所示。

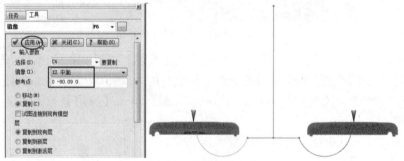

图 2-32　创建镜像曲线

⑧ 接下来为创建的曲线指定属性。首先选中竖直直线，然后在【几何】选项卡的【属性】面板中单击【指定】按钮，或者单击鼠标右键，在弹出的快捷菜单中选择【属性】命令，打开【指定属性】对话框。

⑨ 在【新建】列表中选择【热主流道】选项，并在弹出的【热主流道】对话框中设置主流道尺寸，完成后单击【确定】按钮，如图 2-33 所示。

⑩ 随后选中两条水平的直线，指定分流道属性和尺寸，如图 2-34 所示。

⑪ 最后选中两条圆弧曲线，指定浇口属性及浇口尺寸，如图 2-35 所示。

⑫ 删除手机后壳网格中的两个注射锥（选中注射锥，按 Delete 键删除）。重新在竖直曲线顶部端点放置新的注射锥，作为熔体浇注的进入点，如图 2-36 所示。

02 变形控制模流分析案例

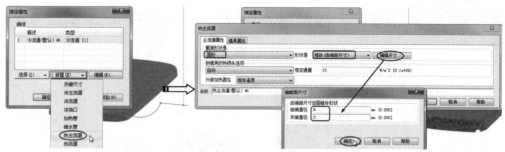

图 2-33 设置主流道属性及尺寸

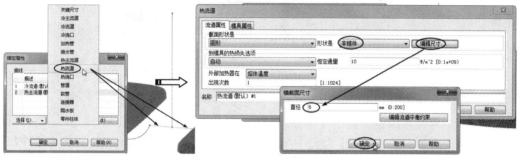

图 2-34 设置分流道属性及尺寸

图 2-35 设置浇口属性及尺寸

⑬ 在【网格】选项卡的【网格】面板中单击【生成网格】按钮，在【工具】选项卡的【生成网格】面板中勾选【重新划分产品网格】复选框，单击【立即划分网格】按钮，将生成浇注系统组件的网格，如图 2-37 所示。

图 2-36 放置注射锥　　　　　图 2-37 重新划分网格

⑭ 最后还需要进行连通性检查，检查浇口网格单元是否与产品网格单元连通。
⑮ 在【网格】选项卡的【网格诊断】面板中单击【连通性】按钮 连通性，然后在模型视窗中框选所有网格单元，单击【工具】选项卡的【连通性诊断】面板中的【显示】按钮，完

29

成连通性的诊断。诊断结果全部为深蓝色显示，表示所有网格单元全部连接，无断开，如图 2-38 所示。

图 2-38　网格单元连通性检查

2.2.5　冷却系统设计

初步分析的冷却系统设计利用【冷却回路】工具自动创建。

① 在【几何】选项卡的【创建】面板中单击【冷却回路】按钮 冷却回路，弹出【冷却回路向导-布局-第 1 页（共 2 页）】对话框。

② 设置第 1 页水管直径、间距及排列方式等，如图 2-39 所示。

③ 单击【下一步】按钮设置第 2 页管道参数，如图 2-40 所示。单击【完成】按钮后完成冷却管道的创建，如图 2-41 所示。

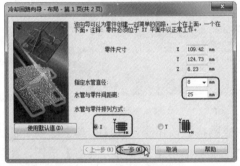
图 2-39　设置第 1 页

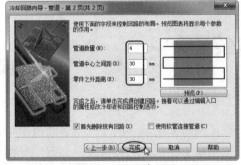
图 2-40　设置第 2 页

> **知识链接**
>
> **冷却水道到型腔表壁的距离应合理**
>
> 冷却系统对生产率的影响主要由冷却时间来体现。通常，注射到型腔内的塑料熔体的温度为 200℃左右，塑件从型腔中取出的温度在 60℃以下。熔体在成型时释放出的热量中约有 5%以辐射、对流的形式散发到大气中，其余 95%需由冷却介质（一般是水）带走，否则由于塑料熔体的反复注入将使模温升高。
>
> 冷却水道到型腔表壁的距离关系到型腔是否冷却得均匀和模具的刚、强度问题。不能片面地认为，距离越近冷却效果越好。设计冷却水道时往往受推杆、镶件、侧抽芯机构等零件限制，不可能都按照理想的位置开设水道，水道之间的距离也可能较远，这时，水孔距离型腔位置过近，则冷却均匀性差。同时，在确定水道与型腔壁的距离时，还应考虑模具材料的强度和刚度。避免距离过近，在模腔压力下使材料发生扭曲变形，使型腔表面产生龟纹。图 2-42 是水孔与型腔表壁距离的推荐尺寸，该尺寸兼顾了冷却效率、冷却均匀性和模具刚、强度的关系，水孔到型腔表壁的最小距离不应小于 10mm。

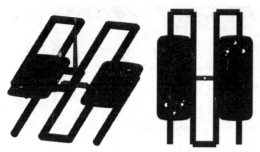
图 2-41 创建冷却管道

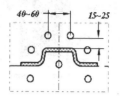
图 2-42 水孔到型腔表壁的推荐距离

2.3 初步分析

本案例希望通过 "BEM 冷却+填充+保压+翘曲" 分析，改善制品的质量。以 Moldflow 最佳浇口位置区域分析结果为基础，展开基本分析。

> **技术要点**
>
> BEM（全称 "边界元法"）冷却分析将计算稳定状态或整个成型周期的平均温度。至少需要为此分析准备成型零件和冷却管道的模型。使用这种方法，很容易修改冷却管道的位置，以查看冷却管道位置的影响。创建镶件来代表由不同材料（通常采用具有较高热传导率的材料）制成的工具区域。

2.3.1 工艺设置与分析过程

① 选择分析序列。在【成型工艺设置】面板中单击【分析序列】按钮，弹出【选择分析序列】对话框。从中选择 "冷却+填充+保压+翘曲"，再单击【确定】按钮，如图 2-43 所示。

② 初步分析时工艺设置参数尽量采用默认设置。由于继承了前面分析的结果，所以无须重新选择材料。单击【工艺设置】按钮，弹出【工艺设置向导】对话框。设置第 1 页，如图 2-44 所示。

图 2-43 选择分析序列

图 2-44 设置第 1 页

③ 单击【下一步】按钮进入第 2 页。然后设置如图 2-45 所示的参数。

④ 单击【下一步】按钮进入第 3 页。在第 3 页中勾选【考虑模具热膨胀】和【分离翘曲原因】复选框。最后单击【完成】按钮，如图 2-46 所示。

⑤ 当所有应该设置的参数都完成后，单击【开始分析】按钮，Moldflow 启动分析。可以单击【作业管理器】按钮，弹出【作业管理器】对话框以查看分析进度，如图 2-47 所示。

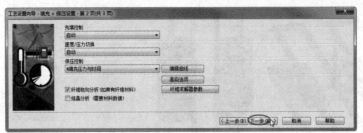

图 2-45 设置第 2 页

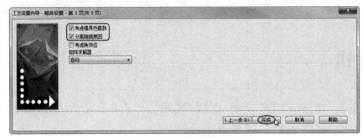

图 2-46 设置第 3 页

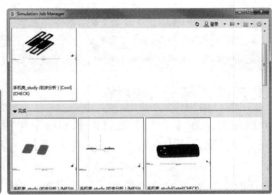

图 2-47 查看分析进程

2.3.2 分析结果解读

经过较长时间的耐心等待之后，完成了"冷却+填充+保压+翘曲"分析。下面解读分析结果。

在方案任务窗格中可以查看分析的结果，本例有流动、冷却和翘曲 3 个结果，如图 2-48 所示。

1. 流动分析

为了简化分析的时间，下面将重要的分析结果一一列出。

（1）充填时间。

图 2-48 分析结果列表

如图 2-49 所示，按 Moldflow 常规的设置，所得出的充填时间为 0.6829s，充填时间较短。从充填效果看，熔体流动性较为一般，很明显制件的头部端比尾部端充填得较慢一些。

图 2-49 充填时间

（2）流动前沿温度。

流动前沿温度结果由充填分析生成，显示的是流动前沿到达位于塑料横截面中心的指定点时聚合物的温度。

图 2-50 表示的是充填过程中流动波前温度的分布，产品中大部分区域波前温度较为平衡，在 223.2℃～231.7℃之间。但是流动性好的制件，波前温度差应该在 2℃～5℃之间较为合理。本制件有约 8℃的落差，说明存在因充填时间较短而产生的迟滞区域。

> **技术要点**
>
> 如果零件薄壁区域中的流动前沿温度过低，则迟滞可能导致短射。在流动前沿温度上升数摄氏度的区域中，可能出现材料降解和表面缺陷。

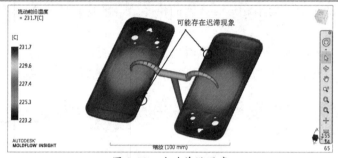

图 2-50 流动前沿温度

（3）体积收缩率。

体积收缩率是指从保压阶段结束到零件冷却至环境参考温度（默认值为 25℃/77°F）时局部密度的百分比增量。体积收缩率主要用来检查制件中是否存在缩痕缺陷。

从本例制件分析的体积收缩率结果来看，体积收缩率最高达到了 6.284%（0.06284），最低为 0.1932%，体积收缩不均匀，产生缩痕缺陷。再看图 2-51 中的收缩率较为严重的区域是在充填末端，而好的制件其体积收缩率应该是很均衡的。

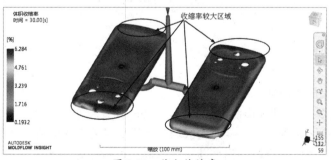

图 2-51 体积收缩率

（4）气穴。

气穴一般产生在流动前沿与型腔壁之间，因形成旋涡并挤压便会产生气穴（常说的"气泡"），通常的结果是在零件表面形成小孔或瑕疵。在极端情况下，这种挤压将使温度升高到引起塑料降解或燃烧的水平。

不管制件的流动性有多么好，总会在充填末端产生气穴。本例制件的气穴效果如图 2-52 所示，总的来看，气穴产生在孔、倒扣位置区域，这些位置通常会设计顶杆及斜顶等顶出机构，借助于顶杆间隙，排气就容易解决。所以气穴不会对制件带来不良影响。

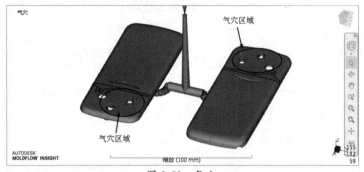

图 2-52　气穴

（5）熔接线。

熔接线表达了两个流动前沿相遇时合流的角度。熔接线的显示位置可以标识结构弱点和（或）表面瑕疵。

从如图 2-53 所示的熔接线分布图可以看出，熔接线主要集中于孔、倒扣位置，数量较少。可以适当加大熔体温度、注射速度或保压压力，以便更好地解决熔接线的问题。

> **技术要点**
> 如果熔接线集中出现在产品中心或筋、肋较少的受力区域，极易造成产品断裂。

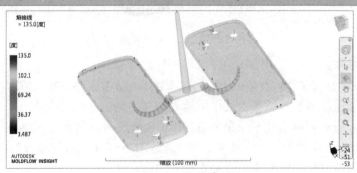

图 2-53　熔接线

2. 冷却分析

在冷却分析结果中，以回路冷却液温度、产品最高温度、产品冷却时间 3 个主要方面来进行介绍。

（1）达到顶出温度的时间，零件。

如图 2-54 所示为"达到顶出温度的时间，零件"的冷却过程。这 4 个图表示的是产品的冷却凝固过程，蓝色区域表示最先凝固的区域，一般最薄处最先凝固，最厚处最后凝固。从图中可看出，较厚区域周围先行凝固而切断了保压回路，致使较厚区域得不到有效保压。

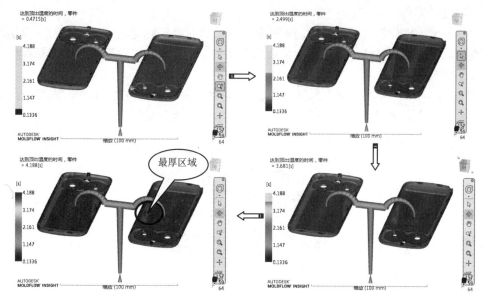

图 2-54 冷却过程

（2）回路冷却液温度。

如图 2-55 所示，冷却介质最低温度与最高温度之差仅约为 0.33℃，总的来说冷却系统是接近于恒温的。而最高温度与室温也差不多，也就是说整个冷却系统设计还是成功的。

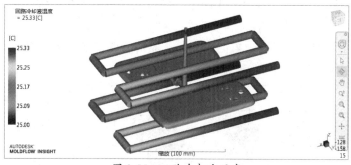

图 2-55 回路冷却液温度

（3）最高温度，零件。

如图 2-56 所示，制品的最高温度为 43.17℃，最低温度为 30.37℃，温差较大，冷却不均匀，易产生翘曲。这需要对冷却管道与制件间的距离，或者管道直径等进行调整，直至符合设计要求为止。

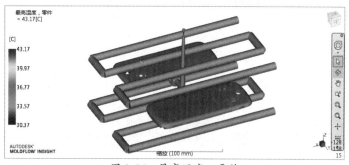

图 2-56 最高温度，零件

(4) 温度，零件。

查看"温度，零件"结果可找出局部的热点或冷点，以及确定它们是否会影响周期时间和零件翘曲。如果有热点或冷点，则可能需要调整冷却管道。零件整个顶面或底面与目标模具之间的温差不应超过±10℃。

如图 2-57 所示，零件某个点的最高温度为 45℃，最低温度为 27.01℃，温差超过正常值（10℃）18℃左右，说明冷却效果不理想，需要改善冷却系统设计。

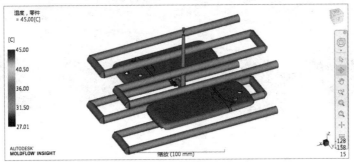

图 2-57　温度，零件

3. 翘曲分析

翘曲是塑件未按照设计的形状成型，而发生表面的扭曲，塑件翘曲归因于成型塑件的不均匀收缩。假如整个塑件有均匀的收缩率，塑件变形就不会翘曲，而仅仅会缩小尺寸；然而，由于分子链/纤维配向性、模具冷却、塑件设计、模具设计及成型条件等诸多因素的交互影响，要能达到低收缩或均匀收缩是一件非常复杂的工作。

如图 2-58 所示为翘曲总变形。总的来说，产品的翘曲在 3 个方向都有，尤其在 X 方向上的翘曲量最大，总的翘曲量为 0.4566mm。

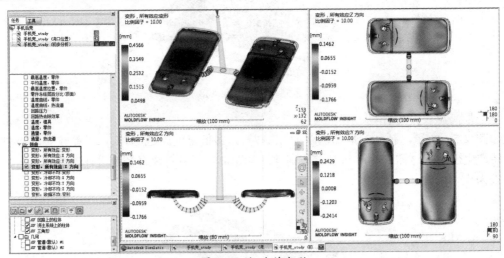

图 2-58　翘曲总变形

> **技术要点**
>
> 要想将翘曲变形的比例因子放大，可以在分析结果中选中某一变形，然后选择右键快捷菜单【属性】命令，在打开的【图形属性】对话框的【变形】选项卡中设置"比例因子值"即可，如图 2-59 所示。

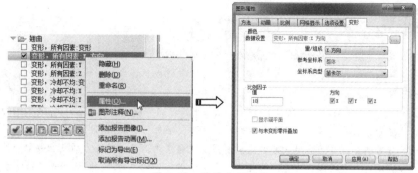

图 2-59　设置比例因子

（1）变形，冷却不均：变形。

如图 2-60 所示为导致翘曲的冷却不均因素的图像。可以看出冷却因素对翘曲的影响是比较小的，3 个方向上都有少量的变形。

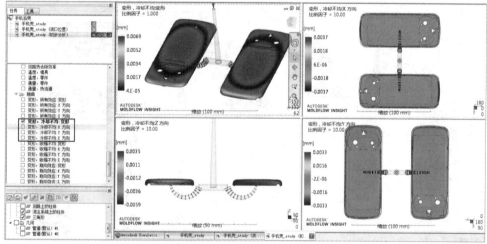

图 2-60　冷却不均因素的翘曲变形

（2）变形，收缩不均：变形。

如图 2-61 所示为导致翘曲的收缩不均因素的图像，从图中可以看出，收缩不均因素对翘曲变形影响较大，是导致翘曲变形的主要因素。

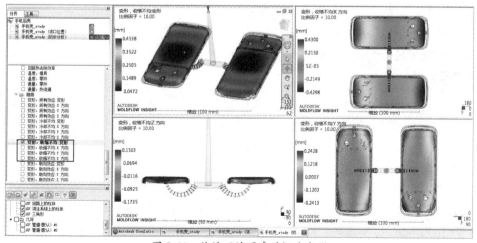

图 2-61　收缩不均因素的翘曲变形

> **知识链接**
>
> **收缩与残留应力**
>
> 塑料射出成型本身就会发生收缩,因为从制程温度降到室温,会造成聚合物的密度变化,造成收缩。整个塑件和剖面的收缩差异会造成内部残留应力,其效应与外力完全相同。在射出成型时,假如残留应力高于塑件结构的强度,塑件就会于脱模后翘曲,或是受外力而产生破裂。残留应力(residual stress)是塑件成型时,熔融料流动所引发(flow-induced)或者热效应所引发(thermal-induced)的,而且冻结在塑件内的应力。假如残留应力高于塑件的结构强度,塑件可能在射出时翘曲,或者稍后承受负荷而破裂。残留应力是塑件收缩和翘曲的主因,而减少充填模穴造成之剪应力的良好成型条件与设计,可以降低熔胶流动所引发的残留应力。同样地,充足的保压和均匀的冷却可以降低热效应引发的残留应力。对于添加纤维的材料而言,提升均匀机械性质的成型条件可以降低热效应所引发的残留应力。

(3)导致翘曲的取向因素。

如图 2-62 所示为导致翘曲的取向因素的图像,从图中可以看出,取向因素并没有导致翘曲产生。

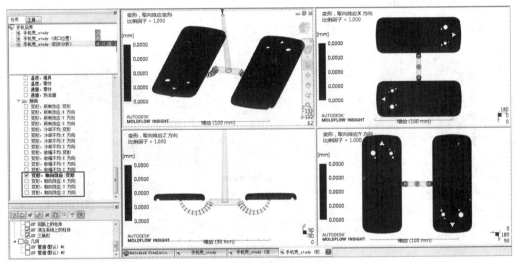

图 2-62 取向因素的翘曲变形

4. 制品缺陷

从初次的按 Moldflow 理论值进行的分析结果可以得出如下结论:

(1)流动前沿温度温差大,冷却效果不太理想,有迟滞现象。
(2)制件产生了较为严重的体积收缩。
(3)翘曲变形量较大,其中收缩不均因素为主要因素。

> **技术要点**
>
> 塑件产生过量收缩的原因包括射出压力太低、保压时间不足或冷却时间不足、熔融料温度太高、模具温度太高、保压压力太低等。

5. 解决方案

针对初步分析中提出的缺陷问题,为优化分析给出合理建议:

- 改善冷却效果,即改变冷却管道管径、冷却回路与制件之间的间距。
- 通过设置工艺参数,调整注射压力、注射时间、冷却时间、模具温度、熔体温度、保压压力等值。

2.4 优化分析

优化分析建立在基于前面的初步分析上,接下来利用成型窗口分析、工艺优化分析等来确定最佳的优化方案。

2.4.1 成型窗口分析

希望通过成型窗口分析获得较为准确的熔体注射时间。从前面初步分析中可以得知,注射时间仅为0.6829s,说明注塑机吨位过大,注射速度过快。需要调整注塑机参数。

> **技术要点**
>
> **注塑机的选用**
>
> 选用注塑机时,通常以某制件实际需要的注射量初选某一公称注射量的注塑机型号,然后依次对该机型的公称注射压力、公称锁模力、模板行程及模具安装部分的尺寸一一进行校核。
>
> 以实际注射量初选某一公称注射量的注射机型号;为了保证正常的注射成型,模具每次需要的实际注射量应该小于某注射机的公称注射量,即:
>
> $$V_{实} < V_{公}$$
>
> 式中,$V_{实}$——实际塑件(包括浇注系统凝料)的总体积(cm³)。
>
> 经计算可得手机后壳的体积为8.1413cm³,考虑到设计为两腔,加上浇注系统的冷凝料,查阅塑料模设计手册的国产注射机技术规范及特性,可以选择XS—ZY—60注塑机。表2-1为该型注塑机技术规格。
>
> 此外,在前面手机后壳的初步分析中,【流动】结果中有一个选项【锁模力:XY图】,可以判定注塑机最小吨位(40吨),如图2-63所示。

表2-1 XS—ZY—60注塑机技术参数

注射容量:60cm³	螺杆直径:38mm
注射行程:180mm	注射压力:122MPa
合模力:500kN(锁模力50吨)	注射时间:2.9s
注射方式:柱塞式	最大成型面积:130cm²
合模方式:液压-机械	最大注射面积:130cm²
模具高度:200~300mm	最大开模行程:180mm
喷嘴圆弧半径:12mm	喷嘴孔直径:4mm
拉杆空间:190mm×300mm	液压泵流量:70、12L.min⁻¹
液压泵压力:6.5MPa	电动机功率:11kW
加热功率:2.7kW	动、定模固定板尺寸:330mm×440mm
机器外形尺寸:3160mm×850mm×1550mm	

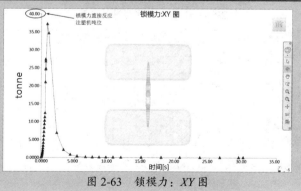

图2-63 锁模力:XY图

① 在工程视窗中复制"手机壳_study（初步分析）"方案，然后将新方案重命名为"手机壳_study（成型窗口分析）"。双击复制的新方案进入到方案任务中。
② 单击【工艺设置】按钮，弹出【工艺设置向导-成型窗口设置】对话框。在【注塑机】列表右侧单击【编辑】按钮，弹出【注塑机】对话框，首先设置【注射单元】选项卡，如图2-64所示。
③ 接着设置【液压单元】选项卡，如图2-65所示。

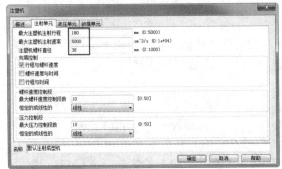

图2-64 设置【注射单元】选项卡

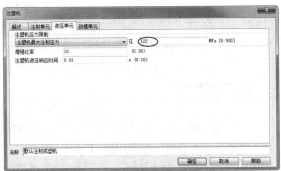

图2-65 设置【液压单元】选项卡

④ 最后设置【锁模单元】选项卡，如图2-66所示。
⑤ 在【工艺设置向导-成型窗口设置】对话框中的"要分析的模具温度范围"列表中选择【指定】选项，并单击【编辑范围】按钮，设置模具温度范围，如图2-67所示。
⑥ 同理，再设置要分析的熔体温度范围值，如图2-68所示。

图2-66 设置【锁模单元】选项卡

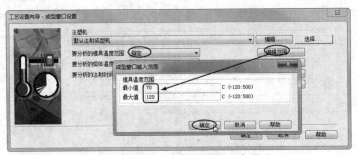

图2-67 设置要分析的模具温度范围

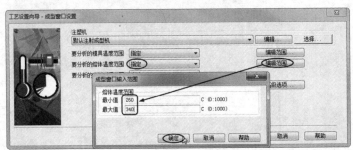

图2-68 设置要分析的熔体温度范围

⑦ 最后设置要分析的注射时间范围，如图 2-69 所示。完成后单击【确定】按钮。

图 2-69　设置要分析的注射时间范围

⑧ 在【成型工艺设置】面板中单击【分析序列】按钮，在填充的【选择分析序列】对话框中选择【成型窗口】序列，单击【确定】按钮完成选择，如图 2-70 所示。

⑨ 在任务视窗中双击【开始分析】项目，运行成型窗口分析。经过一定时间的分析后，得出如图 2-71 所示的成型窗口优化分析结果。

图 2-70　选择分析序列

图 2-71　成型窗口优化分析结果

⑩ 勾选【质量（成型窗口）：XY 图】选项，显示质量分析云图，如图 2-72 所示。通过分析日志，得到 3 个推荐值，可以获得最好的成型质量。

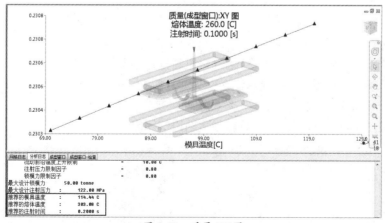

图 2-72　质量 XY 图

⑪ 勾选【区域（成型窗口）：2D 切片图】选项，显示 2D 切片图，如图 2-73 所示。在云图中滑动鼠标左键可以查看"可行"范围与"首选"范围，基本上首选范围符合质量 XY 图中的推荐值。

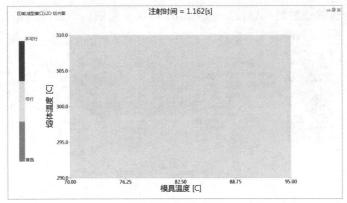

图 2-73　2D 切片图

⑫ 勾选【最大压力降（成型窗口）：XY 图】选项查看云图，如图 2-74 所示。此云图显示了最大注射压力从 33.30MPa 开始，下降到充填结束。

⑬ 勾选【最长冷却时间（成型窗口）：XY 图】选项，显示最长冷却时间图，如图 2-75 所示。在模具温度为 115℃时，冷却时间最长。

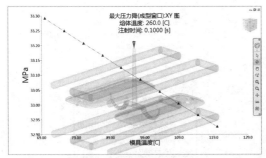

图 2-74　最大压力降 XY 图

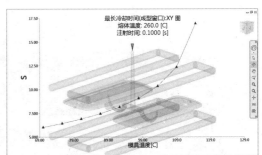

图 2-75　最长冷却时间 XY 图

2.4.2　二次"冷却+填充+保压+翘曲"分析

1. 改善冷却回路

① 在工程视窗中复制"手机壳_study（初步分析）"方案，然后将新方案重命名为"手机壳_study（优化分析）"。双击复制的新方案进入到方案任务中。

② 在方案任务窗格中双击【冷却回路】任务，重新打开【冷却回路向导-布局-第 1 页（共 2 页）】对话框。在第 1 页中更改"指定水管直径"和"水管与零件间距离"的值，如图 2-76 所示。

③ 单击【下一步】按钮进入第 2 页，然后设置新参数，如图 2-77 所示。最后单击【完成】按钮，退出冷却回路设置向导。重新创建的冷却回路如图 2-78 所示。

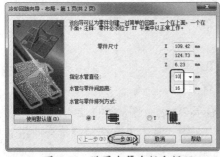

图 2-76　设置水管直径和间距

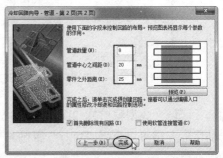

图 2-77　设置第 2 页

02 变形控制模流分析案例

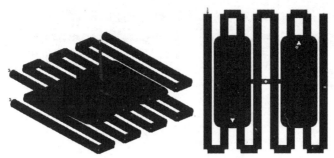

图 2-78 重新创建的冷却回路

2. 重设置注射工艺参数

设置工艺参数要根据前面的成型窗口分析中所获取的推荐值来设置。

① 在方案任务窗格中双击【工艺设置】方案任务,重新打开"工艺设置向导-冷却设置-第 1 页(共 3 页)"对话框。设置第 1 页的工艺参数,如图 2-79 所示。

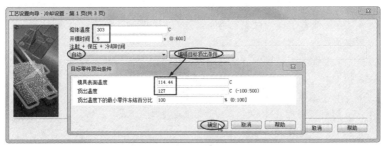

图 2-79 设置第 1 页

② 单击【下一步】按钮,然后设置第 2 页,如图 2-80 所示。

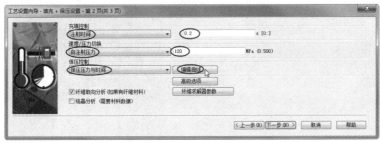

图 2-80 设置第 2 页

技术要点

"速度/压力切换"改为"由注射压力"控制。下面介绍注塑压力与塑件的关系。塑件的形状、精度、所用原料的不同,其选用的注射压力也不同,其大致分类如下:
1. 注射压力 70MPa,可用于加工流动性好的塑料,且塑件形状简单,壁厚较大。
2. 注射压力为 70~100MPa,可用于加工黏度较低的塑料,且形状和精度要求一般的塑件。
3. 注射压力为 100-140MPa,可用于加工中高黏度的塑料,且塑件的形状、精度要求一般。
4. 注射压力为 140~180MPa,可用于加工较高黏度的塑料,且塑件壁薄流程长、精度要求高。
5. 注射压力大于 180MPa,可用于高黏度塑料,塑件为形状独特、精度要求高的精密制品。

③ 在第 2 页中单击【编辑曲线】按钮,绘制保压曲线,如图 2-81 所示。通过初步分析得知,制件充填末端的体积收缩较大,需要延长恒定保压压力的作业时间。其次,为了增加制件中间区域的体积收缩,使整个产品的体积收缩尽量均匀,就必须加快中间区域在凝固时的

压力衰减速度，使中间区域与充填末端保持一致的体积收缩。

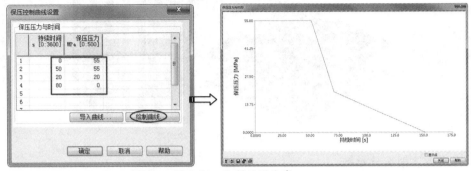

图 2-81 绘制保压曲线

> **技术要点**

在注塑过程快结束时，螺杆停止旋转，只是向前推进，此时注塑进入保压阶段。保压过程中注塑机的喷嘴不断向型腔补料，以填充由于制件收缩而空出的容积。如果型腔充满后不进行保压，制件大约会收缩25%，特别是筋处由于收缩过大而形成收缩痕迹。保压压力一般为充填最大压力的65%左右，当然要根据实际情况来确定。

一般来说，最优保压曲线是先恒压后线性递减的保压曲线，如图2-82所示。恒压段压力越大越好，但保压初始压力取值有最大值限制。

在具体操作中，如果由于注塑机不能很好地实现保压压力线性递减，或者制品壁厚变化较大时，考虑采用阶梯降压保压曲线，即在先恒压后线性递减保压曲线的基础上对线性递减段进行分段拟合，涉及的问题有保压阶数和各阶保压压力、保压时间的设定。保压阶数一般是越多越好，但是控制太复杂，不经济。各阶保压压力和保压时间的设定目前是根据阶数将保压曲线衰减段进行均分，各阶保压时间相等，各阶时间中点与衰减段的交点即为各阶保压压力，如图2-83所示。重点是保压阶数的确定，然后考虑各阶保压时间相等是否最优，由保压时间相等推出的保压压力是否最优。

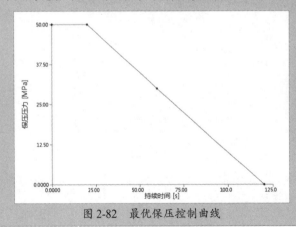

图 2-82 最优保压控制曲线　　　　图 2-83 阶梯降压保压曲线

④ 单击【下一步】按钮进入到第3页，保留默认选项设置，单击【完成】按钮，完成工艺设置。

⑤ 最后单击【分析】按钮，执行优化分析。

3. 优化分析的结果解读

这里仅将前面的初步分析后产生的制件缺陷与本次的优化分析后的结果做对比，其他结果暂不介绍。

（1）流动——充填时间。

如图 2-84 所示，优化后的充填时间为 0.2201s，跟预设相差不大。

图 2-84　充填时间

（2）流动——流动前沿温度。

如图 2-85 所示，产品区域波前温度已经趋于平衡，温差为 1.5℃，控制得非常良好，解决了迟滞问题。

图 2-85　流动前沿温度

（3）流动——体积收缩率。

优化分析后的体积收缩率云图如图 2-86 所示。虽然体积收缩率曾经达到最高的 10.31%，但随着保压阶段的控制，体积收缩率又控制在了 0.0762%～5.923% 之间，仅仅比本 PC 材料的标准差多 1.1102%。并且制件中绝大多数为浅蓝色和深蓝色，只有局部区域（充填末端区域）收缩较大。如图 2-87 所示为分析日志中制件在保压阶段的结果摘要，可以明显看出整个制件在保压阶段的体积收缩率的变化。要想彻底解决体积收缩不均的问题，还要继续优化保压控制曲线，此外，还要重新指定不同厂家的 PC 材料。

图 2-86　体积收缩率

图 2-87　分析日志

（4）流动——缩痕估算。

从如图 2-88 所示的缩痕估算图可以看出，相比初步分析，缩痕已经减少，得到了较好的改善。

图 2-88　缩痕估算

（5）翘曲——变形，所有效应：变形。

如图 2-89 所示，翘曲的总变形量为 0.3334mm。可以看出，比初步分析时的 0.4566mm 降低不少，说明优化分析效果还是很明显的。当然，只要还存在体积收缩不均的情况，翘曲是避免不了的。但优化后的总翘曲量小于规定的 0.4mm，基本达到设计要求。

至此，完成了本例手机后壳的模流分析。若需进一步优化分析，请读者自行练习完成。

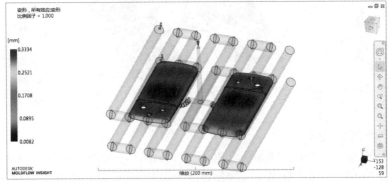

图 2-89　翘曲总变形

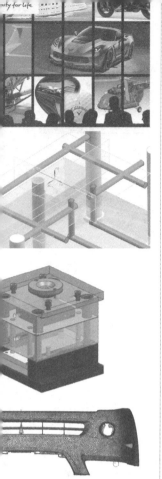

03

时序控制模流分析案例

随着中国汽车产业的迅猛发展，用户对大型注塑件的外观质量要求也是越来越高，就大型注塑模具来说，已经不再仅限于以流动、保压、冷却和注塑工艺等参数的严格控制来提高产品质量，而更高的要求是完全消除熔接痕及熔体流动前沿交会处的应力集中。以普通的冷浇口注塑成型方式无法保证制件的外观质量（熔接线难以消除），为此，我们引进针阀式热流道程序控制阀浇口的技术来解决这一技术难题。

在本章中，我们将利用 Moldflow 针阀式热流道的时序控制技术，对某型汽车的前保险杠进行模流分析，主要目的是解决制件在充填过程中产生的熔接线问题。

项目分解

- ☑ 知识点 01：模流分析项目介绍
- ☑ 知识点 02：前期准备与分析
- ☑ 知识点 03：初步分析（普通热流道系统）
- ☑ 知识点 04：改针阀式热流道系统后的首次分析
- ☑ 知识点 05：优化分析（熔接线位置）

扫码看视频

3.1 模流分析项目介绍

分析项目：汽车前保险杠
产品 3D 模型图见图 3-1。

3.1.1 设计要求

外形尺寸（长×宽×高）：1800mm×430mm×725 mm
产品壁厚：非均匀厚度，最大厚度为 4mm，最小厚度为 2.5mm

图 3-1　汽车前保险杠模型

其他设计要求：
1. 材料：ABS
2. 缩水率：1.005
3. 外观要求：无明显熔接线
4. 模具布局：一模一腔

3.1.2 关于大型产品的模流分析问题

一些大型的产品（如汽车塑胶件）在成型过程中经常会出现熔接线（见图 3-2），严重影响着产品外观质量，哪怕是通过电镀和喷漆也不能消除这样的成型缺陷，那么又该怎样通过 Moldflow 进行准确分析，既能合理改善，又能解决实际工作中的问题？

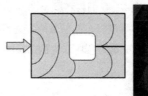

图 3-2　产品中的熔接线

在本例的汽车前保险杠的模流分析过程中，我们将采用两种方式进行模流分析：一种是采用普通热流道浇注系统执行模流分析，另一种是采用针阀式热流道浇注系统执行模流分析。

3.2 前期准备与分析

为了设计出合理的针阀式热流道浇注系统，我们需要进行前期准备、网格划分、工艺设置及最佳浇口位置分析等操作。

3.2.1 前期准备

由于汽车前保险杠属于大件产品，在 Moldflow 中分析时间比较长，在后续分析中我们将减少一些步骤，来突出解决熔接线的重点问题。

1. 新建工程并导入分析模型

① 启动 Moldflow 2018，然后单击【新建工程】按钮，弹出【创建新工程】对话框。输入工程名称及保存路径后，单击【确定】按钮完成新工程的创建，如图 3-3 所示。

图 3-3　创建工程

② 在【主页】选项卡中单击【导入】按钮，弹出【导入】对话框。在源文件夹中打开"前保险杠.prt"文件，如图 3-4 所示。

③ 随后弹出要求选择网格类型的【导入】对话框，选择"双层面"类型作为本案例分析的网格，再单击【确定】按钮导入模型，如图 3-5 所示。

图 3-4　导入分析模型

图 3-5　选择网格类型

④ 导入的分析模型如图 3-6 所示。

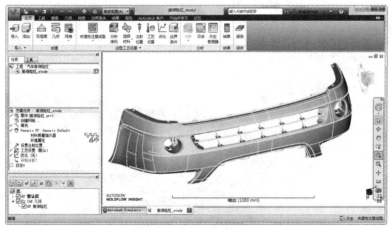

图 3-6　导入的分析模型

2. 网格创建与修复

① 在【网格】选项卡中的【网格】面板中单击【生成网格】按钮，弹出【生成网格】选项板。
② 在选项板中的【工具】选项卡下设置全局边长的值为 6，然后单击【立即划分网格】按钮，程序自动划分网格，结果如图 3-7 所示。

图 3-7 划分网格

③ 在【网格诊断】面板中单击【网格统计】按钮，然后再单击【网格统计】选项板的【工具】选项卡中的【显示】按钮，系统自动对网格进行统计。单击选项板的按钮，弹出【网格信息】对话框，如图 3-8 所示，网格中存在 3 个完全重叠单元，需要修复。

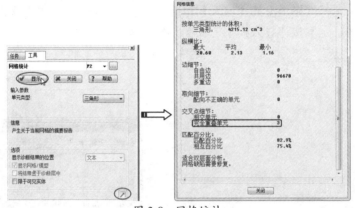

图 3-8 网格统计

④ 在【网格】选项卡中的【网格诊断】面板中单击【重叠】按钮，弹出【重叠单元诊断】选项板，勾选【将结果置于诊断层中】复选框，单击【显示】按钮，诊断重叠单元，如图 3-9 所示。

- **技术要点**

  修复重叠单元问题时，要放大显示重叠单元所在的区域，查看问题产生的原因，避免通过"合并节点"操作时产生更多网格问题。

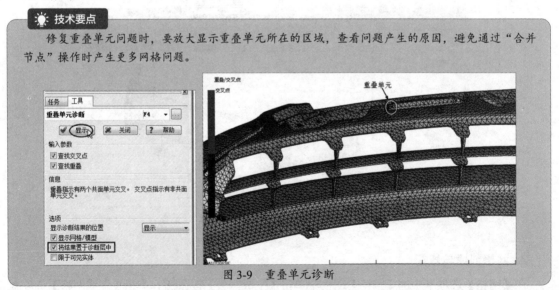

图 3-9 重叠单元诊断

⑤ 通过查看重叠单元产生的原因，得知是因几个节点位置不对，使几个网格单元产生了自相交，如图 3-10 所示。

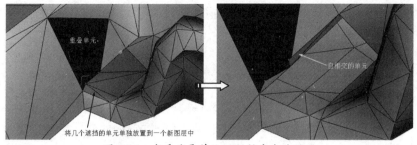

图 3-10　查看重叠单元问题所产生的原因

⑥ 通过使用【合并节点】工具 合并节点，合并交叉单元的节点，达到消除重叠单元的目的，如图 3-11 所示。
⑦ 最后单击【网格统计】按钮，重新统计网格，结果如图 3-12 所示。

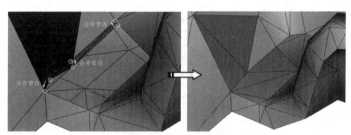

图 3-11　合并节点操作

图 3-12　重新统计网格的结果

3.2.2　最佳浇口位置分析

1. 选择分析序列

① 在工程项目窗格中复制"前保险杠_study"方案任务，并重命名为"前保险杠_study（最佳浇口位置）"。双击"前保险杠_study（最佳浇口位置）"方案任务进入该任务中。
② 在【主页】选项卡中的【成型工艺设置】面板中单击【分析序列】按钮，弹出【选择分析序列】对话框。
③ 选择【浇口位置】选项，再单击【确定】按钮完成分析序列的选择，如图 3-13 所示。

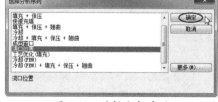

图 3-13　选择分析序列

2. 选择材料

① 在【成型工艺设置】面板中单击【选择材料】按钮，或者在任务视窗中执行右键菜单【选择材料】命令，弹出【选择材料】对话框，如图 3-14 所示。
② 对话框中的"常用材料"列表中的材料简称 PP，为系统默认设置的材料。而前保险杠外壳的材料为 ABS，因此需要重新指定材料。单击【指定材料】单选按钮，然后再单击【搜索】按钮，弹出【搜索条件】对话框。
③ 在【搜索条件】对话框中的【搜索字段】列表中选择【材料名称缩写】选项，然后输入字符串 ABS，再单击【搜索】按钮搜索材料库中的 ABS 材料，如图 3-15 所示。

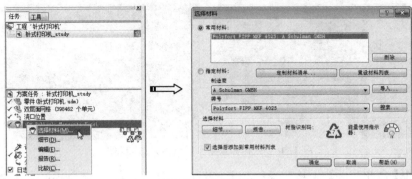

图 3-14 选择材料

④ 在随后弹出的【选择热塑性材料】对话框中按顺序来选择第 1 种 ABS 材料，然后单击【选择】按钮确定所需材料，如图 3-16 所示。

图 3-15 指定搜索条件搜索材料

图 3-16 选择材料

⑤ 随后将所搜索的材料添加到"指定材料"列表中，如图 3-17 所示。最后单击【确定】按钮完成材料的选择。

3. 工艺设置

① 在【主页】选项卡的【成型工艺设置】面板中单击【工艺设置】按钮，弹出【工艺设置向导-浇口位置设置】对话框，如图 3-18 所示。

② 保留默认的模具表面温度和熔体温度，选择【浇口区域定位器】选项，最后单击【确定】按钮完成工艺设置。

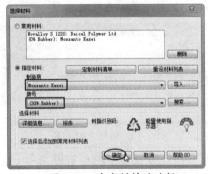

图 3-17 完成材料的选择

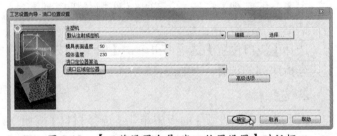

图 3-18 【工艺设置向导-浇口位置设置】对话框

③ 在【分析】面板中单击【开始分析】按钮，程序执行最佳浇口位置分析。经过一段时间的计算后，得出如图 3-19 所示的分析结果。

④ 在任务视窗中勾选【最佳浇口位置】复选框，查看最佳浇口位置。如图 3-20 所示，最佳浇口位置区域比较扩散，说明必须设计多浇口才能完成充填。

03　时序控制模流分析案例

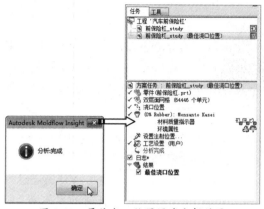

图 3-19　最佳浇口位置区域分析结果

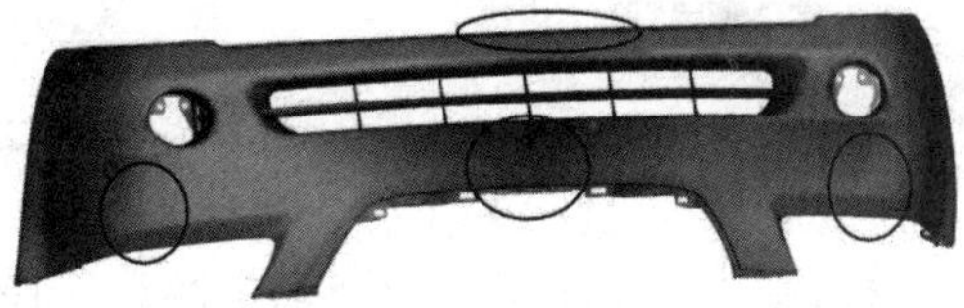

图 3-20　查看最佳浇口位置区域

⑤ 重新执行最佳浇口位置分析。在【工艺设置向导-浇口位置设置】对话框中设置浇口定位器算法为"高级浇口定位器",设置浇口数量为3,如图3-21所示。

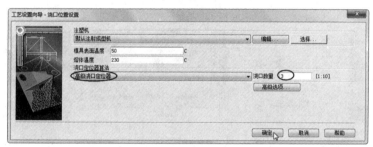

图 3-21　工艺设置

⑥ 最佳浇口位置分析结果如图 3-22 所示。在接下来的普通热流道浇注系统设计时,将依据这个浇口位置分析结果进行创建。

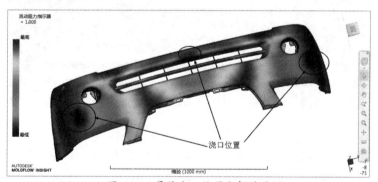

图 3-22　最佳浇口位置分析结果

3.3　初步分析（普通热流道系统）

通过对普通热流道系统的填充分析,注意观察前保险杠产品的熔接线问题。最佳浇口位置分析后自动创建了名为"前保险杠_study（最佳浇口位置）（浇口位置）"方案任务,我们将以此方案任务为基础进行填充分析。

3.3.1 浇注系统设计

本例前保险杠外壳模具的热流道浇注系统包括热主流道、热分流道和热浇口。浇口形式采用侧浇口设计，原因是表面不能留浇口痕迹。但不能采用潜伏式浇口设计，理由是产品尺寸非常大，若采用潜浇口，可能会因其直径小，不利于填充。所以，在创建浇口时会在适当位置创建，而不是在最佳浇口位置上创建。

> **技术要点**
> 如果要分析流道平衡，就必须创建流道。所以仅放置注射锥只适合分流道尺寸相同的模具。没有创建流道，多浇口则不能分析出各进胶点的射出量。

① 在工程任务窗格中修改"前保险杠_study（最佳浇口位置）（浇口位置）"任务的名称为"前保险杠_study（初步分析）"。

② 在【几何】选项卡的【创建】面板中单击【创建直线】按钮 ╱ 创建直线，然后在模型中间位置的侧边上绘制长度为 15mm 的直线，作为浇口直线，如图 3-23 所示。

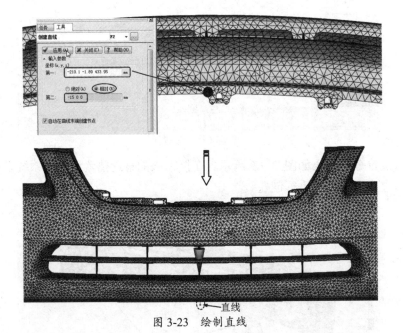

图 3-23 绘制直线

③ 同理，按此方法在两端再创建两条长 15mm 的直线作为浇口直线，如图 3-24 所示。

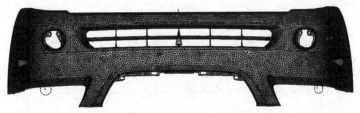

图 3-24 再绘制两条浇口直线

④ 选中一条浇口直线并更改其属性类型为"热浇口"，如图 3-25 所示。

⑤ 选中浇口直线再单击鼠标右键，在快捷菜单中选择【属性】命令，在弹出的对话框中设置浇口属性，如图 3-26 所示。

⑥ 同理，对另两条浇口直线也进行浇口属性的设置操作，如图 3-27 所示。

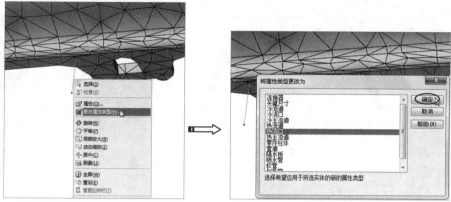

图 3-25　更改浇口直线的属性类型

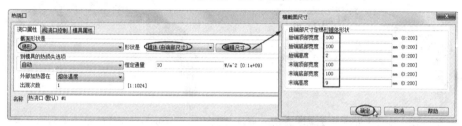

图 3-26　设置中间浇口的浇口属性

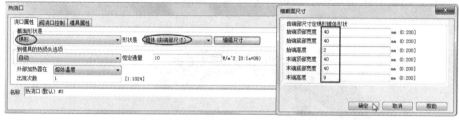

图 3-27　设置两端浇口的浇口属性

⑦ 接下来继续绘制分流道直线。利用【创建直线】工具，在 3 条浇口直线的末端继续绘制长度为 30mm 的分流道直线，如图 3-28 所示。

图 3-28　绘制 3 条分流道直线

⑧ 接下来绘制 Z 轴方向的 3 条分流道直线。3 条线的 Z 坐标值是相同的。创建方法是：先选取浇口线的端点作为分流道线的起点，复制起点的坐标值，粘贴到终点（第二点）文本框内，修改 Z 坐标值即可，如图 3-29 所示。

技术要点

3 条分流道直线的端点 Z 坐标值都是相等的，保证高度完全一致。

⑨ 继续绘制水平的分流道直线，如图 3-30 所示。

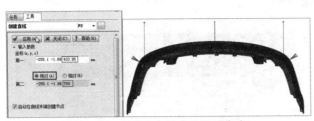
图 3-29 创建 3 条竖直分流道直线

图 3-30 绘制水平的分流道直线

⑩ 最后再绘制两条水平分流道直线，如图 3-31 所示。
⑪ 按 Ctrl 键选中所有分流道直线，修改其属性类型为"热流道"，如图 3-32 所示。

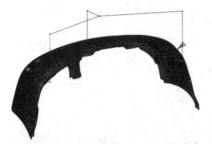
图 3-31 绘制两条水平分流道直线

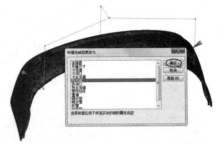
图 3-32 修改分流道属性类型

⑫ 接着再设置所有分流道属性。设置分流道的横截面尺寸为 18mm，如图 3-33 所示。

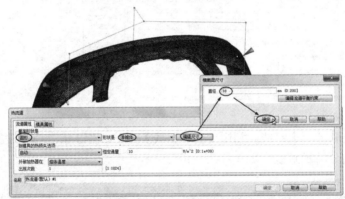
图 3-33 设置分流道属性

⑬ 最后利用【创建直线】工具 ，创建长度为 80mm 的主流道直线，如图 3-34 所示。
⑭ 为主流道直线设置属性类型，如图 3-35 所示。

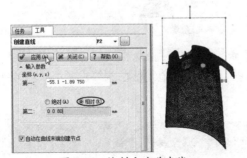
图 3-34 绘制主流道直线

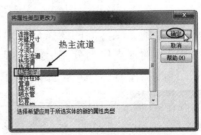
图 3-35 设置主流道直线的属性类型

⑮ 然后再对主流道直线设置属性,如图 3-36 所示。

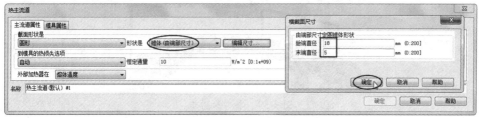

图 3-36 设置主流道直线的属性

⑯ 在【网格】选项卡中单击【生成网格】按钮 ,单击【生成网格】面板中的【立即划分网格】按钮,系统自动划分出主流道、分流道和浇口的网格,如图 3-37 所示。

 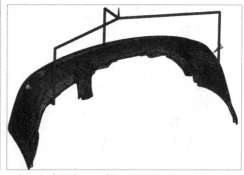

图 3-37 划分流道及浇口网格

⑰ 浇注系统设计完成后还需要检测网格单元的流通性,保证浇注系统到产品型腔是畅通的。在【网格】选项卡的【网格诊断】面板中单击【连通性】按钮 ,框选所有网格单元,然后单击【连通性诊断】面板中的【显示】按钮,系统自检连通性,如图 3-38 所示。结果显示网格的连通性非常好。

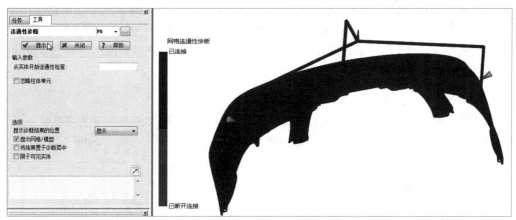

图 3-38 连通性检查

⑱ 删除之前自动创建的浇口注射锥,单击【注射位置】按钮 ,重新在主流道顶部添加一个注射锥,如图 3-39 所示。

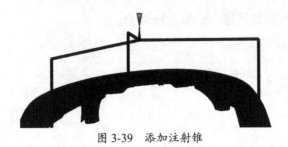

图 3-39　添加注射锥

3.3.2　工艺设置

工艺设置参数初步分析时尽量采用默认设置。

① 由于继承了前面分析的结果，所以无须再重新选择材料。单击【工艺设置】按钮，弹出【工艺设置向导-填充设置】对话框。编辑"填充压力与时间"类型的保压控制曲线，如图 3-40 所示。

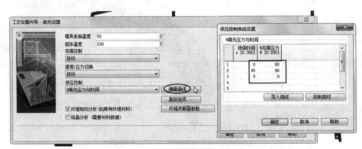

图 3-40　编辑保压控制曲线

② 最后单击【完成】按钮关闭对话框。
③ 单击【开始分析】按钮，Moldflow 启动填充分析。

3.3.3　分析结果解读

由于我们只针对消除产品中的熔接线（熔接痕）而进行分析，所以只选择了填充分析类型，分析完成的时间大大缩短。下面只看两个重要的分析结果，从中可以判断出热流道浇注系统设计是否合理。

1. 熔接线

在【流动】结果中查看【熔接线】分析结果，可以看到，制件中产生了大量的、细长的熔接线，这个分析结果严重地影响了产品的外观，浇注系统的设计不合理，如图 3-41 所示。

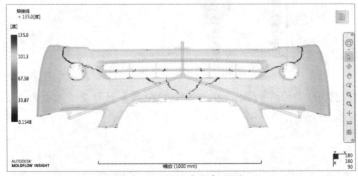

图 3-41　熔接线分析结果

2. 充填时间

查看充填时间的结果。在功能区【结果】选项卡中的【动画】面板中，可以看到熔融料充填的动画，从动画中很明显地查看到了3个浇口从不同方向充填型腔，在料流前锋交会时产生了熔接线，如图3-42所示。

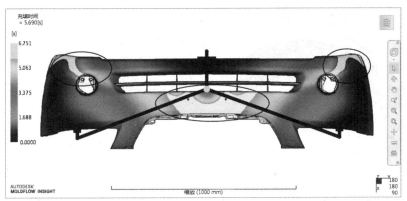

图3-42　充填过程中熔接线产生的动画

3. 如何改善熔接线缺陷

从图3-42中的充填动画了解到，熔接线是料流前锋交会时产生的。也就是说，3个浇口在充填型腔时的填充压力是相等的，当料流前锋交会后由于前进的动力是相同的，由于压强的作用力关系，料流前锋会立即停止运动，随着温度的降低就形成了清晰可见的熔接缝。熔接线不但影响着产品的外观质量，对产品的结构强度（耐用性）也是有较大影响的。

因此，在现有的浇注系统进行充填分析的情况下，要解决熔接线问题，理论上只能用一个浇口进行注射，对于小型制件来说这样可以解决此问题，但对于大型的汽车制件来说，一个浇口是不可能完成充填过程的，短射缺陷是肯定会存在的。

那么有没有好的方法来解决大型制件的熔接线问题呢？唯一的办法就是采用针阀式热流道，针阀式热流道的阀浇口是一个开关阀，常用于热流道系统中来控制熔体流动前沿和保压过程，主要作用是消除熔接线，阀浇口也称作"顺序浇口"。工作原理是，先打开第一个阀浇口，其他阀浇口则关闭，当料流前锋到达第二个阀浇口位置时才打开第二个阀浇口继续充填，这样顺着一个方向进行充填，就不会形成熔接线。

在接下来的优化分析过程中，改普通热流道注塑为针阀式热流道注塑。

3.4　改针阀式热流道系统后的首次分析

针阀式热流道跟普通热流道的区别主要是热浇口位置添加了时序控制阀。其次，针阀式热流道的浇口与流道设计也有区别。下面接着讲针阀式热流道系统设计。

3.4.1　针阀式热流道系统设计

1. 热流道与热浇口设计

① 复制初步分析的方案任务，重命名为"前保险杠_study（时序控制）"。双击复制的任务进入方案任务中。

② 在图形区中删除 3 个热流道浇口及部分热流道的网格单元，暂时保留节点与曲线，如图 3-43 所示。

③ 接着删除热流道曲线及节点，仅保留热浇口曲线及浇口位置的热流道曲线，如图 3-44 所示。

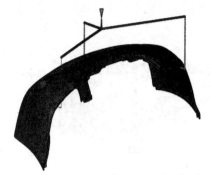
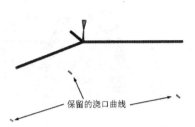

图 3-43　删除热浇口与部分热流道网格单元　　　图 3-44　删除热流道曲线及节点

④ 修改热浇口曲线及热流道曲线的属性类型及参数。选中一条热浇口曲线，单击鼠标右键并选择快捷菜单中的【更改属性类型】命令，在弹出的【将属性类型更改为】对话框中选择【冷浇口】类型，单击【确定】按钮完成属性的更改，如图 3-45 所示。

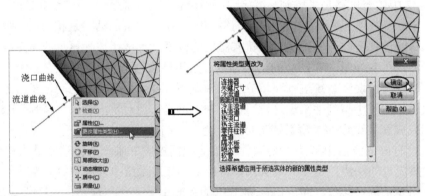

图 3-45　更改热浇口为冷浇口

⑤ 按此类似操作，将热流道曲线的属性更改为"冷流道"，如图 3-46 所示。

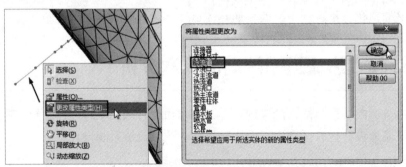

图 3-46　更改热流道曲线的属性为"冷流道"

⑥ 选中冷浇口曲线，单击鼠标右键并选择快捷菜单中的【属性】命令，设置冷浇口的截面形状及尺寸，如图 3-47 所示。

图 3-47　设置冷浇口截面形状及尺寸

⑦　接着选中冷流道曲线，设置其截面形状及尺寸，如图 3-48 所示。

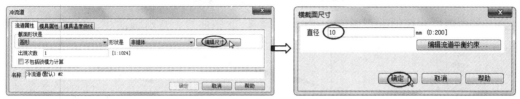

图 3-48　设置冷流道截面形状及尺寸

⑧　同理，将其余两条热浇口曲线及相连的热流道曲线的属性也做相同的更改。截面形状与尺寸也都设置为相同尺寸。

⑨　在【几何】选项卡的【创建】面板中单击【曲线】|【创建直线】按钮／，创建竖直曲线，如图 3-49 所示。

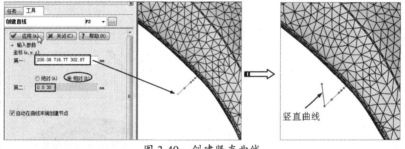

图 3-49　创建竖直曲线

⑩　更改这条竖直曲线的属性为"冷流道"，设置其截面形状及尺寸，如图 3-50 所示。

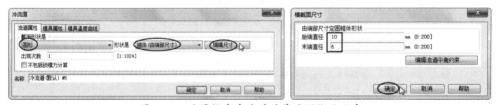

图 3-50　设置竖直冷流道的截面形状及尺寸

⑪　继续在这条竖直冷流道曲线的端点向上绘制一条竖直曲线，如图 3-51 所示。

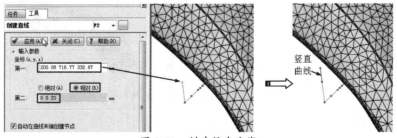

图 3-51　创建竖直曲线

⑫ 更改这条竖直曲线的属性为"热浇口",设置其截面形状及尺寸,如图 3-52 所示。

图 3-52 设置热浇口截面形状及尺寸

⑬ 继续在热浇口曲线的端点向上创建竖直曲线,此条曲线为热流道曲线,如图 3-53 所示。

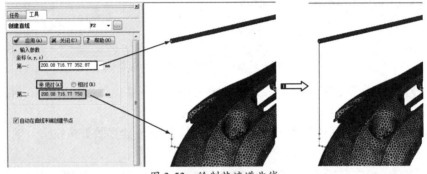

图 3-53 绘制热流道曲线

⑭ 将这条曲线的属性类型改为"热流道",设置热流道的横截面尺寸,如图 3-54 所示。

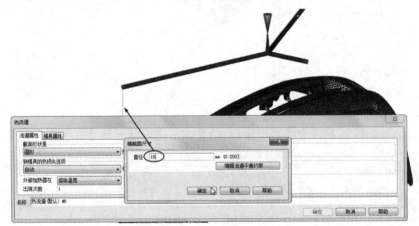

图 3-54 设置热流道曲线的属性参数

⑮ 同理,完成另两处的冷流道、热浇口及热流道曲线的创建、属性类型更改及属性参数的设置等操作。

⑯ 单击【生成网格】按钮,再单击【生成网格】面板中的【立即生成网格】按钮,系统将参照创建的冷/热浇口曲线、冷/热流道曲线来创建网格单元,如图 3-55 所示。

图 3-55 自动生成浇注系统的网格单元

> **技术要点**
>
> 本例的前保险杠的形状比较特殊，中间有格栅设计，如果没有格栅，热浇口设计在同一侧是最有效的解决方案。正是由于存在格栅设计，所以3个阀浇口还不能有效解决熔接线问题，必须增加热浇口设计。

⑰ 因此，需要增加3条热流道及阀浇口，使充填变得平衡，添加的热流道及热浇口如图3-56所示。总共变成了6条热流道。增加的热流道与热浇口的设计过程请参考前面几条热浇口的创建步骤，这里不再赘述。

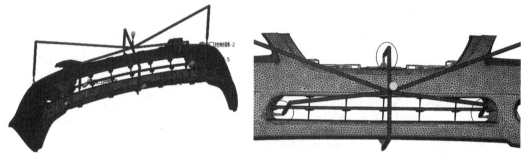

图 3-56　增加 3 条热流道及热浇口

2. 添加阀浇口控制器

阀浇口控制器只应用在普通热流道浇注系统中，对冷流道是没有作用的。阀浇口控制器可以控制各个浇口的开启与关闭时间，来达到顺序充填型腔消除熔接线的目的。

阀浇口的时序控制不是一次两次就能达到最佳效果的，需要设计师仔细分析熔接线产生的具体原因，比如料流前锋是怎样运动的？热浇口开启与关闭的时间是否得当？以热浇口的设计为主是否合理？……诸多问题都是需要花费大量的时间重复运行分析后来解决的。本书作为教材，鉴于文字篇幅及时间的限制，不能一一地将所有分析流程都完整地呈现给大家，只是把较接近于最佳效果的方案进行全面介绍。

本例前保险杠的模流分析中，浇口设计为6个，充填是平衡的。每一个浇口的充填时间是不同的，因此需要创建6个阀浇口控制器来分别控制6个浇口，但是，一般情况是第一个热浇口在注塑前都是开启的，所以第一个热浇口可以省略阀浇口控制器。

① 在【边界条件】选项卡的【浇注系统】面板中的【阀浇口控制器】选项板中单击【创建/编辑】按钮，弹出【创建/编辑阀浇口控制器】对话框，如图3-57所示。

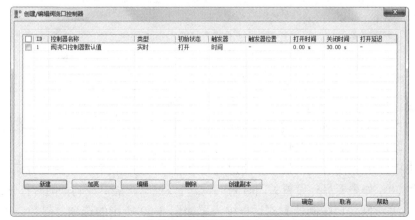

图 3-57　【创建/编辑阀浇口控制器】对话框

② 对话框中已经存在一个默认的阀浇口控制器，初始状态是打开，注塑时间为 0～30s，差不多是从开始注塑到充填结束。但本例保险杠制件是大型制件，而且每一个阀浇口都不会同时开启，所以第一个热浇口不需要阀浇口控制器。

③ 将这个默认控制器更改部分选项及参数，以便用在第二个热浇口。双击默认创建的阀浇口控制器，打开【查看/编辑阀浇口控制器】对话框，如图 3-58 所示。

- 控制器名称：输入一个控制器的名称，最好带数字编号，这样在分析时查找阀浇口控制器比较方便。
- 阀浇口触发器：控制阀浇口打开的方式，包括时间、流动前沿、压力、%体积和螺杆位置等 5 种。其中，使用较为普遍的是"时间"和"流动前沿"两种方式，对于小型制件，"时间"方式设置比较容易，通过设置每一个阀浇口的打开和关闭时间即可。但对于大型制件，"时间"方式极为麻烦，不容易控制时间，最好的方式是"流动前沿"，如图 3-59 所示为"流动前沿"方式的设置界面。
- 在【触发器位置】下拉列表中包含【浇口】与【指定节点】选项。【浇口】选项的含义是，当料流前锋抵达下一个阀浇口时，触发阀浇口控制器打开，这个选项仅适用于阀浇口直接用作点浇口的情况，对侧浇口是不适用的，因为侧浇口通常是冷浇口。【指定节点】选项的含义是，当料流前锋抵达用户指定某一个节点时，触发下一个阀浇口控制器打开。

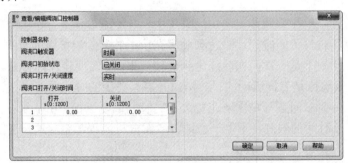

图 3-58 【查看/编辑阀浇口控制器】对话框

图 3-59 "流动前沿"方式的设置界面

- 阀浇口初始状态：阀浇口开始时处于打开状态还是已关闭状态。
- 阀浇口打开/关闭速度：某些阀浇口将在收到触发器后立即打开，其他阀浇口也可编程为以速度受控的方式打开。
- 阀浇口打开/关闭时间：仅用于确定阀浇口打开和关闭的时间。关闭时间一般保留默认时间 30s，如果要另外设置关闭时间，那么可以控制阀浇口控制器随时打开或随时关闭。

④ 在【查看/编辑阀浇口控制器】对话框中设置如图 3-60 所示的选项及参数。单击【确定】

按钮关闭对话框。

> **技术要点**
>
> 　　为什么第一个阀浇口控制器要设置打开时间呢？其实从产品结构中不难看出，在格栅的两侧，产品宽度是不一致的，一边宽一边窄。为了保持两侧的料流前锋能达到格栅两端的热浇口，所以较窄一侧热浇口的注射时间稍晚于较宽一侧的热浇口的注射时间。

图 3-60　设置第一个阀浇口控制器

⑤　单击【新建】按钮，创建第二个阀浇口控制器，如图 3-61 所示。

图 3-61　设置第二个阀浇口控制器选项及参数

⑥　同理，依次创建出编号为 3、4、5 的阀浇口控制器，如图 3-62 所示。

图 3-62　依次创建出其余阀浇口控制器

⑦　如图 3-63 所示，从中间往两边注射熔融体，不易产生影响产品结构强度的较大熔接线。

⑧　指定相对的热浇口作为使用阀浇口控制器的第一个浇口，放大显示该热浇口，选中热浇口的第一个单元并单击鼠标右键，在弹出的快捷菜单中选择【属性】命令，弹出【编辑锥体截面】对话框，选择【仅编辑所选单元的属性】复选框，再单击【确定】按钮，如图 3-64 所示。

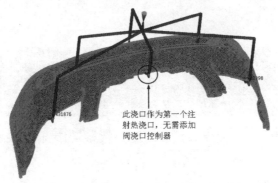

图 3-63 不添加阀浇口控制器的第一个热浇口

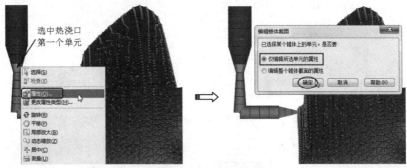

图 3-64 设置热浇口单元的属性

> **技术要点**
>
> 只能选中热浇口的其中一个单元来编辑属性,不能将 3 个浇口单元都选中,否则会影响阀浇口控制器的控制。此外,【编辑锥体截面】对话框中的【编辑整个锥体截面的属性】复选框适用于所有浇口只用了一个阀浇口控制器的情况。

⑨ 在随后弹出的【热浇口】对话框中的【阀浇口控制】选项卡中选择"阀浇口控制器-1",单击【确定】按钮完成阀浇口控制器的添加,如图 3-65 所示。

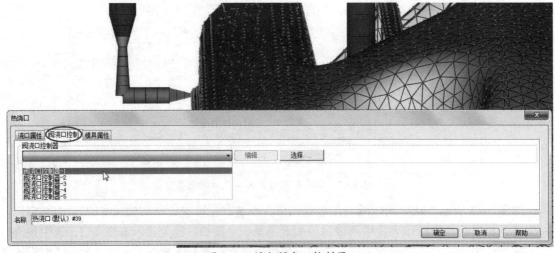

图 3-65 添加阀浇口控制器

⑩ 同理,依次添加其余热浇口的阀浇口控制器,添加完成的阀浇口控制器如图 3-66 所示。

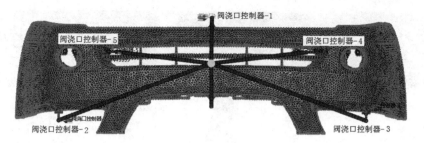

图 3-66 添加完成的阀浇口控制器

3. 指定流动前沿的节点位置

在创建阀浇口控制器时我们设定了流动前沿的触发器,下面需要指定触发器的节点位置。第一个阀浇口控制器无须指定触发器节点位置,因为前面设定的是"时间"触发器。

① 设置第二个阀浇口控制器的触发器节点位置。在【几何】选项卡中单击【查询】按钮 , 在冷浇口靠近制件中间的一侧选取一个节点,查询其节点编号,如图 3-67 所示。复制该节点编号以备后用(仅复制数字,字母"N"不要复制)。

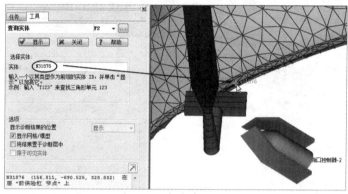

图 3-67 查询节点编号

> **技术要点**
>
> 你选择的节点有可能跟笔者不同,这个没有硬性要求必须选取哪个节点。

② 在图形区中双击"阀浇口控制器-2",弹出【查看/编辑阀浇口控制器】对话框。将复制的节点编号(数字)粘贴到【节点号】文本框中,单击【确定】按钮完成触发器节点位置的设置,如图 3-68 所示。

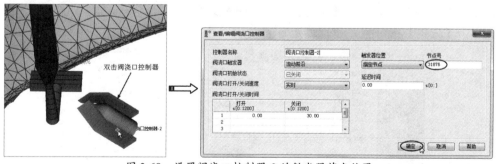

图 3-68 设置阀浇口控制器-2 的触发器节点位置

③ "阀浇口控制器-3"的触发器节点位置如图 3-69 所示。
④ "阀浇口控制器-4"的触发器节点位置如图 3-70 所示。

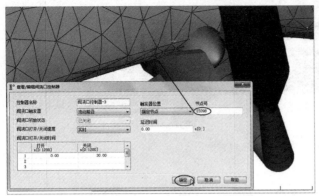

图 3-69 阀浇口控制器-3 触发器节点

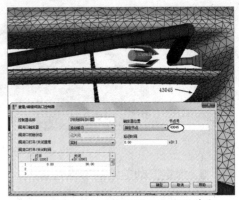

图 3-70 阀浇口控制器-4 触发器节点

⑤ "阀浇口控制器-5"的触发器节点位置如图 3-71 所示。

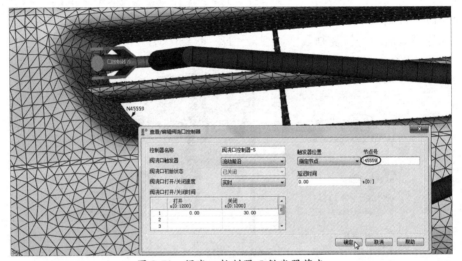

图 3-71 阀浇口控制器-5 触发器节点

3.4.2 分析结果解读

1. 工艺设置

添加了阀浇口控制器以后,注射时间必须要指定,不能使用系统的"自动"时间。

① 单击【工艺设置】按钮,弹出【工艺设置向导-填充设置】对话框。在对话框中设置如图 3-72 所示的参数,单击【确定】按钮关闭对话框。

② 再单击【分析】按钮,运行填充分析。

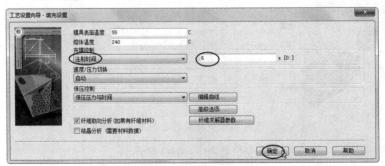

图 3-72 设置注射时间

2. 结果解读

（1）熔接线。

在【流动】的结果中查看【熔接线】分析结果，可以看到，制件中有 3 处位置产生了较明显的熔接线，如图 3-73 所示。产生的熔接线恰恰是在前保险杠的表面上，必须改进阀浇口控制器或者改善流道设计。

（2）充填时间。

查看充填时间的结果。在功能区【结果】选项卡中的【动画】面板中，可以查看熔融料充填动画，从动画中很明显地查看到由于没有控制好充填的时机，使部分料流前锋倒灌进冷浇口中冷凝，造成注射堵塞，如图 3-74 所示。

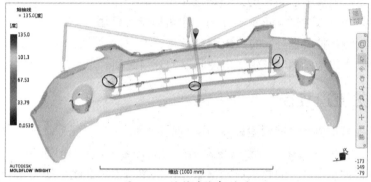

图 3-73　熔接线分析结果

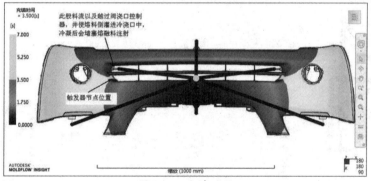

图 3-74　充填动画

而且，两股料流前锋的会合还形成了熔接线，如图 3-75 所示。虽然如此，所产生熔接线还是比先前普通热流道系统注射时的熔接线要少、要小。

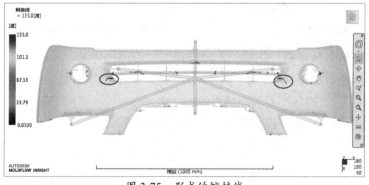

图 3-75　形成的熔接线

只要是多浇口，熔接线是肯定要产生的，我们要关注的是：如何让熔接线产生在不影响外观质量的区域中。

3.5 优化设计（熔接线位置）

从充填动画中可以看到，前保险杠窄边的料流先于宽边料流到达阀浇口 4 和阀浇口 5 的位置，这是在产品外观明显位置上产生熔接线的最大原因，如果能将熔接线产生在格栅、车灯孔内、制件周边等位置上，就不会影响产品外观质量和结构强度。

经过经验积累，缩短窄边料流的推进速度是唯一解决方案。

下面有两种方法可以尝试（可单一使用，也可以结合使用）：

- 改变"阀浇口控制器-1"的热流道直径。
- 更改"阀浇口控制器-1"阀浇口控制器的开启时间。

3.5.1 改变热流道直径

① 在工程任务视窗中复制"前保险杠_study（时序控制）"方案任务，并重命名为"前保险杠_study（时序控制）（优化）"。双击重命名的方案任务进入到该任务中。

② 删除"阀浇口控制器-1"的热流道网格单元，保留节点和曲线，如图 3-76 所示。

③ 编辑热流道曲线的属性，设置热流道的横截面直径尺寸为 12，如图 3-77 所示。

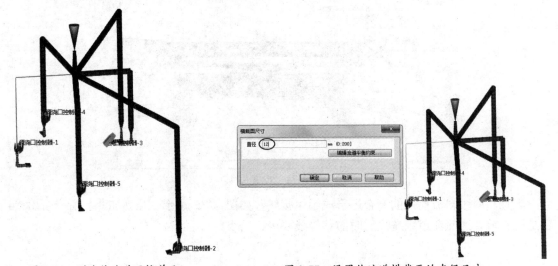

图 3-76　删除热流道网格单元　　　　图 3-77　设置热流道横截面的直径尺寸

④ 单击【生成网格】按钮，生成热流道曲线部分的网格单元，如图 3-78 所示。

⑤ 稍稍调整"阀浇口控制器-4"与"阀浇口控制器-5"的触发器节点位置。如图 3-79 所示为"阀浇口控制器-4"的触发器节点位置。

⑥ 如图 3-80 所示为"阀浇口控制器-5"的触发器节点位置。

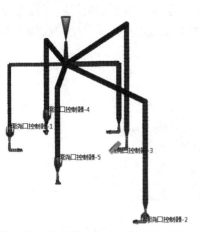

图 3-78 生成热流道曲线的网格单元

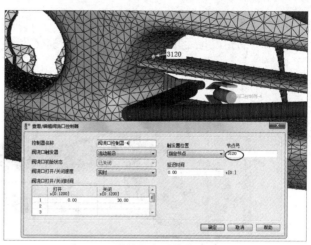

图 3-79 调整触发器节点位置

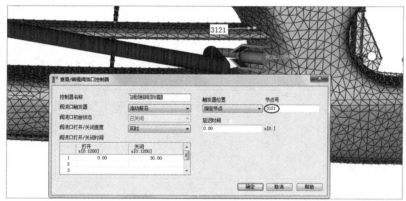

图 3-80 "阀浇口控制器-5"的触发器节点位置

3.5.2 分析结果解读

① 单击【分析】按钮,运行填充分析。
② 完成填充分析后,查看熔接线和填充时间结果。
③ 如图 3-81 所示为熔接线分析结果,从中看出熔接线主要产生在制件周边、格栅中间及孔内,周边及孔内的熔接线被装配后是看不见的,中间格栅位置的熔接线较少,不会影响制件结构强度,这得益于热流道的改善。

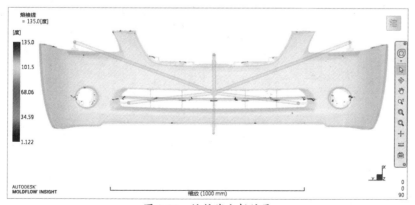

图 3-81 熔接线分析结果

④ 如图 3-82 所示为充填动画。明显地看到，两股料流的推进速度基本相当，料流前锋交会时产生的角度也是增大了不少。一般来说交会角度越大熔接线越短，反之熔接线越长、越明显。

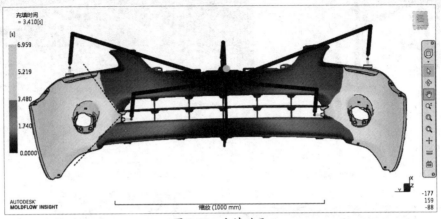

图 3-82　充填动画

⑤ 如果要达到更佳的效果，热流道直径还可以再调整一下，鉴于时间关系，余下的优化操作请自行完成。

04

重叠注塑成型模流分析案例

二次成型工艺是指热塑性弹性体通过熔融黏附结合到工程塑胶的一种注塑过程。本章将以塑料扣双色注塑成型为例，详细介绍 Moldflow 重叠注塑成型的应用过程。

- ☑ 知识点 01：二次成型工艺概述
- ☑ 知识点 02：设计任务介绍——重叠注塑成型
- ☑ 知识点 03：前期准备与分析
- ☑ 知识点 04：初步分析
- ☑ 知识点 05：优化分析

扫码看视频

4.1 二次成型工艺概述

相比用第三方材料黏接，二次成型工艺过程更快，更符合成本效益。因此，已被广泛应用于塑胶结构设计。

在二次成型时，软硬段的表面软化、外层弹性体的分子扩散和工程塑料，它们之间必须相互兼容，也就是说它们不能拒绝对方的分子。随着分子流动性的增加，两种材料的分子相互扩散，产生融化附着力。最终在表面层网络形成一个有凝聚力的键。

二次成型分重叠注塑成型、双组份注塑成型和共注塑成型三种。它们的区别如下：
- 重叠注塑成型：双色注塑机，两个料筒，两个喷嘴，两副模具。
- 双组份注塑成型：双组份注塑机，两个料筒，两个喷嘴，一副模具（有时也会设计两副模具）。
- 共注塑成型：共注射注塑机，两个料筒，一个喷嘴，一副模具。

4.1.1 重叠注塑成型（双色成型）

重叠注塑是一种注塑成型工艺，其中一种材料的成型操作将在另一种材料上执行。重叠注塑的类型包括二次顺序重叠注塑和多次重叠注塑。

Moldflow 重叠注塑适用于中性面、双层面和 3D 实体网格。

重叠注塑分析分 2 个步骤：首先在第一个型腔（第一次注塑成型）上执行"填充+保压"分析，然后在重叠注塑型腔（第二次注塑成型）上执行"填充+保压"分析。

如图 4-1 所示为重叠注塑成型的流程示意图。

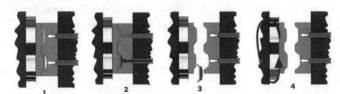

图 4-1 重叠注塑成型过程

1. 注射之后，样板将旋转 180°，随后模具将关闭。第一个零部件（蓝色）现位于下（重叠注塑）型腔中。
2. 将同时注射第一个零部件（蓝色）和第二个零部件（红色）。
3. 模具将打开，已加工成型的零件将从下型腔中顶出。与此同时，第一个零部件的流道将断开。
4. 样板将旋转 180°，之后模具关闭。第一个零部件（蓝色）现位于下（重叠注塑）型腔中。

双色注塑机有两个料筒和两个喷嘴，如图 4-2 所示。

图 4-2 双色注塑机

重叠注塑工艺主要应用在双色注塑模具和包胶模具。

1. 双色注塑模具

双色注塑模具是将两种不同颜色的材料在同一台注塑机（双色注塑机）上进行注塑，分两次成型，但最终一次性地将双色产品顶出。如图 4-3 所示为双色注塑示意图，标注 1 为浇注系统负责注塑 A 型腔，2 为浇注系统负责注塑 B 型腔。如图 4-4 所示为双色注塑产品。

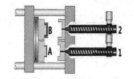
图 4-3 双色注塑

图 4-4 双色注塑产品

双色注塑是指利用双色注塑机，将两种不同的塑料在同一机台注塑完成部件。其适用范围广，产品质量好，生产效率高，是目前的趋势。

常见的旋转式双色模具，在注塑成型时通常是共用一个动模（后模）、通过交换定模（前模）来完成的，如图 4-5 所示。

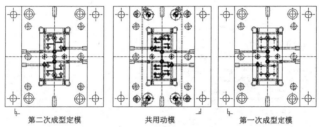
图 4-5 双色注塑模具的共用动模和两次成型定模

> **温馨提示**
> 所谓的"双色"，除了颜色不同，其材质也是不同的，一般分为硬质材料和软质材料。

因此在设计双色模具时，必须要同时设计两套模具，通常是两个型腔不同的定模和两个型腔相同的动模；在注塑生产时，两套模具同时进行生产，第一次注塑完成后动模旋转 180°后与第二型腔的定模构成一套完整的模具完成第二次注塑。

如图 4-6 所示是双色手柄的完整注塑模具。

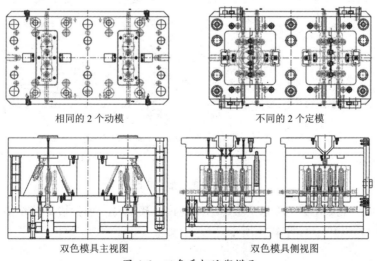
图 4-6 双色手柄注塑模具

双色注塑模具的特点如下：

（1）为使模具装在回转板上能做回转运动，模具最大高、宽尺寸应保证在哥林柱内切圆直径 750mm 范围内；当模具用压板固定于回转板上时，模具最大宽度为 450mm，最大高度（长度）为 590mm；另外，为了满足模具定位和顶出孔位置尺寸的要求，模具最小宽度为 300mm，最小高度（长度）为 400mm，如图 4-7 所示。

（2）由于注塑机的水平、垂直注射喷嘴端面为平面结构，模具唧嘴（主流道入口）须满足平面接触，如图 4-8 所示。

（3）注意保证模具定位和顶出的中心位置尺寸 120±0.02mm。

（4）对于 UI 双色模具，若两种材料的收缩率不同，其模具型腔的缩放量也不一致；当进行第二次注射时，第一次成型的胶件（制品）已收缩，因此模具第二次成型的封胶面应为胶件实际尺寸，亦可减小（单边）0.03mm 来控制封胶。

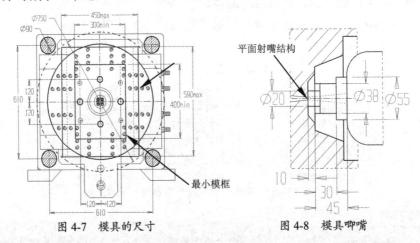

图 4-7　模具的尺寸　　　　　　图 4-8　模具唧嘴

（5）模具二次成型的前模型腔，注意避空非封胶配合面，避免夹伤、擦伤第一次注射已成型的胶件表面，如图 4-9 所示为避免夹伤的设计，如图 4-10 所示为避免擦伤的设计。

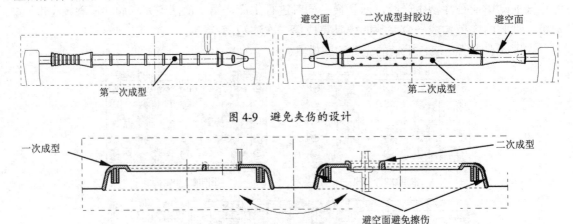

图 4-9　避免夹伤的设计

图 4-10　避免擦伤的设计

（6）避免两胶料接合端处锐角接合；当出现锐角接合时，因尖锐角热量散失多，不利于两胶料熔合，角位易脱开，如图 4-11 所示。

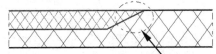

图 4-11 避免两胶料接合端处锐角接合

2. 重叠注塑对双色模型的要求

通过 Moldflow 分析可以预测出双色产品的充填情况，如压力、温度、结合线困气位置、表面收缩，以及产品相互黏合及变形情况，帮我们及时地避免双色成型中的风险。

对于中性面网格：
- 要确保两个模型的网格质量要好；
- 网格宽度与厚度的比例控制在 4:1 以内；
- 两个成分的产品网格需要相互交叠；
- 两个成分的网格需要相互交叠（不能有间隙，否则无法进行热传导计算）；
- 两个模型的属性设定。

对于 3D 实体网格：
- 两者皆为几何结构简单的模型最佳；
- 两个成分的产品网格需要相互交叠；
- 元素的属性设定（如有热流道要控制在第二色）。

3. 重叠注塑的材料

重叠注塑的基本思路是将两种或多种不同特性的材料结合在一起，从而提高产品价值。第一种注入材料称为基材或者基底材料，第二种注入材料称为覆盖材料。

在重叠注塑过程中，覆盖材料注入基材的上方、下方、四周或者内部，组合成一个完整的部件。这个过程可通过多次注塑或嵌入注塑完成。通常使用的覆盖材料为弹性树脂。

重叠注塑的两种塑性材料的选择应注意其接合效果，常用各胶料组合见表 4-1。

表 4-1 两种塑性材料组合

材料	ABS	PA6	PA66	PC	PE-HD	PE-LD	PMMA	POM	PP	PS-GP	PS-HI	TPU	PVC-W	PC-ABS	SAN
ABS				+	θ	θ	+		θ	θ	θ	+	+	+	+
PA6		+	+	−	−	−			−	θ	θ	+			
PA66		+	+		−	−			−	θ	θ	+			
PC	+	−		+	θ	θ			θ	θ	θ	+	+	+	+
PE-HD	θ			θ	+	+		−	−	θ	θ	θ	−	θ	θ
PE-LD	θ			θ	+	+		−	+	θ	θ	θ	θ	θ	θ
PMMA	+						+	−			θ		+		+
POM					−	−		+			θ	θ			
PP	θ	−	−	θ	θ	+			+	θ	θ	θ		θ	θ
PS-GP	θ	θ	θ	θ	θ	θ			θ	+	+	+			
PS-HI	θ	θ	θ	θ	θ	θ			θ	+	+	θ		θ	
TPU	+	+	+	+	θ	θ			θ	θ	θ	+	+		+
PVC-W	+			+	−		+			−	−	+	+	+	
PC-ABS	+			+	θ	θ				θ	θ	+	+	+	+
SAN	+			+	θ	θ	+		θ			+		+	+

注明：(1) "＋"良好组合；"−"较好组合；"θ"较差组合。

(2) 其余空白无组合。

4.1.2 双组份注塑成型（嵌入成型）

在 Moldflow 中嵌入成型（或"插入成型"）也叫双组份注塑成型。嵌入成型模具俗称"包胶模具"，包胶模具有两种包胶模式：软胶包硬胶和硬胶包软胶。常见的包胶模式是软胶包硬胶，例如电动工具外壳壳体、牙刷柄、插线板、卷尺外壳等，如图 4-12 所示。

图 4-12 常见包胶产品

1. 角式注塑

该类注塑机有两个注射机构（料筒），并在水平面或垂直面呈一定夹角分布。根据需要可以按照同时或先后顺序将两种原料注入同一副模具内。

这种注塑方法可在一台双组份注塑机上，利用一副模具实现双组份注塑的效果。

同副模具内分硬料腔和软料腔。第一模注射时，副料筒关闭，只进行主料筒的硬料注射。完成后，将硬料部分放入软料腔内，从第二模开始主、副料筒同时注射，完毕后，从软料腔脱模的零件即为成品，从硬料腔脱模的产品再放入软料腔内循环进行生产，如图 4-13 所示。

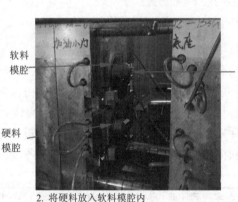

1. 先成型硬材料　　2. 将硬料放入软料模腔内　　3. 再成型软材料

图 4-13 角式注塑

2. 两次注塑

这是一种最简单的双组份成型方法，只需要两台常规的注塑机（图 4-14），但需要两副模具（分别成型硬料部分和软料部分）。先成型硬料部分制件，再将该制件作为嵌件放入软料模内，完成软料成型。

如图 4-15 所示为利用两次成型工艺完成的电动工具外壳产品。两次注塑的优点在于对设备的依赖程度较小，利用普通注塑机即可实现双组份注塑的效果。缺点是要同时开制两副模具，生产周期为常规注塑的两倍，不适合较大体积产品的生产。

图 4-14 两台常规注塑机

1. 先成型硬材料

2. 作为嵌件放入软料模内

3. 再成型软材料

图 4-15 电动工具外壳产品

3. 嵌入成型注塑材料

单一的原材料在性能上往往都有一些缺陷，利用嵌入成型注塑可以达到两种原料之间的优点互补，得到性能更加优良的产品。

嵌入成型注塑与普通注塑工艺相比基本相同，同样分为：注射—保压—冷却；不同之处在于在短时间内先后实现了两次注塑成型过程。两种原料能有效地黏合在一起。

嵌入成型注塑中采用的原料要求相互之间必须要有较强的黏合强度，才能保证不会出现原料结合处开裂、脱落等缺陷。

常见的嵌入成型注塑材料之间的黏合强度见表 4-2。

表 4-2 双组份注塑材料组合之间的黏合强度

材料	ABS	ABS/PC	ASA	CA	EVA	PA6	PA66	PBT	PC	HDPE	LDPE	PMMA	POM	PP	PPO	PS	TPEE	TPU
ABS	+	+	+	+				+	+	Θ	Θ	+		Θ	Θ	Θ		+
ABS/PC	+	+	+						+	Θ	Θ			Θ	Θ	Θ		+
ASA	+	+	+	+					+	Θ	Θ	+		Θ	Θ	Θ		+
CA	+		+		−					Θ	Θ			Θ		Θ		+
EVA			+	−	+					+	+			+		+		Θ
PA6							+	+		−	−			−		Θ	Θ	+
PA66						+		+	+	−	−			−		Θ	Θ	+
PBT						+	+		+					Θ		+	+	+
PC	+	+	+							−		+	+			Θ	+	+
HDPE	Θ	Θ	Θ	Θ	+	−	−		Θ	+	+	−	−	Θ		Θ		
LDPE	Θ	Θ	Θ	Θ	+	−	−		Θ	+	+	−	−	+		Θ		
PMMA	+		+						+	−	−			+		Θ		
POM										−	−			+	−	Θ		
PP	Θ	Θ	Θ	Θ				Θ		Θ	+		+	+	−	+	Θ	Θ
PPO	Θ	Θ	Θ	Θ										−	+	+	Θ	Θ
PS	Θ	Θ	Θ	Θ	+	Θ	Θ		Θ	Θ	Θ	Θ	Θ	−	+	+	Θ	Θ

注明：(1) "+" 良好黏度；"−" 为较差黏度；"Θ" 无黏度。

(2) 其余空白不形成组合。

第一次注射的硬胶材料称为"基材"，常用的硬胶材料有 ABS、PA6/PA66-GF、PP、PC 及 PC+ABS 等。第二次注射的软胶材料称为"覆盖材料"，常用的软胶材料有人工橡胶、TPU、TPR、TPE、软 PVC 等。

在本章电动工具手柄采用软胶包硬胶的模式，在基体材料确定的情况下，覆盖材料选用的优先顺序（中排前为优选）见表 4-3。

表 4-3 包胶基材与覆盖材料的匹配

基材（本体/骨架）	覆盖材料（包胶材料）	备 注
PA6-GF	通用所有常用弹性树脂，优选 TPE	TPE 耐磨
PA66-GF	通用所有常用弹性树脂，优选 TPE	TPE 耐磨
ABS	通用所有常用弹性树脂，优选 TPE	TPE 耐磨
PC+ABS/PC	通用所有常用弹性树脂，优选 TPE	TPE 耐磨
PP	TPR/TPE/PVC	
金属压铸件	TPE/PVC /TPU/PPS/PA6-GF	需考虑设计/功能/工况
PA6-GF/PA66-GF/PC	ABS（不建议大面积采用）	1. 小面积的 LOGO 区域（100mm×20mm）之内是可行的； 2. 大的包胶区域要综合考量结构、曲率（落差）

4. 嵌入成型的特点

嵌入成型模具（包胶模具）的生产过程是：先完成硬胶产品的生产，然后将硬胶产品放入注塑软胶材料的包胶模具中，最后注塑软胶材料覆盖在硬胶产品上，完成包胶产品的注塑。

嵌入成型的缺点是：生产效率较低，硬胶产品在置放的过程中，容易出现放不到位的情况，因此，包胶产品可能会出现压伤等一系列问题，良品率相对来说较低。

嵌入成型有以下特点。

（1）通常基材要比覆盖材料大得多。

（2）有时基材需要预热，使表面温度接近覆盖材料的熔点，从而获得最佳黏合强度。

（3）一般嵌入成型的模塑工艺通常由两套模具完成，不需要专门的双色注塑机。

5. 嵌入注塑成型注意事项

嵌入注塑成型的最大问题就在于两种原料能否有效黏合。除了前面讲到的两种原料本身之间能否相容是关键之处，在产品设计和加工过程也应注意以下几点：

（1）尽量增加两种原料的结合部位的有效接触面积，也可以利用增加加强筋或槽、孔洞、斜面、粗糙面结构来达到此目的。应当尽量避免类似截面积很小的平面和平面之间的黏合，如图 4-16 所示。

（2）注意软料进入模腔的位置和流向（如图 4-17 所示），避免对硬料部分产生不良影响。同时也要对硬料部分相应位置做好加固。

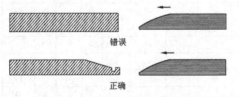

图 4-16 尽量增加两种原料的结合部位的有效接触面积　　图 4-17 注意软料进入模腔的位置和流向

（3）注塑加工过程中，注意对原料加工温度、注射速度、模腔表面温度的控制，这些都是会直接影响原料黏合强度的关键控制因素。

6. 包胶模具

有时又叫假双色，两种塑胶材料在不同注塑机上注塑，分两次成型；产品从一套模具中出模取出后，再放入另外一套模具中进行第二次注塑成型。一般这种模塑工艺通常由 2 套模具完成，而不需要专门的双色注塑机。如图 4-18 所示为包胶产品。

如图 4-19 所示为汽车三角玻璃窗包胶模具内部结构图。

图 4-18 包胶产品

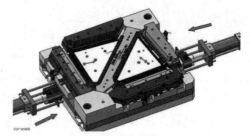
图 4-19 汽车三角玻璃窗包胶模具内部结构

包胶模具设计注意事项：
- 强度：包胶模具要注意骨架强度，防止包胶后变形；
- 缩水：包胶模具要注意收缩率的问题，外置件是没有收缩的。然后是一个设计问题，该避空的地方尽量避空，便于外置件的放入，原则上不影响封胶就好；
- 定位：做到可靠的封胶且在胶件上有反斜度孔，防止拉胶变形；
- 模具钢材：可用 H13 或 420H；
- 在软胶的封胶位留 0.07～0.13mm 作为预压距离；
- 硬胶要有钢料作为支持，特别是有软胶的背面，避空间隙不可大于 0.3mm；
- 底件与包胶料的软化温度要至少相差 20℃，否则底胶件会被熔化；
- 若包 TPE，其排气深度为 0.01mm；
- 底成品与塑料部分的胶厚合理比例为 5：4；
- TPE 材料，其浇口不宜设计成潜顶针（顶针作为潜伏式浇口的一部分），可改用直顶，浇口做在直顶上，最好用方形，直顶与孔的配合要光滑，间隙在 0.02mm 以内，否则易产生胶粉；
- 流道不宜打光，留纹可助出模，前模要晒纹，否则会黏前模；
- TPE 缩水率会改变皮纹的深度；
- 如果产品走批锋怎么办：1.前模烧焊；2.底件前模加胶；3.底件后模加胶；4.包胶模后模烧焊。
- 黏前模怎么办：1.前模加弹出镶件；2.镶件顶部加弹弓胶；3.弹弓胶尺寸要小于镶件最大外围尺寸。

4.1.3 共注塑成型（夹芯注塑成型）

在共注塑成型中，硬基材和软弹性料同时注入同一个模具中，软弹性料迁移到外层。材料之间的相容性是至关重要的，必须小心控制。常见的包胶模具就是典型的共注塑成型模具。

共注塑十分昂贵，且很难控制。也是三种二次成型中最少用的注塑工艺。不过，因为硬基材和软弹性料都在完全熔融状态，与模具相吻合。因此，共注塑提供了最好的熔融和物质之间的化学粘连。

共注塑成型可以通过选择不同的材料组合提供各种性能特点：
- 实心表皮/实心模芯
- 实心表皮/发泡模芯
- 弹性表皮/实心模芯
- 发泡表皮/实心模芯

共注塑成型适用于各种材料，因为材料按组合方式使用，因此表皮和模芯之间的相对黏性和附着力是选择材料的重点考虑因素。

如图 4-20 所示为共注塑成型工艺过程示意图。首先注入表皮材料（硬基材），局部充填模具型腔，如图 4-20（a）所示；当表皮材料的注射量达到一定要求后，转动熔料切换阀，开始注射模芯材料（软弹性材料）。模芯材料进入预先注入的表皮材料流体中心，推动表皮材料进行型腔的空隙部分，表皮材料的外层由于与冷型腔壁接触已经凝固，模芯层流体不能穿透，从而被表皮材料层包裹，形成了夹芯层结构，如图 4-20（b）、（c）所示；最后再转动熔料切换阀回到起始位置，继续注射表皮材料，将流道内的模芯材料推入型腔中并完成封模，此时清除了模芯材料，为下一个成型周期做好准备，如图 4-20（d）所示。

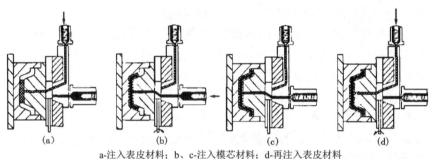

a-注入表皮材料；b、c-注入模芯材料；d-再注入表皮材料

图 4-20　共注塑成型工艺过程

与普通注塑成型工艺相比较，共注塑成型工艺主要有以下特点：

- 共注射机由两套以上预塑和注射系统组成，每套注射系统射出熔料的温度、压力和数量的少许波动都会导致制品颜色、花纹的明显变化。为了保证同一批制品外观均匀一致，每套注射系统的温度、压力和注射量等工艺参数应严格控制。
- 共注射机的流道结构较复杂，流道长且有拐角，熔体压力损失大，需设定较高的注射压力才能保证顺利充模。为了使熔体具有较好的流动性，熔料温度也应适当提高。
- 由于熔体温度高，在流道中停留时间较长，容易热分解，因此，用于共注塑成型的原料应是热稳定性好、黏度较低的热塑性塑料。常用的有聚烯烃、聚苯乙烯、ABS 等。

4.2　设计任务介绍——重叠注塑成型

在 Moldflow 中，我们将网格模型上设置浇口注射锥，用于模拟两副双色模具中的流道系统。产品 3D 模型如图 4-21 所示：

第 1 色注塑　　　　第 2 色注塑　　　　注塑完成产品

图 4-21　双色塑料扣模型

规格：最大外形尺寸：23mm×5.6mm×8 mm（长×宽×高）

壁厚：最大 2mm；最小 0.4mm

设计要求如下：

1. 材料：第 1 次注塑材料为 ABS，第 2 次注塑材料为透明 PP（后改为 PC）
2. 缩水率：收缩率统一为 0.005 mm
3. 外观要求：表面质量一般，制件无缺陷，一次注射与二次注射包胶性良好
4. 模具布局：1 模 4 腔

4.3 前期准备与分析

双色注塑成型，如果用冷流道注塑，势必会造成充填不全、压力不平衡等缺点，冷流道还会导致废料多、生产成本增加等。此外，在双色注塑过程中，因一次注射和二次注射之间有一段时间间隔，而冷流道无法保证填充料一直保持熔融状态。

因此，双色模具多采用热流道注塑，本案例也不例外。下面讲解在 Moldflow 中重叠注塑成型模流的初步分析与优化方案的分析比较。

高质量的网格是任何形式模流分析的前提，而 Moldflow 重叠注塑分析则要求两个模型之间没有相交的部分，应该保持良好的贴合状态，否则会影响产品的分析结果，导入前一定要检查产品 CAD 模型，确认产品无上述问题后再进行下一步动作。

> **温馨提示**
> 设计双色注塑模具或者进行重叠注塑分析时，必须确保两次注塑模型的参考坐标系是一致的。

4.3.1 前期准备

Moldflow 分析的前期准备工作主要有以下方面：
- 新建工程并导入第 1 个注射模型；
- 第 1 个注射模型网格的创建与修复；
- 导入第 2 个注射模型并划分、修复网格；
- 将第 2 个注射模型添加到第 1 个模型中；
- 创建流道系统。

1. 新建工程并导入第 1 个注射模型

① 启动 Moldflow 2018，然后单击【新建工程】按钮，弹出【创建新工程】对话框。输入工程名称及保存路径后，单击【确定】按钮完成工程的创建，如图 4-22 所示。

图 4-22　新建工程

② 在【主页】选项卡下单击【导入】按钮，弹出【导入】对话框。在本例模型保存的路径下打开"模型-1.stl"，如图 4-23 所示。

③ 随后弹出要求选择网格类型的【导入】对话框，选择"双层面"类型作为本案例分析的网格，再单击【确定】按钮完成模型的导入操作，如图 4-24 所示。

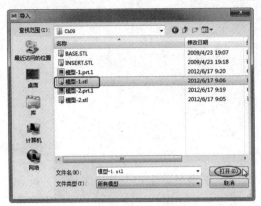
图 4-23 导入模型

图 4-24 选择网格类型

④ 导入的 stl 模型如图 4-25 所示。

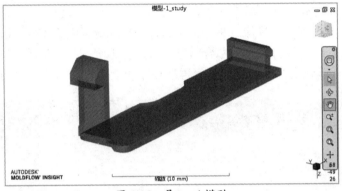
图 4-25 导入 stl 模型

2. 第 1 个注射模型网格的创建与修复

① 在【主页】选项卡的【创建】面板中单击【网格】按钮，打开【网格】选项板。
② 单击【生成网格】按钮，然后在工程管理视窗的【生成网格】选项板中设置全局边长的值为 0.3，单击【立即划分网格】按钮，程序自动划分网格，结果如图 4-26 所示。

图 4-26 划分网格

③ 网格创建后需要做统计，以此判定是否修复网格。在【网格诊断】面板中单击【网格统计】按钮，然后再单击【网格统计】选项板的【显示】按钮，程序立即对网格进行统计并弹出统计结果对话框，如图 4-27 所示。

> **温馨提示**
>
> 从网格统计看，网格质量非常理想，没有明显的缺陷，匹配百分百，完全满足流动分析、翘曲分析、冷却分析要求。

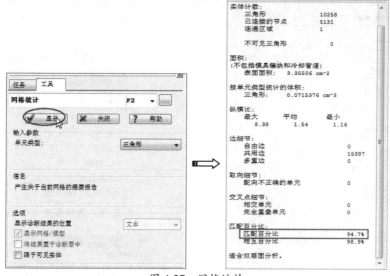

图 4-27 网格统计

④ 在【主页】选项卡下单击【网格】按钮，打开【网格】选项板。利用【纵横比诊断】工具，设置"最小值"为"5"，如图 4-28 所示。

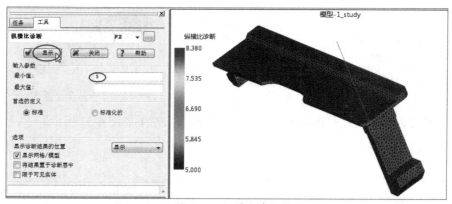

图 4-28 纵横比诊断

⑤ 然后将指引线所在的三角形网格进行纵横比改善。网格纵横比修复后，网格重新统计结果如图 4-29 所示。

⑥ 网格划分之后，在【主页】选项卡的【成型工艺设置】面板选择"热塑性塑料重叠注塑"类型，如图 4-30 所示，并将结果先保存。

3. 导入第 2 个注射模型并划分、修复网格

① 在【主页】选项卡下单击【导入】按钮，将下载资源中的"模型-2.stl"模型打开，如图 4-31 所示。

② 将此模型以"双层面"网格类型导入，如图 4-32 所示。

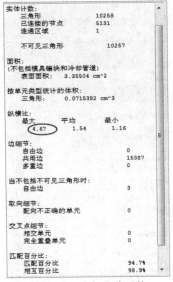

图 4-29 重新统计网格

图 4-30 选择成型工艺类型

图 4-31 导入第 2 次注射的模型

图 4-32 导入第 2 个模型

③ 同理,对导入的模型做网格划分、网格统计等操作,结果如图 4-33 所示。

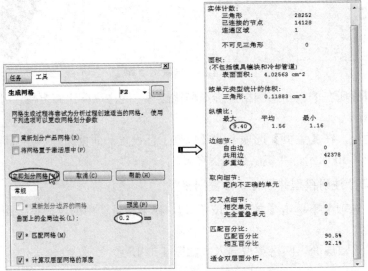

图 4-33 划分网格并统计网格

④ 可以看出第 2 次注塑模型圆角偏多,所以划分网格时边长值设为"0.2"。纵横比诊断结果如图 4-34 所示。

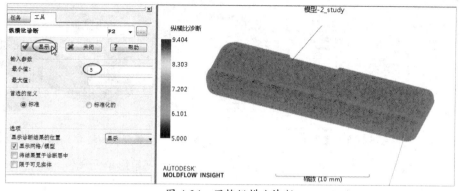

图 4-34　网格纵横比诊断

⑤ 利用合并节点工具,修复纵横比。

4. 将第 2 个注射模型添加到第 1 个模型中

① 在工程视窗中复制"模型-1_study"方案,然后将其重命名为"重叠注塑_study",如图 4-35 所示。

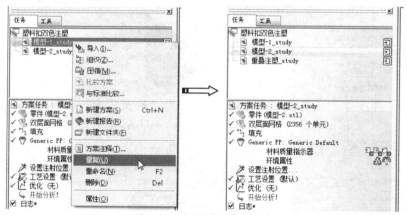

图 4-35　复制并重命名方案

② 双击"重叠注塑_study"方案,然后在【主页】选项卡下单击【添加】按钮，从方案保存的文件夹中打开第 2 色模型的方案文件,如图 4-36 所示。

> **温馨提示**
>
> 在默认情况下,AMI 的工程项目及方案自动保存在"C:\Users\(计算机名)\Documents\My AMI 2018 Projects"文件夹中。

③ 添加后,图层项目管理视窗中显示 2 个模型的图层,并且图形区中可以看到第 2 个模型已经添加到第 1 个模型上,如图 4-37 所示。

④ 接下来更改第 2 色模型的属性。首先在【成型工艺设置】面板中选择【热塑性塑料重叠注塑】,然后在图层项目管理区仅勾选第 2 色模型的【三角形】复选框。

⑤ 框选第 2 色模型的三角形网格,并执行右键菜单【属性】命令,如图 4-38 所示。

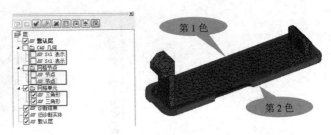

图 4-36　添加第 2 色模型的方案文件　　　图 4-37　第 2 个网格模型添加到第 1 个网格模型中

⑥ 随后弹出【选择属性】对话框，选择列表中列出的所有三角形单元属性，然后单击【确定】按钮，如图 4-39 所示。

⑦ 接着打开【零件表面（双层面）】对话框。在该对话框的【重叠注塑组成】选项卡下选择【第二次注射】选项，最后单击【确定】按钮完成属性的更改，如图 4-40 所示。

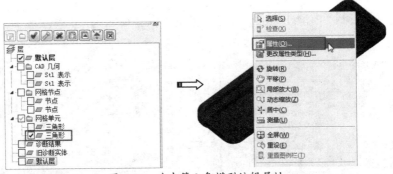

图 4-38　选中第 2 色模型编辑属性

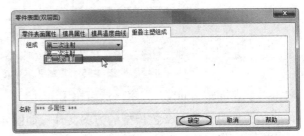

图 4-39　选择要更改的属性　　　图 4-40　选择新的重叠注塑组成

4.3.2　最佳浇口位置分析

在进行重叠注塑分析前，要分别对两个模型进行最佳浇口位置分析，以便在重叠分析时设置注射锥。

① 在方案任务视窗中双击"模型-1_study"任务。

② 设置分析序列为【浇口位置】，如图 4-41 所示。

③ 工艺设置保留默认设置。单击【分析】按钮，勾选【运行全面分析】复选框，如图 4-42 所示。

图 4-41　选择分析序列

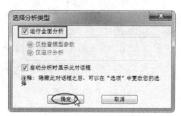
图 4-42　运行分析

④ 第 1 注射模型的最佳浇口位置分析结果如图 4-43 所示。

图 4-43　第 1 注射模型的最佳浇口位置分析结果

⑤ 同理，在方案任务视窗中双击"模型-2_study"，然后对第 2 注射模型进行最佳浇口位置分析，分析结果如图 4-44 所示。

图 4-44　第 2 注射模型的最佳浇口位置分析结果

4.4　初步分析

重叠注塑分析与一般的热塑性注塑分析基本相同，不同的是需要为 2 次注射指定不同的材料和注射位置。重叠注塑分析包括 2 个步骤：首先在第 1 个型腔上执行"填充 + 保压"分析（第 1 个组成阶段），然后在重叠注塑型腔上执行"填充 + 保压"分析或"填充 + 保压 + 翘曲"分析（重叠注塑阶段）。

1. 选择分析序列

① 在【主页】选项卡的【成型工艺设置】面板中单击【分析序列】按钮，弹出【选择分析序列】对话框。

② 选择【填充+保压+重叠注塑充填+重叠注塑保压】选项，再单击【确定】按钮完成分析序列的选择，如图 4-45 所示。

> **温馨提示**
>
> 所选择的【填充+保压+重叠注塑充填+重叠注塑保压】分析序列,表达了第 1 色执行"填充+保压"分析,第 2 色执行的是"重叠注塑充填+重叠注塑保压"分析。

2. 选择材料及工艺设置

① 选择分析序列后,方案任务窗格中显示了重叠注塑分析的任务,如图 4-46 所示。包括选择 2 次注射的材料和 2 个模型的注射位置。

图 4-45 选择分析序列　　　　　　　　图 4-46 重叠注塑的方案任务

② 首先指定第 1 次注射的材料为 ABS,如图 4-47 所示。
③ 按上一步的方法,选择第 2 次注塑的材料为 PP,如图 4-48 所示。
④ 在方案任务视窗中双击"设置注射位置"任务,然后为第 1 次注射(第 1 色)设定注射位置,如图 4-49 所示。

图 4-47 为第 1 色选择 ABS 材料

04 重叠注塑成型模流分析案例

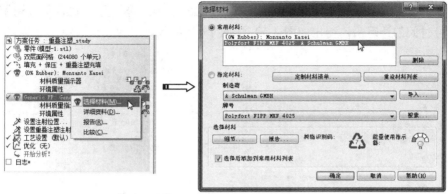

图 4-48 指定第 2 色材料

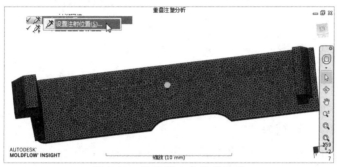

图 4-49 设置第 1 色注射位置

⑤ 双击"设置重叠注塑注射位置"任务,在第 2 次注射网格上设定重叠注塑的 1 个注射锥,如图 4-50 所示。

图 4-50 设定重叠注塑的注射位置

⑥ 最后设置工艺参数,这里选用 Moldflow 默认的工艺参数设置,如图 4-51 所示。

图 4-51 设置工艺参数

⑦ 在【分析】面板中单击【分析】按钮，然后保留默认设置，程序执行重叠注塑分析。经过一段时间的计算后，得出如图 4-52 所示的分析结果。

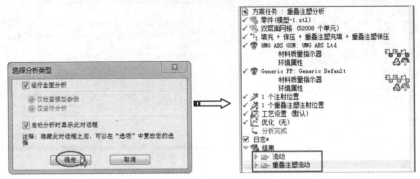

图 4-52　分析完成

4.4.1　分析结果解读

在方案任务窗格中可以查看分析的结果，本案有 2 个结果：第 1 色的流动分析结果、重叠注塑流动分析结果（第 2 色）。

1. 第 1 色的流动分析结果

为了简化分析的时间，下面仅将重要的分析结果列出。

（1）充填时间。

如图 4-53 所示，按 Moldflow 默认的工艺设置，所得出的充填时间为 0.2117s（比默认的时间要短）。从充填效果看，产品中倒扣特征为最后充填的区域。初步判断制件出现短射缺陷。

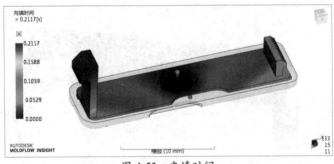

图 4-53　充填时间

（2）流动前沿温度。

如图 4-54 所示，流动前沿温度温差为 10℃左右，说明充填还是比较平衡的。

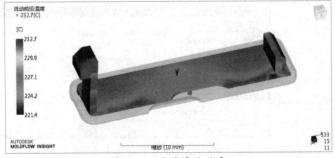

图 4-54　流动前沿温度

(3)速度/压力切换时的压力。

如图 4-55 所示,转换点浇口压力为 57.29MPa。没有填充的区域在保压压力下继续完成充填。

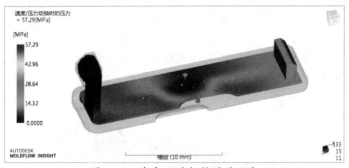

图 4-55　速度/压力切换时的压力

(4)气穴。

如图 4-56 所示,气穴主要在产品充填的最后区域较多。影响制件的外观,主要是注射压力和保压压力不足导致的。可增大注射压力并提高熔体温度来解决。

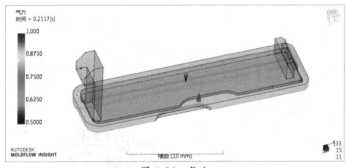

图 4-56　气穴

(5)体积收缩率。

从如图 4-57 所示的体积收缩率结果看,在浇口位置体积收缩最大。主要是由于薄壁位置设置浇口,保压压力不足导致的收缩。而其他与第 2 色黏合处的收缩率比较平稳。

> **温馨提示**
> 体积收缩率是衡量重叠注塑的一个重要指标。两个不同色的产品不但黏合性要好,而且收缩要一致,否则会影响整体制件的外观。

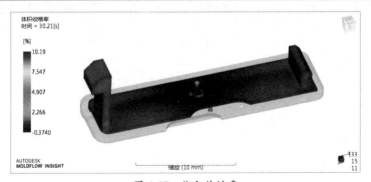

图 4-57　体积收缩率

2. 第 2 色流动分析结果

第 2 色的分析结果要与第 1 色的做对比，才能得出此次分析是否成功，或者说产品的质量是否得到保障。

（1）充填时间。

如图 4-58 所示，第 2 色的充填时间为 0.2085s（比第 1 色注射稍短）。从充填效果看，离浇口最远处为最后充填区域，暂无明显缺陷显示。

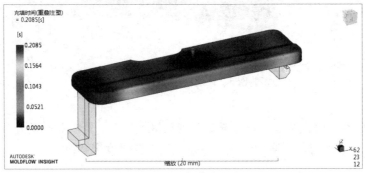

图 4-58　充填时间

（2）流动前沿温度。

如图 4-59 所示，第 2 色的流动前沿温度温差约为 23℃，总体上充填还算平衡，可适当调整浇口位置解决此温差问题。

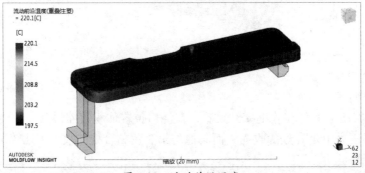

图 4-59　流动前沿温度

（3）气穴。

如图 4-60 所示，气穴主要在产品充填的最后区域，而通过开设排气槽排气来解决。

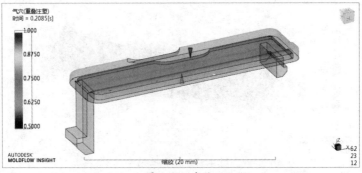

图 4-60　气穴

4.4.2 双色产品注塑问题的解决方法

问题一：双色的黏合

双色两射成型采用的材料黏合性不高，成型后两组件黏合性差，造成两射脱离。其解决方法是：选择黏合度高的塑胶材料，提高组件间结合强度。

问题二：收缩

双色制品成型的难点在于每一个组件中会不可避免地出现配合部位壁厚较薄、其他部位壁厚较厚的情况。同一制品上壁厚差异太大会引起制品壁厚处缩水。如果第一次注射制品缩水严重可能会影响二射制品及最终制品整体外观质量，第二次注射制品缩水会直接影响最终制品整体外观质量。

解决方法是：在双色制品任何组件上都尽量避免局部壁厚过厚的情况。将浇口移至厚处进浇，提高注射压力和保压压力的传递效率。

问题三：短射问题

出现短射的原因是多方面的，有注射压力、注射时间、注射速度等，但还有个重要原因不可忽略：就是模具温度低、熔体温度较低。一般来说，注塑机我们选择的是默认注塑机，给出的注射压力、速度及时间的默认值其实是最佳的，我们暂且不考虑这几个问题，重点解决模具温度和熔体温度。

解决方法是：提高模具表面温度和熔体温度。

4.5 优化分析

通过初次的重叠注塑分析，发现利用 Moldflow 系统默认的浇口位置和工艺参数，使第 1 色和第 2 色制品均出现了缺陷，接下来重新优化并分析。

4.5.1 重设材料、浇口及工艺设置

1. 重新设置材料

从表 4-1 中的材料组合来看，ABS+PP 的组合确实是最差的，所以我们换成 ABS+PC 组合。

① 在方案任务视窗中复制重叠分析任务项目，重命名为"重叠注塑分析（优化分析）"，如图 4-61 所示。

② 双击"重叠注塑分析（优化分析）"任务项目，进入该任务中。

③ 更改第 2 色（第 2 次注射）模型的材料为 PC，如图 4-62 所示。

图 4-61 复制任务

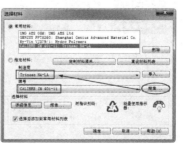
图 4-62 更改第二色材料

2. 重设浇口

从第 1 次注射分析结果看，出现制件的短射和收缩缺陷，浇口占据相当大的因素。而且两次注射的时间也不一致，由此我们把 1 个浇口（注射锥）改成 4 个浇口，缩短注射时间，而且设置在胶厚位置（也就是倒扣特征上）和缺口两侧，当然如果第 1 色和第 2 色注射时间还是不同，可以调整流道尺寸。第 2 次注射分析效果相对较好，浇口仅仅移动一定位置即可。

① 删除第 1 色模型上原有的注射锥，然后设置 2 个注射锥，如图 4-63 所示。

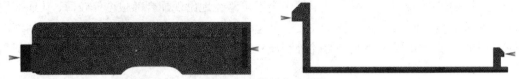

图 4-63 设置 2 个注射锥

② 接着设置重叠注塑的注射锥（浇口），如图 4-64 所示。

图 4-64 设置第 2 色浇口

> **温馨提示**
> 浇口位置由中间移动至靠边位置，是因为靠边位置的壁较厚，从壁厚往壁薄的方向充填，可减少很多制件缺陷。

3. 工艺设置

在工艺设置方面，我们仅仅对模具表面温度和熔体温度做了设置，并对"充填控制"重设为自动、"速度/压力切换"重设为【由注射压力】，压力值为 300MPa。其他还是按照系统默认设置（主要是系统使用了默认的注塑机）。

① 首先设置第 1 色工艺参数，如图 4-65 所示。
② 接着设置第 2 色工艺参数，如图 4-66 所示。

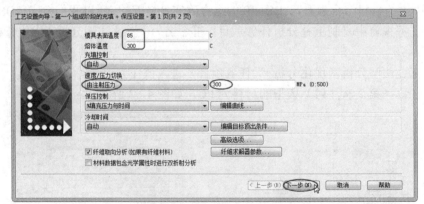

图 4-65 设置第 1 色工艺参数

图 4-66　设置第 2 色工艺参数

> **温馨提示**
>
> 这样的工艺设置仅仅是针对系统提供的注塑机进行的，如果工厂的注塑机品牌及型号都不是 Moldflow 的默认注塑机，那么必须单击【工艺设置向导】对话框的【高级选项】按钮，在弹出的选项板中自行选择跟实际的注塑机相同的型号选项，如图 4-67 所示。

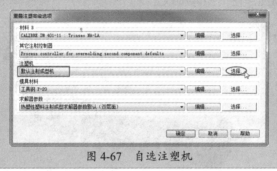

图 4-67　自选注塑机

③ 设置完成后单击【分析】按钮，运行优化分析。

4.5.2　分析结果解读

1. 第 1 色优化分析结果

（1）充填时间。

如图 4-68 所示，按优化后的工艺设置，所得出的充填时间为 0.2112s（比初步分析时的时间要短 2s 多）。从充填效果看，产品中间为最后充填的区域，制品无缺陷。

（2）流动前沿温度。

如图 4-69 所示，流动前沿温度温差是 20℃左右，比初始分析时的温差（达到 23℃）平衡了不少，优化效果是很明显的。

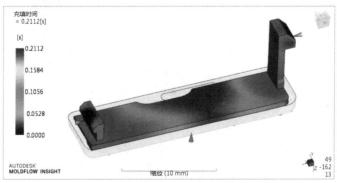

图 4-68　充填时间

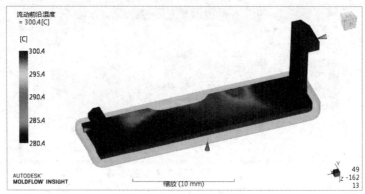

图 4-69　流动前沿温度

(3) 速度/压力切换时的压力。

如图 4-70 所示，转换点浇口压力为 30.17MPa。整体可以看出压力损失已经变得很小了。切换点的压力大致为 5MPa，在可控范围内。

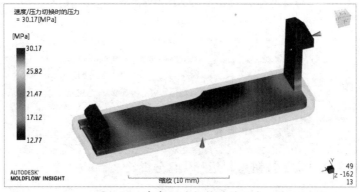

图 4-70　速度/压力切换时的压力

(4) 气穴。

如图 4-71 所示，气穴数量也比初步分析时要少许多，只有极小的气穴出现在不明显的局部区域，不影响外观和结构。

(5) 体积收缩率。

从如图 4-72 所示的体积收缩率结果看，体积收缩表现在最后填充区域，可通过调整冷却参数解决此问题。

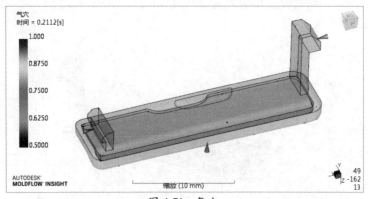

图 4-71　气穴

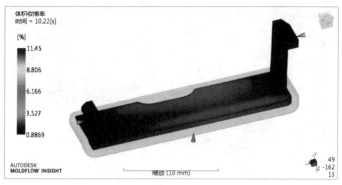

图 4-72 体积收缩率

2. 第 2 色流动分析结果（重叠注塑）

将第 2 色的分析结果与第 1 色的做对比，才能得出此次分析是否成功，或者说产品的质量是否得到保障。

（1）充填时间。

如图 4-73 所示，第 2 色的充填时间为 0.2092s（与第 1 色注射非常接近）。从充填效果看，离浇口最远处为最后充填区域，无缺陷。

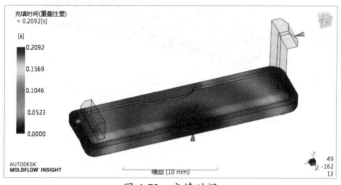

图 4-73 充填时间

（2）流动前沿温度。

如图 4-74 所示，第 2 色的流动前沿温度最大温差约为 48℃，多数区域填充均衡、效果良好。仅仅在极小区域内出现温差。

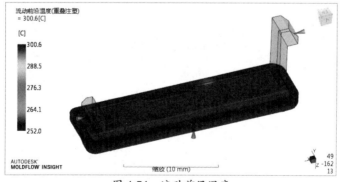

图 4-74 流动前沿温度

（3）气穴。

如图 4-75 所示，气穴极少，可以通过开设排气槽排气来解决此问题。

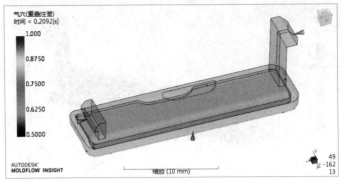

图 4-75 气穴

(4) 速度/压力切换时的压力。

如图 4-76 所示,转换点浇口压力为 34.20MPa,充填是均衡的。

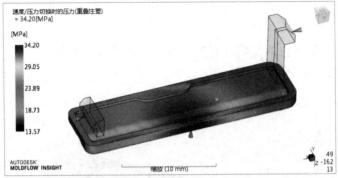

图 4-76 速度/压力切换时的压力

05

UG 手动分模案例

本章主要讲解 UG NX 12.0 软件在手动分模设计中的具体应用。

 项目分解

- ☑ 知识点 01：熟悉 UG NX 12.0 工作界面
- ☑ 知识点 02：图层的应用
- ☑ 知识点 03：模具设计辅助工具

扫码看视频

5.1 熟悉 UG NX 12.0 工作界面

UG NX 12.0 是一个高度集成的 CAD/CAM/CAE 软件系统，可应用于整个产品的开发过程，包括产品的概念设计、建模、分析和加工等。它不仅具有强大的实体造型、曲面造型、虚拟装配和生成工程图等设计功能，而且在设计过程中可以进行有限元分析、机构运动分析、动力学分析和仿真模拟，以提高设计的可靠性。

UG NX 12.0 的界面采用了与微软 Office 类似的带状工具条界面环境。

1. UG NX 12.0 欢迎界面

在桌面上双击 NX 12.0 图标 或者选择【开始】|【程序】|【UG NX 12.0】|【NX 12.0】命令，启动 UG NX 12.0，如图 5-1 所示。

图 5-1　启动 UG NX 12.0

随后进入 UG NX 12.0 的入口模块（欢迎页面），欢迎页面中包含模板、部件、定制等功能的简易介绍，如图 5-2 所示。

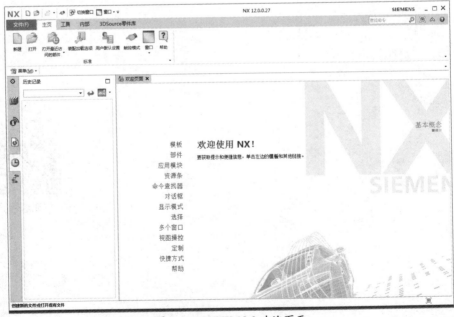

图 5-2　UG NX 12.0 欢迎页面

2. UG NX 12.0 建模环境

建模环境界面是用户应用 UG 软件的产品设计环境界面。在欢迎窗口中的标准工具条上单击【新建】按钮，打开【新建】对话框，用户可通过此对话框为新建的模型文件重命名、重设文件保存路径，如图 5-3 所示。

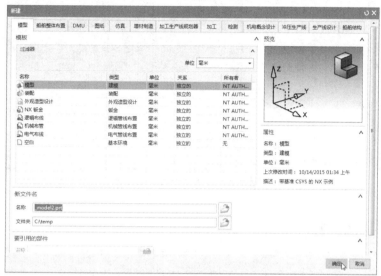

图 5-3　新建模型文件

> **技术点拨**
> 在 UG NX 12.0 软件中，可以打开中文路径下的部件文件，也可将文件保存在以中文命名的文件夹中。

重设文件名及保存路径后单击【确定】按钮，即可进入 UG NX 12.0 的建模环境界面，如图 5-4 所示。

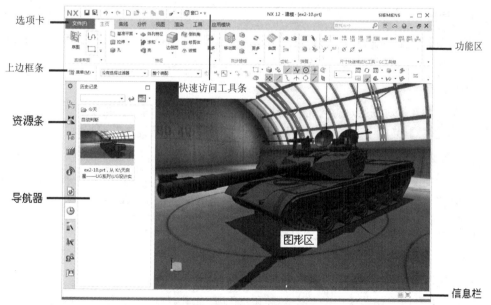

图 5-4　建模环境界面

建模环境界面主要由快速访问工具条、选项卡、功能区、上边框条、信息栏、资源条、导航器和图形区组成。如果读者喜欢经典怀旧界面，可以按 Ctrl+2 组合键打开【用户界面首选项】对话框，然后在【布局】选项卡【类型】下拉列表中选择【经典】选项即可，如图 5-5 所示。

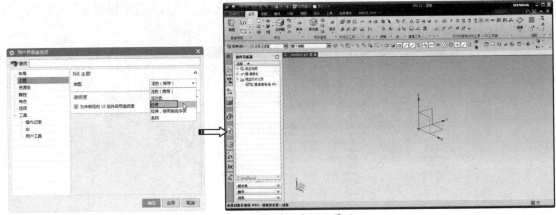

图 5-5　切换到经典怀旧界面

5.2　图层的应用

【图层】就是一个工作层。为了便于用户对模具设计工作的管理，通常将模具各组件放在不同的单个工作层中进行设计、编辑及保存等操作。若要对某个模具组件进行编辑修改，只需将组件所在层设为当前工作层即可。

在上边框条【视图组】的【图层】菜单中就包含了图层工具，如图 5-6 所示。

图 5-6　图层管理的各功能工具

1．工作图层

【工作图层】就是定义创建对象所在的图层。在【工作图层】下拉列表中可选择任一图层来作为当前图层（可进行操作的层）。

2．图层设置

【图层设置】就是对图层进行【工作图层】、【可见及不可见图层】的设置，并定义图层的类别名称。在【图层】菜单中选择【图层设置】命令，打开【图层设置】对话框，如图 5-7 所示。

3．在视图中可见图层

这个功能的作用是确定图层中的模型视图在屏幕中是否可见，即显示与不显示。选择【视图中可见图层】命令，打开【视图中可见图层】对话框，如图 5-8 所示。

4．图层类别

【图层类别】是指创建命名的图层组。

5．移动至图层

此功能是将当前工作图层中的某个部件移动到其他图层中。若此部件所在图层未被设置为工作图层，那么即使是可见的，也无法对其进行任何编辑。当用户在当前工作图层中选择一个组件后，再选择【移动至图层】命令，即可打开【图层移动】对话框，如图 5-9 所示。

图 5-7 【图层设置】对话框　　　　图 5-8 【视图中可见图层】对话框

6. 复制至图层

【复制至图层】就是将工作图层中的一个对象复制到其他图层中，原对象仍然保留在当前工作图层。当用户在当前工作图层中选择一个组件后，选择【复制至图层】命令 ，则打开【图层复制】对话框，如图 5-10 所示。

图 5-9 【图层移动】对话框　　　　图 5-10 【图层复制】对话框

案例 ——图层的应用

图层好比一本书，UG 共有 256 个图层，好比是一本 256 页的书，只是图层没有厚度。每一层中都包含 UG 自定义的对象或用户定义的对象。

下面介绍图层的应用。

1. 设置工作图层及其状态

① 打开本例源文件"5-3.prt"。

② 选择【图层设置】命令 ，打开【图层设置】对话框，如图 5-11 所示。

③ 设置工作图层。首先选中图形区中的模型，在【工作图层】栏中输入图层名称（数字 1～256），这里输入 2，然后按 Enter 键，即可在【图层】栏中显示图层 2，并同时将其设置为工作图层，如图 5-12 所示。

图 5-11 【图层设置】对话框　　　　图 5-12 设置工作图层

④ 再单击【关闭】按钮，建模环境中所有的对象都将自动保存在新建的【图层 2】中。
⑤ 在【图层设置】对话框中取消已有图层的勾选，就可以避免该图层的对象被用户误操作删除或误编辑了，如图 5-13 所示。

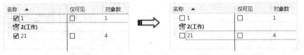

图 5-13 取消图层的勾选

⑥ 勾选图层中的【仅可见】项，表示该图层内的特征仅显示在窗口中。待关闭对话框再选择零件中的坐标系时，将无法被选取，如图 5-14 所示。

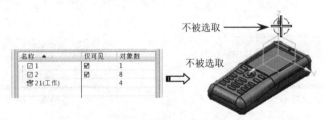

图 5-14 让图层仅可见

⑦ 如果要显示所有图层，可在【显示】下拉列表中选择【所有图层】项以显示 256 个图层，如图 5-15 所示。双击任何一个图层都可将其设置为工作图层。
⑧ 需要设置图层的可见性，可以在图层列表中单击【视图中可见图层】按钮，打开【视图中可见图层】对话框。选择全局图层后单击【确定】按钮，显示所有图层，在【图层】列表中选一个或多个图层，单击【可见】按钮即可将所选图层变为可见，如图 5-16 所示。

2. 将选定图层复制至其他图层

① 在【图层】下拉菜单中选择【复制至图层】命令，打开【类选择】对话框。然后选择如图 5-17 所示的对象。
② 单击【确定】按钮，再打开【图层复制】对话框。对话框中列出了 3 个包含对象的图层。这里选择【图层 2】作为复制的终点图层，最后单击【确定】按钮完成对象的复制，如图

5-18 所示。

③ 复制操作以后,图层 1 中的对象与图层 2 中的对象是完全相同的。将图层 2 显示,其余图层隐藏后,图形区中仅仅显示图层 2 中的对象,如图 5-19 所示。

图 5-15 显示所有图层

图 5-16 设置可见图层

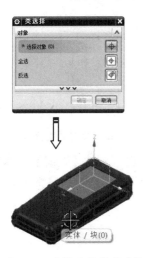

图 5-17 选择要复制的对象

图 5-18 复制对象到新图层

图 5-19 显示对象

5.3 模具设计辅助工具

用户在建模环境下设计模具(俗称"手动分模"),通常会使用实体造型工具、曲面造型工具、实体编辑工具以及同步建模工具等。

5.3.1 实体造型工具

在【主页】选项卡中进行产品造型和模具分模时常用的特征工具有【拉伸】【旋转】【孔】【圆柱】【比例体】等。下面简单介绍几种工具的应用。

1. 拉伸

"拉伸"就是沿着矢量拉伸一个截面来创建出特征。这个特征可以是实体,也可以是片体。通常【拉伸】工具用来创建模具的模胚、镶块、抽芯滑块及其他一些小特征。在【特征】组中单击【拉伸】按钮 ,打开【拉伸】对话框,如图 5-20 所示。

下面以实例来说明拉伸特征的创建过程。

图 5-20 【拉伸】对话框

案例 ——【拉伸】工具的应用

① 打开本例源文件"5-4.prt",如图 5-21 所示。
② 在【特征】组中单击【拉伸】按钮 ,打开【拉伸】对话框。
③ 按信息提示,选择如图 5-22 所示的分型面作为草图平面并进入草图环境中。

> **技术点拨**
> 选择某分型面作为草图平面时,该分型面必须是平的面。

④ 在草图环境中绘制出如图 5-23 所示的草图截面后,单击【完成】按钮 退出草图环境。

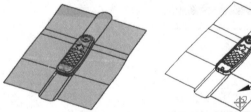
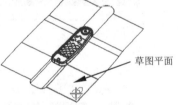
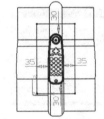

图 5-21 打开的源文件模型　　图 5-22 选择草图平面　　图 5-23 绘制草图截面

⑤ 在【拉伸】对话框中保留默认的拉伸矢量方向,然后在【限制】选项区的【距离】文本框中输入开始距离为"-45",结束距离为"30",单击 Enter 键可查看拉伸预览情况,如图 5-24 所示。
⑥ 保留对话框其余选项的默认设置,最后单击【确定】按钮,完成拉伸特征的创建,此拉伸特征即为模具的模胚,如图 5-25 所示。

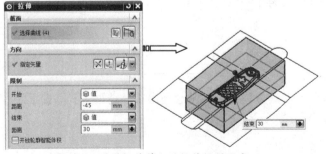
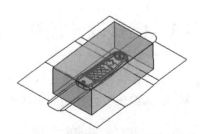

图 5-24 设置拉伸特征的拉伸限制距离　　图 5-25 完成拉伸实体特征的创建

> **技术点拨**
>
> 【拉伸】对话框的拉伸体类型有【片体】和【实体】，若选择的拉伸截面为封闭曲线，那么选择拉伸体类型为【片体】，创建出的就是片体，选择拉伸体类型为【实体】，创建出的就是实体。若拉伸截面为断开曲线，那么无论选择什么拉伸类型，创建出的只是片体。

2. 旋转

"旋转"是指通过绕轴旋转截面来创建的特征。例如模具装配体中的螺钉标准件、圆形模胚等都是旋转特征。在【特征】组中单击【旋转】按钮，打开【旋转】对话框，如图 5-26 所示。

案例 ——【旋转】工具的应用

下面以实例来说明模具模架中螺钉标准件的创建过程。

图 5-26 【旋转】对话框

① 新建名为"5-5.prt"的模型文件。
② 在【特征】组中单击【旋转】按钮，打开【旋转】对话框。
③ 在【旋转】对话框中单击【草图截面】按钮，再打开【创建草图】对话框。以默认的基准平面作为草图平面，然后在【创建草图】对话框中单击【确定】按钮进入草图环境中，如图 5-27 所示。
④ 在草图环境中绘制出如图 5-28 所示的草图截面，完成后单击【完成】按钮退出草图环境。

 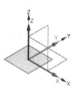 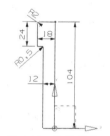

图 5-27 设置草图平面　　　　　　　　　图 5-28 绘制草图

⑤ 在【旋转】对话框中，激活【轴】选项区的【指定矢量】命令，并选择旋转截面的一条边作为旋转轴，如图 5-29 所示。
⑥ 选择旋转轴后，可预览图形区的旋转特征生成情况，如图 5-30 所示。

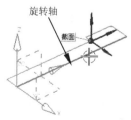 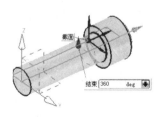

图 5-29 选择旋转轴　　　　　　　　　　图 5-30 旋转特征预览

⑦ 保留对话框其余选项的默认设置，最后单击【确定】按钮完成旋转特征的创建。此旋转特征即为螺钉标准件，如图 5-31 所示。

3. 孔

在模具结构里，【孔】工具常用来创建沉头孔、埋头孔、常规孔以及冷却水道等特征。在【特征】组中单击【孔】按钮，打开【孔】对话框，如图 5-32 所示。

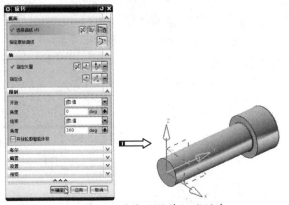

图 5-31　完成旋转特征的创建　　　　　图 5-32　【孔】对话框

通过该对话框可创建常规孔、钻形孔、螺钉间隙孔、螺纹孔、孔系列等类型的孔，其中常规孔、螺钉间隙孔、孔系列等类型中还包括简单孔、沉头孔、埋头孔等成型特征孔。

案例——【孔】工具的应用

下面以实例来说明【孔】工具在模具冷却管道设计中的应用。
① 打开本例源文件"5-6.prt"。
② 在【特征】组中单击【孔】按钮，打开【孔】对话框。
③ 在对话框中设置孔类型为【常规孔】，然后单击对话框中的【绘制截面】按钮，打开【创建草图】对话框。按信息提示选择如图 5-33 所示的模板侧面作为草图平面，再单击【确定】按钮进入草图环境中。

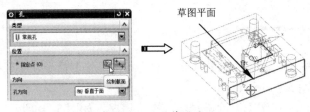

图 5-33　设置草图平面

④ 进入草图环境后，自动打开【点】对话框。接着绘制出如图 5-34 所示的两个点，完成后退出草图环境。

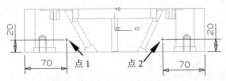

图 5-34　绘制的两个点

⑤ 在【形状和尺寸】选项区中设置如图 5-35 所示的参数，然后激活【布尔】选项区的【选择体】命令，自动选择模板作为求差对象。

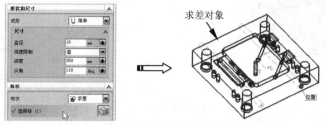

图 5-35　设置孔尺寸并选择布尔求差对象

⑥ 最后单击【确定】按钮，完成模板上冷却管道的创建，如图 5-36 所示。

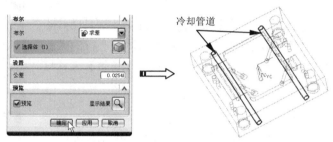

图 5-36　完成冷却管道的创建

5.3.2　特征操作工具

在【特征】组中可用来辅助设计模具的相关功能有布尔运算（求差和装配切割）、拔模、边倒圆、镜像几何体、缝合、缩放体、拆分体、分割面及抽取几何体等工具。

1. 求差

"求差"是指从一个实体的体积中减去另一个实体。【求差】工具在 UG 模具设计里应用得比较多，主要是用于模板空腔的创建、型腔的腔体创建等操作。例如，模架加载以后，必须在动、定模板上创建出放置型芯和型腔的空腔。

在【特征】组中单击【求差】按钮，打开【求差】对话框，如图 5-37 所示。

图 5-37　【求差】对话框

案例 ——【求差】工具的应用

下面以实例来说明【求差】工具的应用。

① 打开本例源文件"5-7.prt"。
② 在【特征】组中单击【求差】按钮，打开【求差】对话框。
③ 按信息提示，选择动模板作为目标体。激活【工具】选项区的【选择体】命令，再选择模胚体积块作为工具体，如图 5-38 所示。
④ 单击【求差】对话框中的【确定】按钮，动模板上的空腔被剪切出来，如图 5-39 所示。

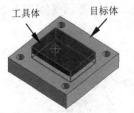
图 5-38　选择求差的目标体和工具体

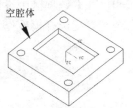
图 5-39　创建的空腔

> **技术点拨**
>
> 在【求差】对话框的【设置】选项区中，【保存目标】复选框是指做布尔求差运算后，是否删除原目标体。勾选则不删除，不勾选则删除。同理，【保存工具】复选框的含义是指是否删除工具体。

2. 装配切割

"装配切割"就是选择装配体（装配环境下的实体）作为目标体，再选择一个一般实体（建模环境下的实体）作为工具体而进行的求差运算。【装配切割】工具与【求差】工具所不同的是，【求差】工具只能选择一般实体来做布尔运算。

3. 拔模

"拔模"是指通过修改相对于拔模方向上的角度来修改实体面。在菜单栏中选择【插入】|【细节调整】|【拔模】命令，打开【拔模】对话框，如图 5-40 所示。

图 5-40　【拔模】对话框

案例——【拔模】工具的应用

下面以实例来说明【拔模】工具的应用。

① 打开本例源文件"5-8.prt"。
② 单击【拔模】按钮，打开【拔模】对话框。
③ 在对话框的【类型】下拉列表中选择【从平面或曲面】类型，接着在图形区中选择矢量轴作为脱模方向，如图 5-41 所示。
④ 自动激活【选择固定面】命令，接着选择模型的底部作为拔模固定面，如图 5-42 所示。
⑤ 按信息提示选择要拔模的面，然后在【角度 1】文本框内输入"5"，单击 Enter 键即可查看拔模情况，如图 5-43 所示。

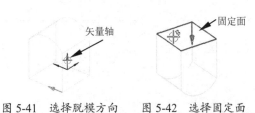

图 5-41　选择脱模方向　　图 5-42　选择固定面　　图 5-43　选择拔模面并设置拔模角

⑥ 保留对话框中其余选项的默认设置，再单击【确定】按钮，完成面的拔模操作，如图 5-44 所示。

4. 边倒圆

"边倒圆"是对实体或者片体边缘指定半径进行倒角,对实体或者片体进行修饰。在模具设计过程中,无论是产品或者模具组件,除了特殊规定不需要对边缘倒圆处理,其余的都要进行圆角处理,这有利于产品或者模具组件的耐用性。在【特征】组中单击【边倒圆】按钮,打开【边倒圆】对话框,如图 5-45 所示。

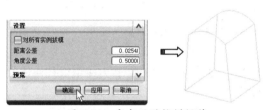

图 5-44　完成面的拔模操作　　　　　图 5-45　【边倒圆】对话框

案例 ——【边倒圆】工具的应用

下面以实例来说明【边倒圆】工具在模具设计过程中的应用。

① 打开本例源文件"5-9.prt"。
② 在【特征】组中单击【边倒圆】按钮,打开【边倒圆】对话框。
③ 按信息提示在模板内腔中选择要倒圆的 4 条边,如图 5-46 所示。
④ 接着在对话框【要倒圆的边】选项区的【半径】文本框中输入"15",如图 5-47 所示。

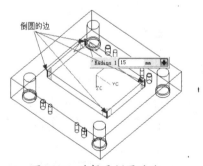

图 5-46　选择要倒圆的边　　　　　图 5-47　输入倒圆半径

⑤ 保留对话框其余选项的默认设置,再单击【确定】按钮。在模板内腔的边缘上创建出圆角特征,并结束边倒圆操作,如图 5-48 所示。

5. 镜像几何体

"镜像几何体"是指复制实体后再根据指定平面进行镜像,以创建出镜像复制特征。【镜像几何体】工具主要用来进行产品或模腔的布局,在菜单栏中选择【插入】|【关联复制】|【镜像几何体】命令,打开【镜像几何体】对话框,如图 5-49 所示。

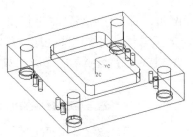
图 5-48 创建的边倒圆特征

图 5-49 【镜像几何体】对话框

案例 ——【镜像几何体】工具的应用

下面以实例来说明【镜像几何体】工具在模具设计中的应用。
① 打开本例中源文件"5-10.prt"。
② 在菜单栏中选择【插入】|【关联复制】|【镜像几何体】命令 ，打开【镜像几何体】对话框。
③ 按信息提示，选择图形区中的零件作为要镜像的参照体，如图 5-50 所示。
④ 激活【镜像平面】选项区的【指定平面】命令，然后选择图形区中的基准平面作为镜像平面，如图 5-51 所示。

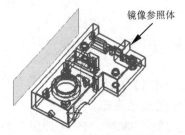
图 5-50 选择镜像参照体

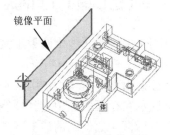
图 5-51 选择镜像平面

⑤ 最后单击【确定】按钮，完成产品的镜像操作，如图 5-52 所示。

6. 缝合

"缝合"是指通过将多个面的公共边缝合而生成组合片体，或者将多个面缝合生成实体。【缝合】工具主要用于产品分型面的创建，当在产品上抽取一个或多个片体后，需要将这些单个片体进行缝合，缝合后的曲面就是产品的分型面。在【特征】组【更多】命令库中单击【缝合】按钮 ，打开【缝合】对话框，如图 5-53 所示。

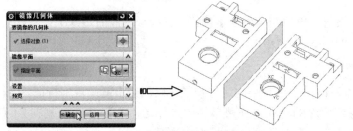
图 5-52 完成镜像几何体的创建

图 5-53 【缝合】对话框

对话框中包含两个缝合类型：片体和实体。

- 片体：是指选择片体来进行缝合，而生成新片体或实体。
- 实体：是将两实体缝合成片体。该类型要求两实体必须有一个共同面，选择一个实体上的所有面作为目标面，再选择另一实体的面作为工具面，最终缝合而成的片体为两实体的共同面。

案例 ——【缝合】工具的应用

下面以实例来说明使用【缝合】工具来创建分型面的过程。
① 打开本例源文件"5-11.prt"。
② 在【特征】组【更多】命令库中单击【缝合】按钮，打开【缝合】对话框。
③ 按信息提示选择图形区中的一个片体作为目标片体，如图 5-54 所示。
④ 自动激活【工具】选项区的【选择片体】命令后，再框选其余的片体作为工具片体，如图 5-55 所示。

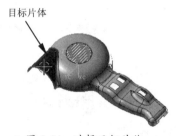

图 5-54　选择目标片体　　　　　　　　图 5-55　框选工具片体

⑤ 保留对话框其余选项的默认设置，再单击【确定】按钮完成片体的缝合，如图 5-56 所示。

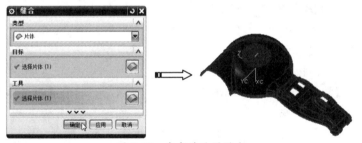

图 5-56　完成片体的缝合

7. 缩放体

"缩放体"是指按一定的比例对实体进行放大或缩小。此工具主要用来设置产品的收缩率，因为模具产品成型后会产生收缩，为了弥补这一细小的尺寸误差，模具模腔尺寸应比产品的实际尺寸略大，因此在进行模具设计时就先将模型尺寸按一定比例放大。

在【特征】组【更多】命令库中单击【缩放体】按钮，打开【缩放体】对话框。此对话框包括 3 种缩放类型：均匀类型（如图 5-57 所示）、轴对称类型（如图 5-58 所示）和常规类型（如图 5-59 所示）。

此 3 种缩放类型的含义如下：
- 均匀：就是材料在空间各个方向上的收缩尺寸是一致的。
- 轴对称：以轴为参照，在轴向和其他方向上进行有比例的收缩与放大。

图 5-57 【均匀】缩放类型　　图 5-58 【轴对称】缩放类型　　图 5-59 【常规】缩放类型

- 常规：材料的收缩率可在各个方向尺寸上进行设置，它既有非均匀的又有非轴对称的收缩性质。

8. 拆分体

"拆分体"是将目标实体通过实体表面、基准平面、片体或者定义的平面进行分割，删除实体原有的全部参数，得到的多个实体为非参数实体，实体拆分后实体中的参数全部被移除。【拆分体】工具常用于模具模胚的分割，以此创建出型腔块和型芯块。在【特征】组【更多】命令库中单击【拆分体】按钮，打开【拆分体】对话框，如图 5-60 所示。

图 5-60 【拆分体】对话框

案例 ——【拆分体】工具的应用

下面以实例来说明【拆分体】工具在模具设计中的应用。

① 打开本例源文件"5-12.prt"。
② 在【特征】组【更多】命令库中单击【拆分体】按钮，打开【拆分体】对话框。
③ 按信息提示在图形区中选择要分割的体，即模胚，如图 5-61 所示。
④ 在对话框的【工具】选项区中激活【选择面或平面】命令，然后在图形区中选择分型面作为分割工具面，如图 5-62 所示。

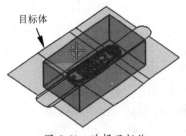 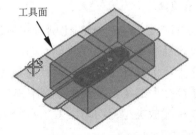

图 5-61 选择目标体　　　　　　　　　图 5-62 选择工具面

⑤ 最后单击【确定】按钮，完成模胚的分割。模胚被分割成型腔和型芯，如图 5-63 所示。

05 UG 手动分模案例

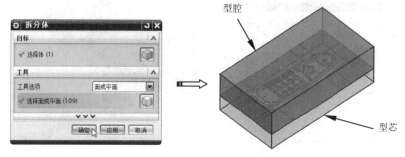

图 5-63 完成模胚的分割

> **技术点拨**
>
> 分割完成后，2 个实体相互之间还有关联关系，因此选择的时候会显示为整体。要想查看分割的结果，可以在选择栏列表中选择【实体】选项，还可以利用菜单栏中的【编辑】|【实体】|【编辑特征】命令，消除两者之间的参数关系即可。

9. 分割面

"分割面"是指用曲线、面或基准平面将实体上的一个表面分割成多个面。【分割面】工具常用来分割产品上存在的跨区域面（此区域既有型腔面又有型芯面）。在菜单栏中选择【插入】|【修剪】|【分割面】命令，打开【分割面】对话框，如图 5-64 所示。

图 5-64 【分割面】对话框

案例 ——【分割面】工具的应用

下面以实例来说明【分割面】工具在模具设计中的应用。

① 打开本例源文件 "5-13.prt"。
② 在菜单栏中选择【插入】|【修剪】|【分割面】命令，打开【分割面】对话框。
③ 按信息提示在图形区中选择实体面作为要分割的面，如图 5-65 所示。
④ 激活【分割对象】选项区的【选择对象】命令，然后选择基准平面作为分割的边界对象，如图 5-66 所示。

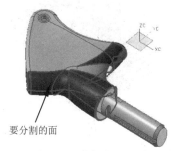

图 5-65 选择要分割的面

图 5-66 选择分割对象

⑤ 保留对话框其余选项的默认设置，再单击【确定】按钮，完成实体面的分割，如图 5-67 所示。

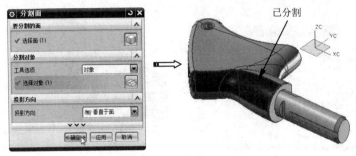

图 5-67 完成实体面的分割

10. 抽取几何体

"抽取几何体"是指通过复制一个面、一组面或一个体来创建另一个体。在模具设计过程中,使用【抽取几何体】工具来抽取产品表面,以此作为模具分型面的一部分。在菜单栏中选择【插入】|【关联复制】|【抽取几何体】命令,打开【抽取几何体】对话框,如图 5-68 所示。

图 5-68 【抽取几何体】对话框

案例 ——【抽取几何体】工具的应用

下面以实例来说明【抽取几何体】工具在模具设计中的应用。

① 打开本例源文件"5-14.prt"。
② 在菜单栏中选择【插入】|【关联复制】|【抽取几何体】命令,打开【抽取几何体】对话框。
③ 保留默认的抽取类型为【面】类型,然后按信息提示选择图形区中模型上的一个面作为抽取参照面,如图 5-69 所示。
④ 保留对话框其余选项的默认设置,单击【确定】按钮,完成实体表面的抽取,如图 5-70 所示。

图 5-69 选择抽取参照面

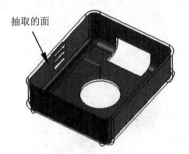

图 5-70 抽取的实体面

5.3.3 曲面造型工具

建模环境下的曲面造型工具通常用来设计模具的分型面,即模具主分型面和靠破孔补面。这些常用的曲面造型工具包括拉伸曲面、有界平面、直纹、N 边曲面、条带构建器、修剪片体、修剪和延伸等。

1. 拉伸曲面

在建模环境下，用来创建模具主分型面的应用最广泛的工具就是【拉伸】工具。当【拉伸】对话框的体类型被设置为【片体】时，则创建的拉伸特征就是片体特征。【拉伸】工具在前面介绍过，这里就不重复讲述了。

2. 有界平面

"有界平面"就是创建由一组端点相连的曲线封闭的平面片体。【有界平面】工具也常用来修改产品中的破口或产品分型面。在【曲面】选项卡【曲面】组的【更多】命令库中单击【有界平面】按钮，打开【有界平面】对话框，如图 5-71 所示。

图 5-71　【有界平面】对话框

案例 ——【有界平面】工具的应用

下面以实例来说明【有界平面】工具的应用。

① 打开本例源文件 "5-15.prt"。
② 单击【有界平面】按钮，打开【有界平面】对话框。
③ 按信息提示依次选择产品外的曲线作为第一边界，如图 5-72 所示。
④ 再依次选择产品底部的外边缘作为有界平面的第二边界，如图 5-73 所示。
⑤ 最后单击【确定】按钮，完成有界平面的创建，如图 5-74 所示。

图 5-72　选择第一边界　　图 5-73　选择第二边界　　图 5-74　完成有界平面的创建

3. 直纹

在形状为线形过渡的两个截面之间创建的曲面特征称为"直纹面"。直纹面的截面线形可为直线，也可为其他曲线。【直纹】工具通常用来修补产品靠破孔。在【曲面】组中单击【直纹】按钮，打开【直纹】对话框，如图 5-75 所示。

图 5-75　【直纹】对话框

案例 ——【直纹】工具的应用

下面以实例来说明【直纹】工具的应用。

① 打开本例源文件 "5-16.prt"。
② 在【曲面】组中单击【直纹】按钮，打开【直纹】对话框。
③ 按信息提示依次选择产品靠破孔一边的边缘作为直纹截面线串 1，如图 5-76 所示。
④ 激活【截面线串 2】选项区的【选择曲线】命令，然后依次选择产品靠破孔另一边的边缘作为直纹截面线串 2，如图 5-77 所示。

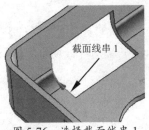
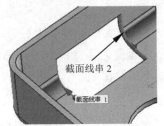

图 5-76　选择截面线串 1　　　　图 5-77　选择截面线串 2

⑤ 保留对话框其余选项的默认设置，再单击【确定】按钮，完成直纹曲面的创建，如图 5-78 所示。

4. N 边曲面

"N 边曲面"是通过由一组端点相连成的曲线而形成的封闭曲面。【N 边曲面】工具的主要功能是修补平面或曲面上的靠破孔。在【曲面】组单击【N 边曲面】按钮 ，打开【N 边曲面】对话框，如图 5-79 所示。

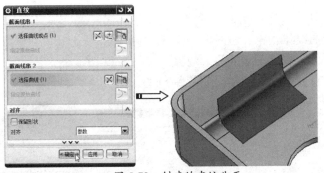

图 5-78　创建的直纹曲面　　　　图 5-79　【N 边曲面】对话框

案例 ——【N 边曲面】工具的应用

下面以实例来说明【N 边曲面】工具的应用。

① 打开本例源文件"5-17.prt"。
② 在【曲面】组中单击【N 边曲面】按钮 ，打开【N 边曲面】对话框。
③ 在上边框条选择组中将曲线选择规则设为【相切】，然后按信息提示选择产品内部环边缘作为 N 边曲面边界环，如图 5-80 所示。

> **技术点拨**
> 曲线规则在没有打开对话框时是不会显示在上边框条中的。

④ 在对话框的【设置】选项区中勾选【修剪到边界】复选框，保留其余选项的默认设置，然后单击【确定】按钮，完成 N 边曲面的创建，如图 5-81 所示。

5. 条带构建器

"条带构建器"是指选择曲线、边等轮廓，按指定的矢量偏置后而生成的带状曲面。【条带构建器】工具主要用来创建分型面中的插破面。在【曲面】组的【更多】命令库中单击【条带构建器】按钮 ，打开【条带】对话框，如图 5-82 所示。

05 UG 手动分模案例

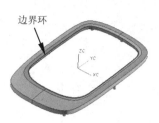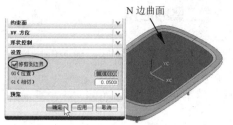

图 5-80 选择 N 边曲面边界环   图 5-81 完成 N 边曲面的创建   图 5-82 【条带】对话框

案例——【条带构建器】工具的应用

下面以实例来说明【条带构建器】工具在模具设计中的应用。
① 打开本例源文件"5-18.prt"。
② 在【曲面】组的【更多】命令库中单击【条带构建器】按钮 ，打开【条带】对话框。
③ 按信息提示，选择如图 5-83 所示的产品边缘作为条带曲面形状的轮廓。
④ 在【偏置视图】选项区中选择 ZC 轴矢量方向上的视图作为查看轮廓偏移的视图，然后在【偏置】选项区中输入距离为"5"、角度为"0"，如图 5-84 所示。

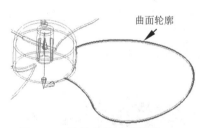

图 5-83 选择条带曲面轮廓   图 5-84 设置视图方向和偏置距离

⑤ 保留其余选项的默认设置，单击【确定】按钮，完成条带曲面的创建，如图 5-85 所示。

6. 修剪片体

"修剪片体"是指利用曲线、曲面或基准平面去修剪片体的一部分。【修剪片体】工具主要用来修剪曲面，以此创建出合理的分型面。在【曲面工序】组中单击【修剪片体】按钮 ，打开【修剪片体】对话框，如图 5-86 所示。

图 5-85 完成条带曲面的创建   图 5-86 【修剪片体】对话框

案例 ——【修剪片体】工具的应用

下面以实例来说明【修剪片体】工具在模具设计中的应用。

① 打开本例源文件 "5-19.prt"。
② 保留对话框的默认设置，按信息提示选择如图 5-87 所示的曲面作为要修剪的片体（目标片体）。
③ 激活【边界对象】选项区的【选择对象】命令，然后选择如图 5-88 所示的曲面作为修剪边界对象。

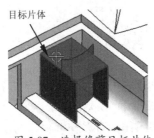

图 5-87 选择修剪目标片体

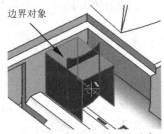

图 5-88 选择修剪边界对象

④ 在对话框的【区域】选项区中选中【保留】单选按钮，然后单击【确定】按钮，完成片体的修剪，如图 5-89 所示。

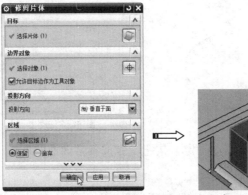

图 5-89 完成片体的修剪

> **技术点拨**
>
> 在选择目标对象时需注意光标所处的位置。若光标在要保留的区域选择目标对象，那么在对话框的【区域】选项区选中【保留】单选按钮。若在非保留区域选择目标对象，那么就选中【舍弃】单选按钮。

5.3.4 移动对象

"移动对象"是指移动和旋转选定的对象。此工具主要用来创建模腔的矩形、平衡、圆形及线形布局。首先在图形区选择要移动的对象，然后在菜单栏上执行【编辑】|【移动对象】命令，打开【移动对象】对话框，如图 5-90 所示。

图 5-90 【移动对象】对话框

案例 ——【移动对象】工具的应用

下面以实例来说明应用【移动对象】工具进行模腔的矩形布局过程。

① 打开本例源文件 "5-20.prt"。
② 在图形区中选择模腔作为变换对象，然后在菜单栏上执行【编辑】|【移动对象】命令，打开【移动对象】对话框。
③ 在【变换】选项区的【运动】下拉列表中选择【距离】选项。
④ 单击【指定矢量】命令右边的下拉三角按钮，并从打开的下拉列表中选择【XC 轴】。
⑤ 接着在【距离】文本框内输入"120"，在【结果】选项区中选中【复制原先的】单选按钮，并在【非关联副本数】文本框内输入"1"，如图 5-91 所示。
⑥ 单击 Enter 键确认，图形编辑区中便显示变换预览，如图 5-92 所示。

图 5-91　设置变换参数

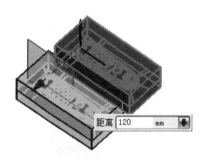

图 5-92　模腔变换预览

⑦ 再单击【应用】按钮，复制一个模腔，如图 5-93 所示。
⑧ 同理，选择两个模腔为变换对象，再以【YC 轴】为矢量，输入复制距离"225"，保留其余默认设置，单击【确定】按钮，再自动复制出两个模腔，并完成模腔的移动操作，如图 5-94 所示。

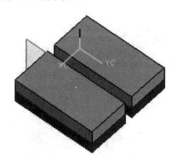

图 5-93　复制模腔

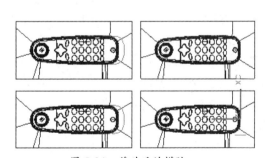

图 5-94　移动后的模腔

5.4　综合实战——产品分型面设计

本例手动分模的产品模型如图 5-95 所示。此产品结构较复杂，难点在于如何确定正确的脱模方向。

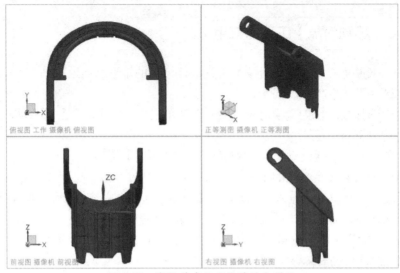

图 5-95　塑胶盖产品及设计的分型面

根据产品的加强筋、侧凹、侧孔等特征的分布情况，初步判定有 2 种脱模方向，如图 5-96 所示。

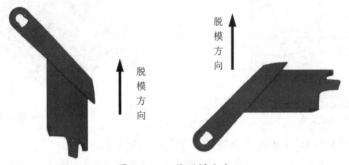

图 5-96　2 种脱模方向

第 1 种脱模方向是根据模具的结构难易程度来确定的。因为在此方向上，虽然产品的最大截面没有与此方向垂直并给产品顶出增加了难度，但是由于产品内部的侧凹、侧孔特征处可以做斜顶机构、内侧滑块和外侧滑块，就可以使产品顺利脱出，如图 5-97 所示。

第 2 种脱模方向，却是根据"产品投影的最大截面与开模方向垂直"这一原则来确定的。如果按此脱模方向设计模具，虽然避免了设计斜顶机构，但产品外侧却因此而形成倒扣，须设计为复杂结构的"哈夫块"形式——即型腔对开。另外产品内外侧也需同时滑块抽芯。

综合以上 2 种特殊情况，最终采用前一脱模方向较为合理，毕竟"使模具结构尽量简单"才是设计之根本。

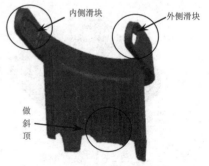

图 5-97　剖析产品结构

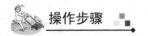

1. 产品分析

① 打开本例素材文件。

② 在菜单栏中执行【分析】|【检查区域】命令，对产品进行拔模与区域分析，如图 5-98 所示。

> **技术点拨**
> 按默认的脱模方向即可。如果方向有误，可以重新指定脱模方向。

③ 初步分析后，打开【检查区域】对话框的【面】选项卡。单击【拔模分析】按钮，弹出【拔模分析】对话框，然后选择要分析的面，如图 5-99 所示。

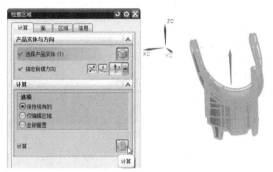
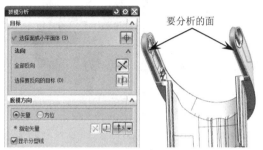

图 5-98 初步分析产品　　　　　图 5-99 选择要分析的面

> **技术点拨**
> 为什么要执行拔模分析呢？是因为正确的脱模方向上有不能确定其分型线的面，须拔模分析后获得。

④ 在【脱模方向】选项区激活【指定矢量】命令，然后选取 Z 轴作为投影矢量，程序自动分析出分型线，如图 5-100 所示。

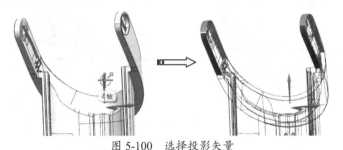

图 5-100 选择投影矢量

⑤ 单击【应用】按钮自动创建拔模分型线。在【面】选项卡中单击【拆分面】按钮，然后利用拔模分型线分割曲面，如图 5-101 所示。

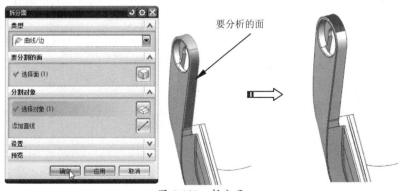

图 5-101 拆分面

⑥ 返回【检查区域】对话框,打开【区域】选项卡,并单击【设置区域颜色】按钮,如图 5-102 所示。

⑦ 单击【确定】按钮,先退出区域分析操作。然后先将分型线不明显的其他面进行拆分,如图 5-103 所示。

图 5-102 设置区域颜色

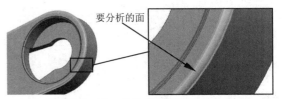
图 5-103 需要拆分的面

⑧ 使用【基准平面】工具,以"点和方向"方式在拔模分型线上创建一个基准平面,如图 5-104 所示。

⑨ 利用【分割面】工具用基准平面分割面,如图 5-105 所示。

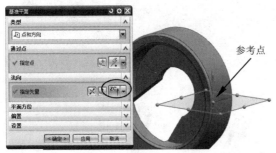
图 5-104 创建基准平面

图 5-105 分割曲面

⑩ 重新执行区域分析命令,进入【区域】选项卡。将 10 个"交叉区域面"暂时全部指派给型腔,将 12 个"交叉竖直面"全部指派给型芯,将 254 个"未知的面"全部指派给型芯。

⑪ 指派后,许多面不符合分型设计要求,需要重新手动选择并指派给合理的区域。指派的结构如图 5-106 所示。

⑫ 单击【确定】按钮,退出【检查区域】对话框。

2. 设计分型面

① 使用【直接草图】工具,在如图 5-107 所示的面上绘制草图曲线。同理,在另一侧的孔位置也绘制相同的草图。

② 使用【N 边曲面】工具,修补如图 5-108 所示的孔。同理,修补另一侧的孔。

图 5-106 重新指派区域面

05 UG 手动分模案例

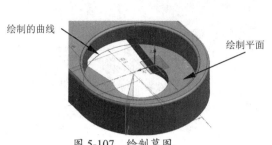

图 5-107　绘制草图

图 5-108　创建 N 边曲面修补孔

③ 使用【直纹】工具和【N 边曲面】工具，对产品中间的大孔进行修补，结果如图 5-109 所示。

> **技术点拨**
> 由于烂面存在，使孔边界不连续，可以将多种曲面工具结合起来修补此孔。

④ 下面做拉伸曲面。使用【拉伸】工具，创建如图 5-110 所示的拉伸曲面。

图 5-109　修补大孔

图 5-110　创建拉伸曲面

⑤ 再使用【拉伸】工具，选择曲面的边进行拉伸，拉伸矢量为曲线边，如图 5-111 所示。

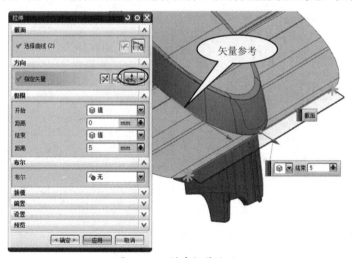

图 5-111　创建拉伸曲面

⑥ 再使用【拉伸】工具拉伸上一步骤创建的拉伸曲面边界，结果如图 5-112 所示。
⑦ 最后再创建大孔一侧的拉伸曲面，结果如图 5-113 所示。
⑧ 至此，完成了本例分型面的设计，结果如图 5-114 所示。

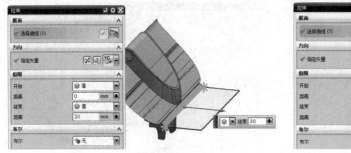

图 5-112 创建拉伸曲面

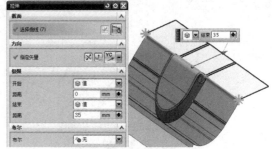

图 5-113 创建大孔侧的拉伸曲面

图 5-114 设计完成的分型面

06

UG 模具分型设计

分型面是模具设计环节中的重中之重，分型面设计得好坏，将直接影响到产品的质量，同时也影响了模具结构和生产成本。可以说模具技术基本体现在分模技术和模具结构设计上。

- ☑ 知识点 01：认识分型面
- ☑ 知识点 02：MoldWizard 分型面设计工具
- ☑ 知识点 03：分型面的检查
- ☑ 知识点 04：UG NX 12.0 的分型面设计方法
- ☑ 知识点 05：分型面设计注意事项

扫码看视频

UG MoldWizard

6.1 认识分型面

前面章节中已初步介绍了一些关于分型面的知识,但没有将分型面的相关技术详解出来。什么是"分型面"?模具上用以取出制品与浇注系统凝料的、分离型腔与型芯的接触表面称为分型面。在制品设计阶段,就应考虑成型时分型面的形状和位置。

6.1.1 分型面类型与形状

模具的分型面可分为 4 种基本类型,如图 6-1 所示。若选择第 1 种类型,制件全在动模内成型;若选择第 2 种类型,制件则全在定模内成型;若选第 3 种类型,制件同时在动定模内成型;若选择第 4 种类型,制件则在组合镶块中成型。

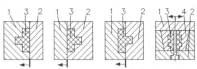

1—动模;2—定模;3—制件;4—镶块
图 6-1 分型面的 4 种基本类型

分型面有多种形式,常见的有水平分型面、阶梯分型面、斜分型面、辅助分型面和异形分型面,如图 6-2 所示。分型面一般为平面,但有时为了脱模方便也要利用曲面或阶梯面,这样虽然分型面加工复杂,但型腔的加工则会较容易。

在图样上表示分型面的方法是在图形外部、分型面的延长面上画出一小段直线表示分型面的位置,并用箭头指示开模或模板的移动方向。

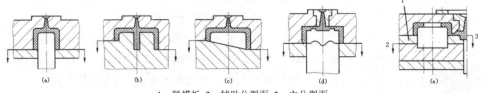

1—脱模板 2—辅助分型面 3—主分型面
(a)水平分型面;(b)阶梯分型面;(c)斜分型面;(d)异形分型面;(e)成型芯的辅助分型面
图 6-2 模具分型面的形式

6.1.2 分型面的选择原则

制品在模具中的位置直接影响到模具结构的复杂程度、模具分型面的确定、浇口的位置、制品的尺寸精度等,所以在进行模具设计时,首先要考虑制品在模具中的摆放位置,以便于简化模具结构、得到合格的制品。

模具的分型好坏,对于塑件质量和加工工艺的影响是非常大的,在选择分型面时,一般要综合考虑下列原则,以便确定出正确合理的分型面:方便塑件脱出、模具结构简单、型腔排气顺利、保证塑件尺寸精度、保证塑件质量、长型芯置于开模方向。

1. 方便塑件脱出

塑件脱模方便,不但要求选取的分型面位置不会使塑件卡在型腔里无法取出,也要求塑件在分模时制品留在动模一侧,以便于设计脱模机构。因此,一般都是将主型芯装在动模一侧,使塑件收缩后包紧在主型芯上,这样型腔可以设置在定模一侧。如果塑件上有带孔的嵌件,或是塑件上就没有孔存在,那么我们就可以利用塑件的复杂外形对型腔的黏附力,把型腔设计在动模里,使得开模后塑件留在动模一侧,如图 6-3 所示,(a)图中有型芯,(b)图中没有型芯。

2. 模具结构简单

如图 6-4 所示的塑件形状比较特殊，如果按照图（a）的方案，将分型面设计成平面，型腔底部就不容易加工了。而按照图（b）所示把分型面设计为斜面，使型腔底部成为水平面，就会便于加工。而对于需要抽芯的模具，要把抽芯机构设计在动模部分，以简化模具结构。

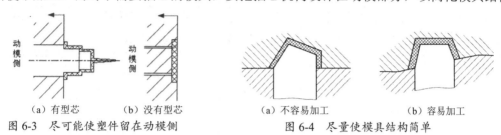

图 6-3 尽可能使塑件留在动模侧　　图 6-4 尽量使模具结构简单

3. 型腔排气顺利

模具内气体的排出主要是靠设计在分型面上的排气槽，所以分型面应当选择在熔体流动的末端，如图 6-5 所示，图（a）的方案中，分型面距离浇口太近，容易造成排气不畅；而图（b）的方案则可以保证排气顺畅。

4. 保证塑件尺寸精度

为保证齿轮的齿廓与孔的同轴度，将齿轮型芯与型腔都设在动模同侧。若分开设置，因导向机构的误差，便无法保证齿廓与孔的同轴度，如图 6-6 所示，（a）图中能保证塑件质量，（b）则不能。

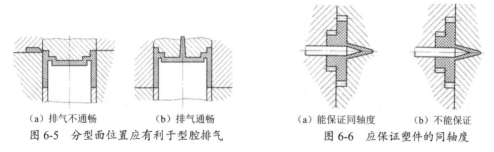

图 6-5 分型面位置应有利于型腔排气　　图 6-6 应保证塑件的同轴度

如图 6-7 所示的塑件，其尺寸 L 有较严格的要求，如果按照图（a）的方案设计分型面，成型后毛边会影响到尺寸 L 的精度。若改为图（b）的方案，毛边仅影响到塑件的总高度，但不会影响到尺寸 L。

5. 保证塑件质量

动、定模相配合的分型面上稍有间隙，熔体便会在制品上产生飞边，影响制品外观质量。因此，在光滑平整的平面或圆弧曲面上，避免创建分型面，如图 6-8 所示，（a）为正确做法，（b）为错误做法。

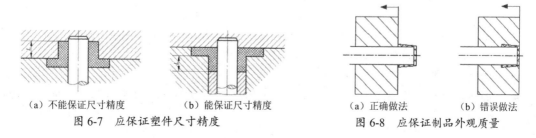

图 6-7 应保证塑件尺寸精度　　图 6-8 应保证制品外观质量

6. 长型芯置于开模方向

注射模的侧向抽芯一般都是利用模具打开时的运动来实现的。通过模具抽芯机构进行抽芯时，在有限的开模行程内，完成抽芯的距离是有限的。所以，对于互相垂直的两个方向都有孔或凹槽的塑件，应避免出现长距离的抽芯，如图 6-9 所示，图（a）方案不好，而图（b）方案较好。

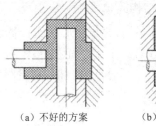

图 6-9　分型面应避免长距离抽芯

6.2　MoldWizard 分型面设计工具

UG MoldWizard（简称 MW）提供了用于自动分型设计的工具，对于分型面和模具结构相对简单的产品，运用 MoldWizard 分型工具可以提高设计效率。MoldWizard 的自动分型工具如图 6-10 所示。

> **技术点拨**
>
> "分型刀具"就是"分型工具"的意思。还需注意的是，自动分型工具仅针对产品模型本身，并非一定就要将产品进行项目初始化操作。这也意味着自动分型工具也适用于手动拆模设计。

图 6-10　自动分型设计工具

【检查区域】工具、【曲面补片】工具（等同于【注塑模工具】组中的【边修补】工具）、【编辑分型面和曲面补片】工具等，本节不做过多介绍，下面仅介绍用于分型面设计的工具命令。

6.2.1　【定义区域】工具

"定义区域"是指定义型腔区域和型芯区域，并抽取出区域面。区域面就是产品外侧和内侧的表面。

单击【定义区域】按钮，程序弹出【定义区域】对话框，如图 6-11 所示。

1. 定义区域

【定义区域】选项区的主要作用就是定义型腔区域和型芯区域。选项区的区域列表中列出的参考数据，就是区域分析的结果数据。选项区中各选项含义如下：

图 6-11　【定义区域】对话框

- 所有面：包含产品中所有定义的和未定义的面。
- 未定义的面：未定义出是型腔区域还是型芯区域的面。
- 型腔区域：包含属于型腔区域的所有面。
- 型芯区域：包含属于型芯区域的所有面。
- 新区域：列出属于新区域的面。
- 创建新区域：激活此命令，可以创建新的区域，这为创建抽芯滑块和斜顶机构提供方便。

06 UG 模具分型设计

- 选择区域面：在区域列表中选择一个区域后，再激活"选择区域面"命令，就可以为该区域添加新的面。

> **技术点拨**
> 【定义区域】列表中的区域类型、数量，与利用【检查区域】工具定义区域后得到的数据是完全一致的。也就是说先要定义区域，然后才能抽取区域。

2. 设置

【设置】选项区包含 2 个复选框，其含义如下：

- 创建区域：勾选此复选框，程序将抽取型腔区域面和型芯区域面。取消勾选，则不会抽取区域面。
- 创建分型线：勾选此复选框，抽取区域面后再抽取出产品的分型线，这里仅仅抽取分型边。

> **技术点拨**
> 对于简单产品来说，利用【创建分型线】复选框来抽取分型线，可以减少编辑分型线的操作。但复杂的产品若抽取分型线，可能会不符合分型要求，因此这里不推荐利用"定义区域"对话框的"创建分型线"功能来抽取分型线。

3. 面属性

【面属性】选项区用来设置区域面的颜色及透明度的显示。选项区中各选项含义如下：

- 颜色：单击颜色块图标，将弹出【颜色】对话框，如图 6-12 所示。通过该对话框，将所选区域面的颜色更改为用户需要的颜色。
- 透明度选项：用于设置区域面的透明度。包括 2 个子选项：选定的面和其他面。选择【选定的面】选项，拖动滑块将改变选定区域面的透明度。选择【其他面】选项，拖动滑块将改变除选定面外其他面的透明度，如图 6-13 所示。

图 6-12 【颜色】对话框

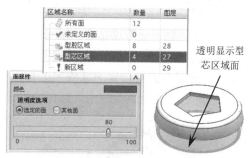

图 6-13 改变区域面的透明度

6.2.2 【设计分型面】工具

【设计分型面】工具主要用于模具主分型面——水平延伸分型面的设计。用户可以通过此工具来创建主分型面、编辑分型线、编辑分型段和设置公差等。

单击【设计分型面】按钮，弹出【设计分型面】对话框，如图 6-14 所示。【设计分型面】对话框的功能选项区介绍如下。

1. 【分型线】选项区

【分型线】选项区用来收集"定义区域"时抽取的分型线。如果先前没有抽取分型线，"分型段"列表中将不会显示分型线的分型段、删除分型面和分型线数量等信息。

> **技术点拨**
> 如果要删除已有的分型线,可以通过分型管理器将分型线显示,然后在图形区中用鼠标右键选择分型线并执行【删除】命令即可,如图 6-15 所示。

2.【创建分型面】选项区

仅当利用【定义区域】工具抽取分型线后,【创建分型面】选项区才显示,如图 6-16 所示。该选项区提供了 4 种主分型面的创建方法:拉伸、扫掠、有界平面和条带曲面。

图 6-14 【设计分型面】对话框

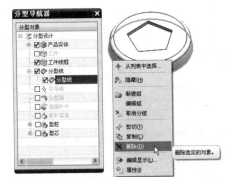
图 6-15 分型线的删除

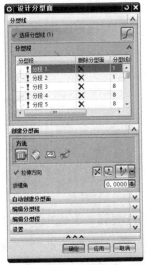
图 6-16 显示【创建分型面】选项区

> **技术点拨**
> 分型面的创建方法是程序参考了产品的形状来提供的。简单产品的创建方法最多,产品越复杂,所提供的创建方法就越少。

- 【拉伸】方法:该方法适合产品分型线不在同一平面中的主分型面(水平延伸分型面)的创建。创建分型面的方法是手动选择产品一侧的分型线,在指定拉伸方向后,单击【设计分型面】对话框的【应用】按钮,即可创建产品一侧的水平延伸分型面,如图 6-17 所示。其余 3 侧的水平延伸分型面按此方法创建即可。

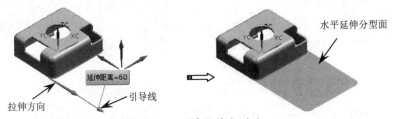
图 6-17 创建拉伸分型面

- 【扫掠】方法:当产品外轮廓分型边分为若干分段时,可以用此方法来创建扫掠分型面。【扫掠】选项与利用此方法创建的扫掠分型面如图 6-18 所示。

> **技术点拨**
> 如果分型边是完整的一条,将不能创建扫掠分型面,如图 6-19 所示。假设将第一方向和第二方向都设置为如图 6-20 所示的方向,也不能创建扫掠分型面。

图 6-18　创建扫掠分型面

图 6-19　不能创建扫掠分型面的分型边　　　　图 6-20　更改扫掠方向后也不能创建分型面

- 【有界平面】方法："有界平面"就是以分型段（整个产品分型线的其中一段）、引导线及 UV 百分比控制而形成的平面边界，通过自修剪而保留部分需要的有界平面。当产品底部为平面，或者产品拐角处底部面为平面，可利用此方法来创建分型面。【有界平面】方法的选项设置如图 6-21 所示。其中，"第一方向"和"第二方向"为主分型面的展开方向，如图 6-22 所示。

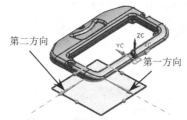

图 6-21　【有界平面】选项设置　　　　图 6-22　有界平面的两个方向

- 【条带曲面】方法："条带曲面"就是无数条平行于 XY 坐标平面的曲线，沿着一条或多条相连的引导线排列而生成的面。若分型线已设计了分型段，【条带曲面】类型与【扩大曲面补片】工具相同。若产品分型线全在一个平面内，且没有设计引导线，可创建【条带曲面】类型主分型面。【条带曲面】方法如图 6-23 所示。创建的条带曲面如图 6-24 所示。

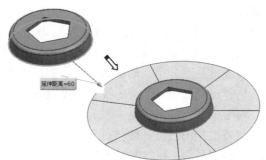

图 6-23　【条带曲面】选项设置　　　　图 6-24　创建条带曲面

3.【自动创建分型面】选项区

该选项区用于自动创建分型面。仅当产品分型线连续时，并且选择一种分型面方法后，才能单击【自动创建分型面】按钮 创建分型面。如果创建分型面不符合要求，可以单击【删除所有现有的分型面】按钮×进行删除。如图6-25所示为自动创建分型面的示例。

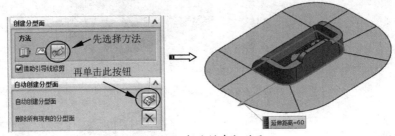

图6-25 自动创建分型面

> **技术点拨**
> 选择的方法不同，自动创建的分型面类型也会不同。

4.【编辑分型线】选项区

【编辑分型线】选项区主要作用是手动选择产品分型线或分型段。该选项区的选项设置如图6-26所示。

在选项区中激活【选择分型线】命令，就可以在产品中选择分型线，单击对话框的【应用】按钮后，选择的分型线将列于【分型线】选项区的【分型段】列表中。

若单击【遍历分型线】按钮，可通过弹出的【遍历分型线】对话框遍历分型线，如图6-27所示。这有助于产品边缘较长的分型线的选择。

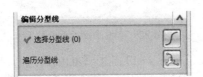

图6-26 【编辑分型线】选项区

图6-27 【遍历分型线】对话框

5.【编辑分型段】选项区

【编辑分型段】选项区的功能是选择要创建主分型面的分型段，以及编辑引导线的长度、方向和删除等。

【编辑分型段】选项区的选项设置如图6-28所示。各选项含义如下：

- 选择分型或引导线：激活此命令，在产品中选择要创建分型面的分型段和引导线。引导线就是主分型面的截面曲线，如图6-29所示。
- 选择过渡曲线：过渡曲线就是要创建主分型面某一部分的分型线。过渡曲线可以是单段分型线，也可以是多段分型线，如图6-30所示。当选择了过渡曲线后，主分型面将按指定的过渡曲线进行创建。
- 编辑引导线：引导线是主分型面的截面曲线，它的长度及方向确定了主分型面的大小和方向。单击【编辑引导线】按钮，可以通过弹出的【引导线】对话框来编辑引导线，如图6-31所示。

06 UG 模具分型设计

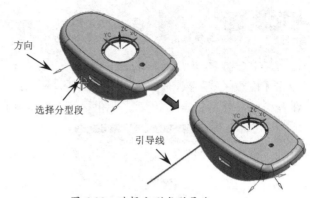

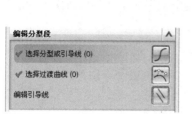

图 6-28 【编辑分型段】选项区

图 6-29 选择分型或引导线

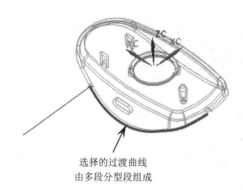

图 6-30 选择过渡曲线

图 6-31 【引导线】对话框

技术点拨

当需要创建插破分型面时,引导线的方向可以按一定角度倾斜,这使得用户可以创建出具有倾斜角度的主分型面。

6. 设置

【设置】选项区用来设置各段主分型面之间的缝合公差,以及分型面的长度,如图 6-32 所示。

图 6-32 【设置】选项区

案例——吸尘器手柄分型面设计

① 打开本例产品模型"6-1.prt",如图 6-33 所示。

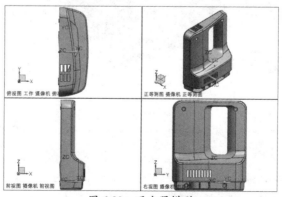

图 6-33 吸尘器模型

137

> **技术点拨**
>
> 此产品的分型线比较简单，分型边和内部环都很明显，也是连续的，所以利用【检查区域】工具分析产品即可。

② 单击【检查区域】按钮，打开【检查区域】对话框。指定脱模方向为产品最大截面投影的反方向，然后单击【计算】按钮，如图 6-34 所示。

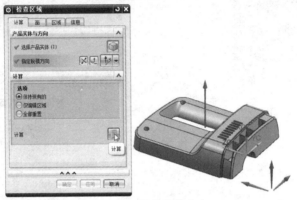

图 6-34　指定脱模方向

③ 经过 UG 自动分析并计算后，进入【区域】选项卡中。可以看出，"未定义区域"的面数为 49，需要先将这些"未定义区域"面全部指派给型芯，然后重新选择产品前端的面和侧孔中的面指派给型腔，结果如图 6-35 所示。

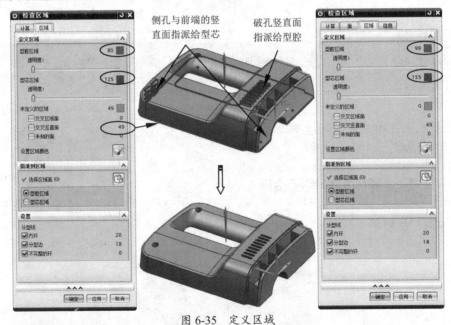

图 6-35　定义区域

> **技术点拨**
>
> 鉴于产品中的孔是规则的（都是单个面中的孔），可以利用【曲面补片】工具或【边修补】工具进行修补。

④ 单击【曲面补片】按钮，打开【边修补】对话框。选择【体】类型，并选中产品模型，然后单击【确定】按钮，自动修补产品中所有的孔，如图 6-36 所示。

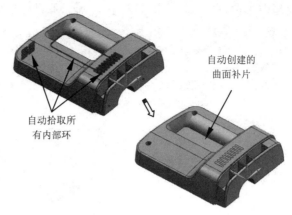

图 6-36 修补孔

⑤ 接下来利用【定义区域】工具来抽取产品型腔区域面、型芯区域面和分型线。单击【定义区域】按钮，打开【定义区域】对话框。勾选【创建区域】复选框和【创建分型线】复选框，再单击【确定】按钮完成区域的抽取和分型线的抽取，如图 6-37 所示。

> **技术点拨**
> 创建分型面也可以不抽取分型线，可以采用手动选择分型线的方法。本例还是按照抽取分型线的方法来设计。下一案例采用手动选择分型线的方法进行设计。

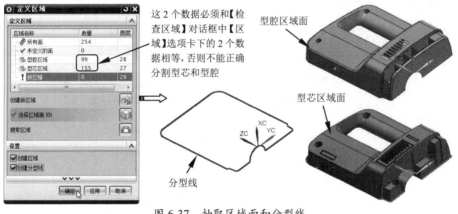

图 6-37 抽取区域面和分型线

> **技术点拨**
> 要显示或隐藏产品、工件、工件线框、分型线、曲面补片、型腔区域面或型芯区域面，可以通过在【分型导航器】中勾选或取消勾选分型对象相应的复选框来操作，如图 6-38 所示。

⑥ 单击【设计分型面】按钮，打开【设计分型面】对话框。在【创建分型面】选项区列出了 3 种设计方法，从模型中的延伸方向（是向下而不是水平）看，【拉伸】方法、【修剪和延伸】方法和【条带曲面】方法都不适用。【修剪和延伸】方法和【条带曲面】方法的延伸方向是向下的，不能创建出水平延伸分型面，而【拉伸】方法虽

图 6-38 通过【分型管理器】来显示或隐藏分型对象

然可以更改延伸方向,但不能在 4 个水平方向上向外创建分型面,如图 6-39 所示。

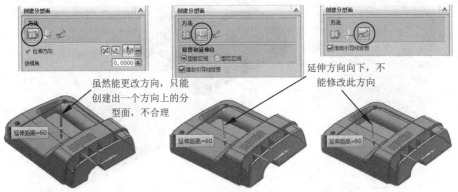

图 6-39 分型面设计方法的选择

> **技术点拨**
> 之所以造成这种局面,是由于分型线没有在同一平面上。因此,暂不用默认的 3 种方法,先修改分型线。修改分型线的方法适用于任何产品。

⑦ 从亮显的分型线中可以看见,前端侧半圆孔的分型边(这里也可叫"分型段")与其他分型边不在同一平面上。在【设计分型面】对话框的【编辑分型线】选项区中激活【选择分型线】命令,然后按住 Shift 键选取这段半圆分型边(意思是反向选择分型线),如图 6-40 所示。

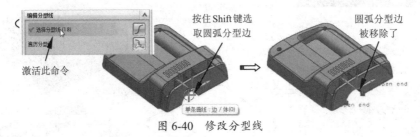

图 6-40 修改分型线

⑧ 单击【设计分型面】对话框的【应用】按钮,重新显示【创建分型面】选项区,并新增了【有界平面】方法,如图 6-41 所示。

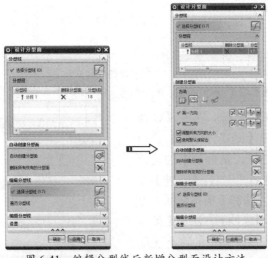

图 6-41 编辑分型线后新增分型面设计方法

⑨ 【拉伸】方法和【修剪和延伸】方法不能同时向一个方向创建分型面，而【有界平面】方法和【条带曲面】方法可以用。利用【有界平面】方法所创建的分型面如图 6-42 所示。利用【条带曲面】方法创建的分型面如图 6-43 所示。

图 6-42 创建有界平面　　　　　　　　图 6-43 创建条带曲面

⑩ 在【编辑分型线】选项区激活【选择分型线】命令，然后按住 Shift 键框选高亮的分型线，松开 Shift 键后重新选择余下的圆弧部分分型边，如图 6-44 所示。

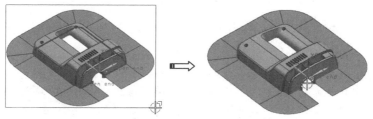

图 6-44 重新选择分型线

⑪ 再利用【创建分型面】选项区中的【拉伸】方法或【条带曲面】方法，完成余下圆弧部分分型面的设计，如图 6-45 所示。

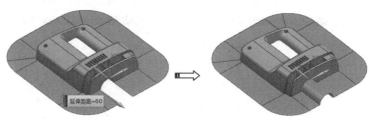

图 6-45 创建圆弧部分的分型面

⑫ 至此，利用自动分型工具完成了吸尘器手柄的分型面设计。

案例——电器配件壳体分型面设计

① 打开本例产品模型"6-2.prt"，如图 6-46 所示。

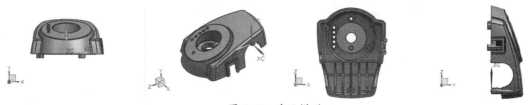

图 6-46 产品模型

> **技术点拨**
> 从产品结构看，没有什么复杂的增加模具难度的特征出现，分型线设计比较简单。

② 单击【检查区域】按钮,打开【检查区域】对话框。指定脱模方向为 Y 轴方向,然后单击【计算】按钮,如图 6-47 所示。

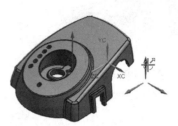

图 6-47　指定脱模方向

③ 经过 UG 自动分析并计算后,进入【区域】选项卡中。可以看出,"未定义区域"的面数为 9,包括交叉区域面、交叉竖直面和未知的面。

> **技术点拨**
>
> 为了保证产品外观质量,将"交叉区域面"6 个面指派给型腔区域,破孔面就补在产品内侧;将"交叉竖直面"指派给型芯;将"未知的面"指派给型芯。

④ 将这些"未定义区域"分别指派给型腔区域或型芯区域。然后根据颜色分布情况,反复查看产品外表面是否有蓝色(型芯区域的代表色),或者产品内表面是否有棕黄色(型腔区域的代表色),如果有这样的面,需要重新指派。最终指派完成的结果如图 6-48 所示。

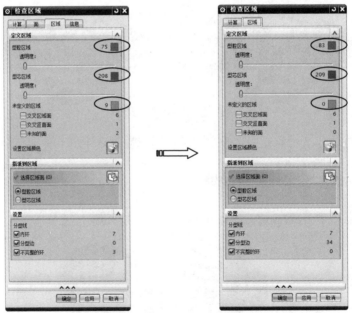

图 6-48　定义区域完成的结果

⑤ 单击【曲面补片】按钮,打开【边修补】对话框。选择【体】类型,并选中产品模型,然后单击【确定】按钮,自动修补产品中所有的孔,如图 6-49 所示。

06 UG 模具分型设计

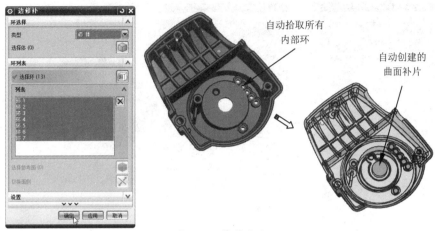

图 6-49 修补破孔

⑥ 单击【定义区域】按钮，打开【定义区域】对话框。勾选【创建区域】复选框，再单击【确定】按钮完成区域的抽取，如图 6-50 所示。

技术点拨
本案例采用手动选择分型线的方法进行设计，所以暂时不抽取分型线。

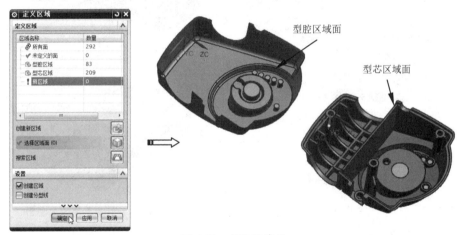

图 6-50 抽取区域面

⑦ 单击【设计分型面】按钮，打开【设计分型面】对话框。在【编辑分型线】选项区激活【选择分型线】命令，选择产品一侧的轮廓线后，再单击【应用】按钮，如图 6-51 所示。

技术点拨
一般说来，分型面是向 +XC、-XC、+YC、-YC 4 个方向进行延伸的。

⑧ 随后弹出【设计分型面】信息提示对话框，单击【确定】按钮后创建分型线，并将创建分型线列在【分型段】列表中。此时对话框中显示出【创建分型面】选项区，选项区中列出 3 种方法，如图 6-52 所示。

⑨ 利用【拉伸】方法，指定拉伸方向，单击【应用】按钮完成该侧分型面的设计，如图 6-53 所示。

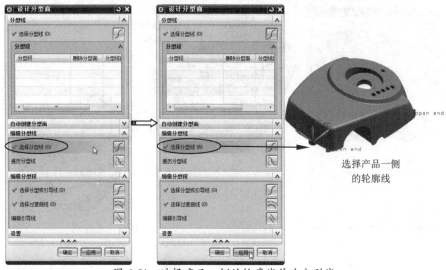

图 6-51 选择产品一侧的轮廓线作为分型线

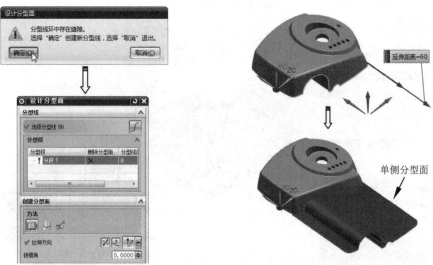

图 6-52 创建分型线显示创建方法　　　图 6-53 创建单侧的分型面

⑩ 同理,依次创建出其余 3 个拉伸方向上的分型面,结果如图 6-54 所示。

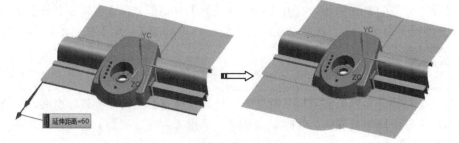

图 6-54 创建其余方向上的分型面

⑪ 至此,完成了分型面设计。

6.3 分型面的检查

当缝合的分型面出现问题时，可在上边框条中执行【菜单】|【分析】|【检查几何体】命令，通过弹出的【检查几何体】对话框，对分型面中存在的交叉、重叠或间隙等问题进行检查，如图 6-55 所示。

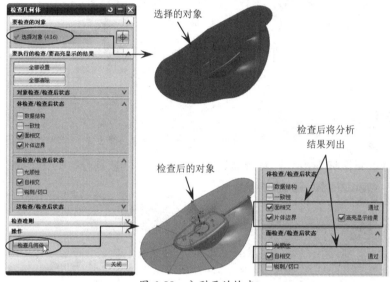

图 6-55　分型面的检查

在【检查几何体】对话框的【操作】选项区单击【信息】按钮，程序弹出【信息】对话框。通过该对话框，用户可以查看分型面检查的信息，如图 6-56 所示。

图 6-56　【信息】对话框

> **技术点拨**
> 一般情况下，几何体检查的结果中若出现边界数为"1"，则说明该分型面没有问题。若出现多个边界数，则说明该分型面存在问题，需要修复。

案例——电吹风手柄分型面设计与检查

① 打开本例产品模型"6-3.prt"，如图 6-57 所示。

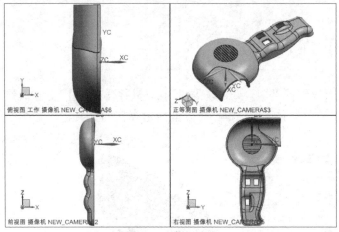

图 6-57　产品模型

> **技术点拨**
> 本例中我们将设计出分型面，并利用分型面检查工具检验分型面是否符合分割成型零件的要求。

② 首先利用【检查区域】工具，对产品进行区域分析及区域划分，如图 6-58 所示。

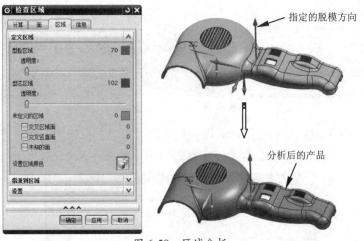

图 6-58　区域分析

③ 利用【曲面补片】工具修补产品中的破孔，如图 6-59 所示。

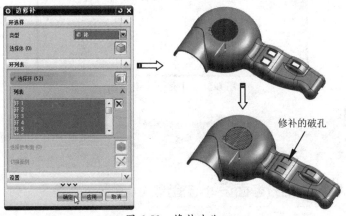

图 6-59　修补破孔

④ 利用【定义区域】工具，抽取如图 6-60 所示的型芯区域和型腔区域，可不抽取分型线。

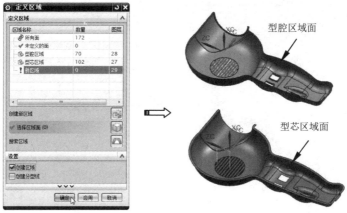

图 6-60 抽取区域面

⑤ 利用【设计分型面】工具，用手动选择分型线的方法，创建拉伸分型面，如图 6-61 所示。

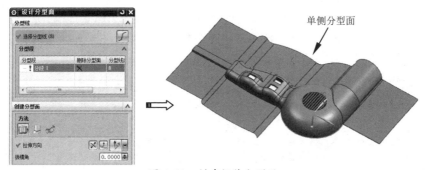

图 6-61 创建拉伸分型面

⑥ 余下部分的分型面以【有界平面】方法进行设计，如图 6-62 所示。

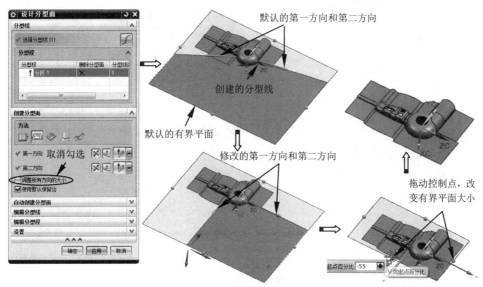

图 6-62 创建有界平面分型面

⑦ 通过分型管理器，显示型芯分型面（包括型芯区域、水平延伸分型面和曲面补片），隐藏其他分型对象，如图 6-63 所示。

⑧ 利用【主页】选项卡【特征】组【更多】命令库中的【缝合】命令，缝合显示的分型对象，如图6-64所示。

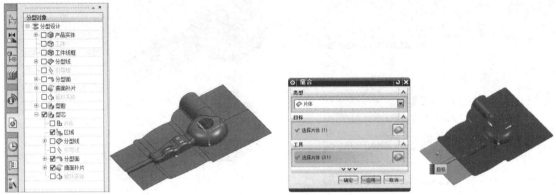

图6-63　显示分型面、曲面补片和型芯区域面　　图6-64　缝合型芯分型面

⑨ 在上边框条中执行【菜单】|【分析】|【检查几何体】命令，打开【检查几何体】对话框。框选型芯分型面，再勾选对话框中的【面相交】【片体边界】和【自相交】复选框，在【操作】选项区单击【检查几何体】按钮，完成型芯分型面的分析，单击【信息】按钮 ，打开【信息】对话框查看分析结果，如图6-65所示。

> 💡 技术点拨
>
> 也可以直接在【检查几何体】对话框中查看分析结果。所勾选的复选框后面将显示"通过"提示字样。"通过"就表示此分型面没有问题。勾选【高亮显示结果】复选框，可以直接查看分型面中的高亮显示的边界，若分型面内部存在高亮显示的边界，说明此分型面存在缝隙，需要修补。反之，则说明分型面只有1个边界，是符合分型设计要求的。

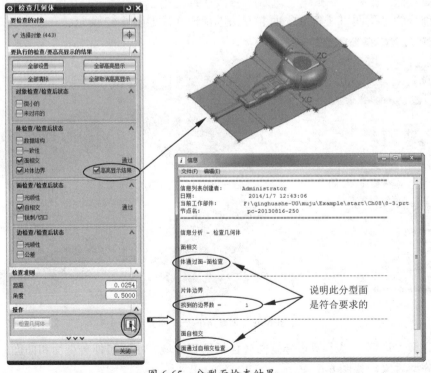

图6-65　分型面检查结果

⑩ 确认分型面没有问题后,单击【关闭】按钮,完成操作。

案例——鼠标下盖分型面设计、检查与修改

① 打开本例练习的素材文件"6-4.prt",如图6-66所示。

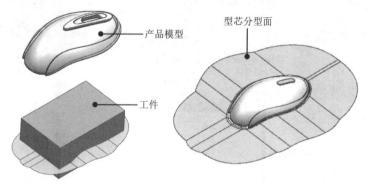

图 6-66 打开的产品模型及分型面、工件

② 由于是手动分模的结果文件,因此利用建模命令来分割成型零件。在【主页】选项卡的【特征】组中单击【拆分体】按钮 ，弹出【拆分体】对话框。
③ 选择目标体和工具体,然后单击【确定】按钮,如图6-67所示。
④ 随后程序弹出【拆分体】的错误提示"刀具和目标未形成全相交。"的对话框,单击【确定】按钮关闭,如图6-68所示。

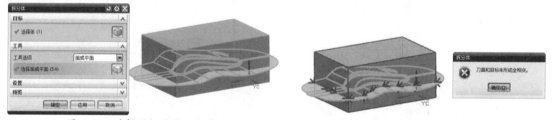

图 6-67 选择目标体和工具体　　图 6-68 分割时弹出的错误提示

> **技术点拨**
> 这说明了分型面出了问题。但是现在还不清楚是什么样的问题,只能对分型面做进一步的检查。首先我们理解提示的信息:"刀具和目标未形成全相交。"有可能是分型面不够大,也有可能是分型面中存在间隙。

⑤ 从模型中高亮显示的出错区域来看,问题在于分型面有间隙或重叠。在上边框条中执行【菜单】|【分析】|【检查几何体】命令,弹出【检查几何体】对话框。
⑥ 全选分型面,然后在对话框中勾选【面相交】【片体边界】和【自相交】复选框,最后单击【检查几何体】按钮,自动检查分型面,如图6-69所示。
⑦ 从分析结果中可以看到,"面相交"和"片体边界"出了问题。从打开的信息参考可以看出,片体边界有5个,而正确的数字为1个。分别勾选【高亮显示结果】复选框,显示分型面中的问题区域,如图6-70所示。

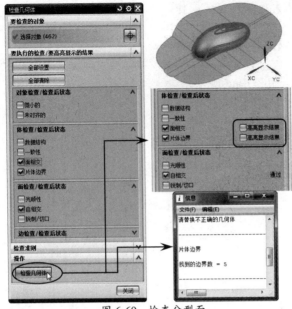
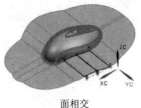

面相交

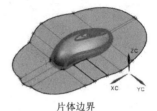

片体边界

图 6-69　检查分型面　　　　　　　图 6-70　高亮显示问题区域

> **技术点拨**
> "面相交"检查的是重叠情况,"片体边界"检查的是间隙情况,"自相交"检查的是区域面烂面情况。

⑧ 首先解决面相交问题。将问题区域放大,可以看到分型面出现了重叠,这是由产品自身公差问题引起的,如图 6-71 所示。

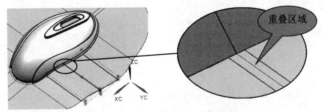

图 6-71　产品中出现的重叠面

> **技术点拨**
> 既然找到了问题,下面就应该解决问题。解决的方法只有重新设计分型面,先将问题区域删除。

⑨ 在上边框条中执行【菜单】|【插入】|【组合】|【取消缝合】命令,取消分型面的缝合,使分型面分散。或者在部件导航器中删除"缝合"操作,如图 6-72 所示。

图 6-72　取消或删除缝合

⑩ 利用【直线】工具在重叠区域创建 2 条平行的直线，如图 6-73 所示。
⑪ 利用【修剪片体】工具，修剪重叠区域的曲面，如图 6-74 所示。

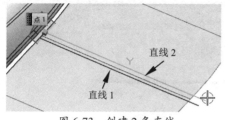

图 6-73 创建 2 条直线

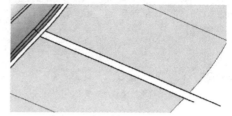

图 6-74 修剪重叠区域曲面

⑫ 利用【曲面上的曲线】工具，创建如图 6-75 所示的曲线。
⑬ 利用【拉伸】工具重新在重叠区域创建拉伸曲面，如图 6-76 所示。

图 6-75 创建曲面上的曲线

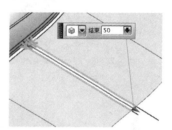

图 6-76 创建拉伸曲面

⑭ 先调整较大的缝合公差。利用【缝合】工具，缝合所有曲面，如图 6-77 所示。

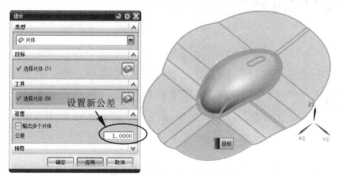

图 6-77 重新缝合分型面

技术点拨

默认的公差是 0.001，这个公差通常不能缝合间隙较大的曲面。

⑮ 重新执行一次几何体检查命令，可以看到检查的结果是满意的，说明调大公差后缝合的分型面是没有问题的，如图 6-78 所示。
⑯ 利用【拆分体】工具，首先从工件中分割出产品的空腔，如图 6-79 所示。
⑰ 继续选择工件作为目标，再选择分型面作为刀具进行分割，如图 6-80 所示。

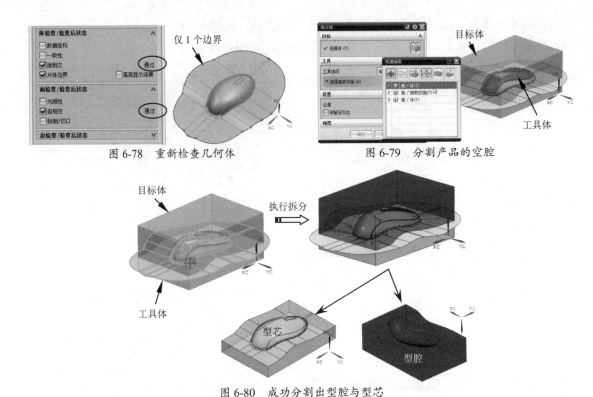

图 6-78 重新检查几何体

图 6-79 分割产品的空腔

图 6-80 成功分割出型腔与型芯

6.4 UG NX 12.0 的分型面设计方法

介绍了这么多关于分型线、分型面设计工具后,模具新手需要学习更多的应用 UG 各功能命令设计分型线、分型面的方法。在 UG 中一般存在 4 种常见方法:在建模环境下利用建模命令设计分型面、在 MW 环境下利用自动分型工具和建模命令设计分型面、在建模环境下利用建模命令和自动分型工具设计分型面、在 MW 环境下利用自动分型工具设计分型面。下面逐一详解各方法的优劣。

6.4.1 在建模环境下利用建模命令设计分型面

在建模环境下利用建模命令设计分型面,也叫手动分型面设计,是目前很多模具设计师所采用的方法。

优势在于:
- 在模具设计前期(设计模架和各模具系统之前),效率一般;
- 可以设计任意形式的分型面;
- 文件占用内存小;
- 设计方法较灵活;
- 便于后续数控加工时文件的传输。

缺点在于:
- 在模具设计后期设计模架及各系统时,过程比较烦琐;
- 若移除了参数,不利于分型面的修改。

案例——手动分型面设计

① 打开本例产品模型"6-5.prt",如图 6-81 所示。
② 在建模环境下,首先要对产品设置收缩率。在【主页】选项卡【特征】组的【更多】命令库中选择【缩放体】命令,打开【缩放体】对话框。设置比例因子为 1.005,单击【确定】按钮,完成收缩率的设置,如图 6-82 所示。

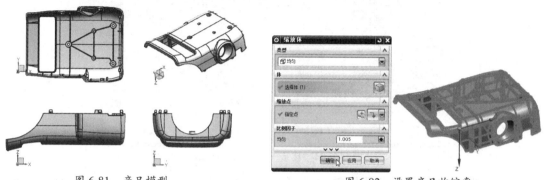

图 6-81　产品模型　　　　　　　　　图 6-82　设置产品收缩率

> **技术点拨**
> 在建模环境下,也可以利用【检查区域】工具,对产品进行区域分析,便于区域的复制。

③ 在上边框条中执行【菜单】|【分析】|【塑膜部件验证】|【检查区域】命令,打开【检查区域】对话框。选择产品并指定-ZC 轴矢量方向为脱模方向,然后单击【计算】按钮，完成区域分析,如图 6-83 所示。

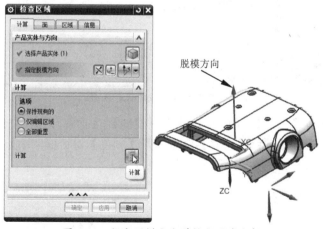

图 6-83　指定脱模方向并执行区域分析

④ 在【区域】选项卡下,单击【设置区域颜色】按钮，显示区域分析结果。可以看到有问题的"未定义的面"个数为 19。先将"交叉区域面"和"交叉竖直面"全部指派给型芯区域,再将"未知的面"全部指派给型腔区域,最后将型腔区域中出现的蓝色面(代表型芯区域)重新选择并指派给型腔区域,指派完成后型芯区域和型腔区域的数据如图 6-84 所示。

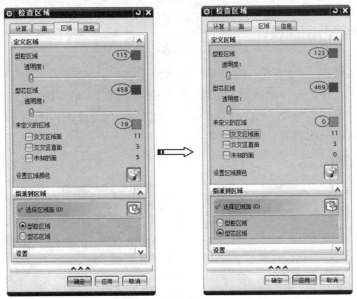

图 6-84 区域重新指派的结果

⑤ 单击型腔区域的棕色色块图标■，打开【颜色】对话框。然后记住棕色的 ID 编号为"120"，如图 6-85 所示。同理，记住型芯区域代表色的 ID 编号为"134"。

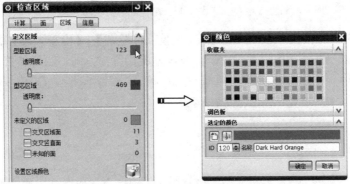

图 6-85 查看型腔区域的代表色 ID 编号

⑥ 在上边框条中执行【菜单】|【插入】|【关联复制】|【抽取几何体】命令，打开【抽取几何体】对话框，选择【颜色过滤器】命令打开【颜色】对话框。输入 ID 编号为"120"，单击【确定】按钮，如图 6-86 所示。

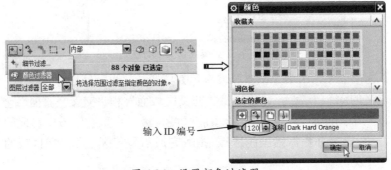

图 6-86 设置颜色过滤器

技术点拨

设置颜色过滤器后，随意选择产品的面，也仅仅是该颜色的面被选中。这样的选择规则对于大型产品或产品面较多的情况下尤为重要。

⑦ 在图形区中框选产品中所有棕色的面（型腔区域面），最后单击【抽取几何体】对话框的【应用】按钮，完成型腔区域面的抽取，如图6-87所示。

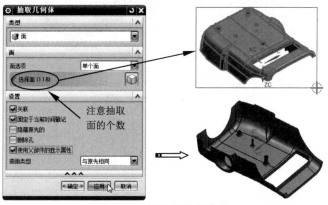

图6-87　抽取型腔区域面

技术点拨

在框选时要多重复框选几次，避免框选遗漏。

⑧ 抽取后利用【缝合】工具缝合抽取的型腔区域面。同理，再利用颜色过滤器抽取出型芯区域面并完成缝合操作。
⑨ 修补破孔。利用【N边曲面】工具依次修补产品中所有的破孔，如图6-88所示。

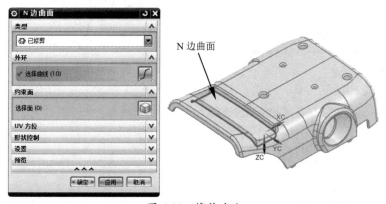

图6-88　修补破孔

⑩ 最后实现产品外的水平延伸分型面。利用【拉伸】工具，创建出如图6-89所示的拉伸曲面。

技术点拨

转角处的分型面暂不能用【拉伸】工具来创建，因为转角处为圆弧，而且底端不在同一平面，只能尽量做平滑过渡。

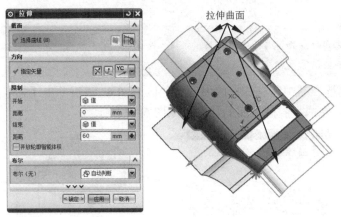

图 6-89　创建拉伸曲面

⑪ 利用【曲线】选项卡中的【桥接曲线】工具，在产品的 3 个圆弧转角处创建桥接曲线，如图 6-90 所示。

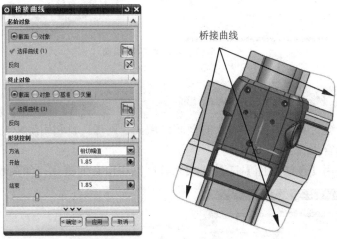

图 6-90　创建桥接曲线

⑫ 再利用【N 边曲面】工具，创建 N 边曲面，如图 6-91 所示。

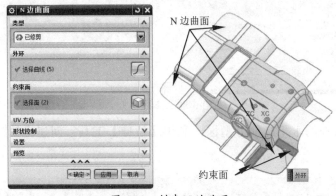

图 6-91　创建 N 边曲面

⑬ 利用【扫掠】工具，创建出如图 6-92 所示的扫掠曲面。
⑭ 至此，完成了手动分型面设计过程。分型面设计结果如图 6-93 所示。

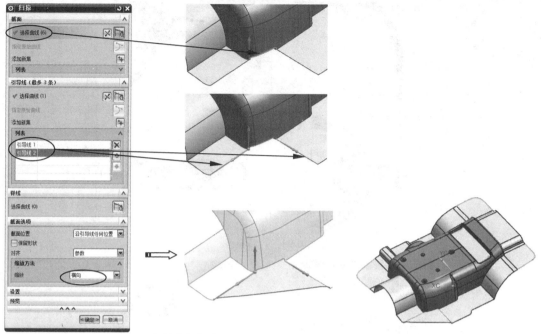

图 6-92 创建扫掠曲面　　　　　图 6-93 设计完成的分型面

6.4.2 在 MW 环境下利用自动分型工具+建模命令设计分型面

在 MW 环境下利用自动分型工具和建模命令设计分型面，称为自动+手动分型面设计。这种方法新手可以在学习模具设计初期采用。其优势要比在 MW 下完全利用自动分型设计工具来设计分型面巧妙得多。

优势在于：
- 做多模腔设计方便；
- 型腔布局设计比较方便；
- 自动分型与手动分型巧妙结合使分型面设计变得很轻松；
- 利用 MW 模架和其他系统设计也比较方便。

此方法缺点如下：
- 文件占用内存较大，管理较麻烦。

案例——自动分型+手动设计分型面

① 打开本例产品模型"6-6.prt"，如图 6-94 所示。

> **技术点拨**
> 本例产品的结构可谓十分复杂，不但有侧孔、侧凹、倒扣，而且方向不一致。但分型面设计还是比较容易的，主要是复杂部分全部为侧向分型机构设计和斜顶机构设计，并在分型面设计、型腔与型芯分割之后进行。

② 在【注塑模向导】选项卡下单击【初始化项目】按钮，打开【初始化项目】对话框。设置材料及收缩率后，单击【确定】按钮。程序开始创建模具项目装配，如图 6-95 所示。

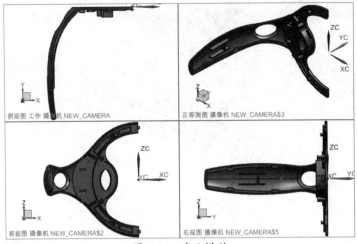

图 6-94　产品模型

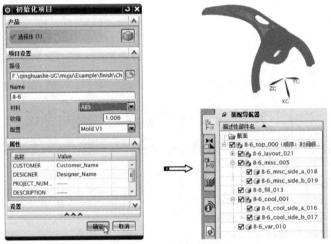

图 6-95　项目初始化

③ 设置模具坐标系。双击当前工作坐标系，使其变成可编辑状态。然后将+ZC 轴指向上，如图 6-96 所示。单击【模具 CSYS】按钮，打开【模具 CSYS】对话框，保留【当前 WCS】选项设置，单击【确定】按钮完成模具坐标系的设置。

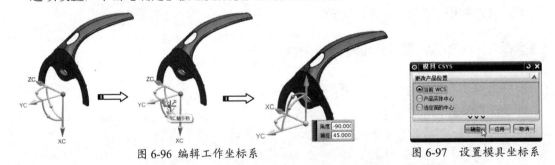

图 6-96　编辑工作坐标系　　　　　　　　　　　图 6-97　设置模具坐标系

④ 创建工件。单击【工件】按钮，按默认的工件尺寸，创建出如图 6-98 所示的模具工件。

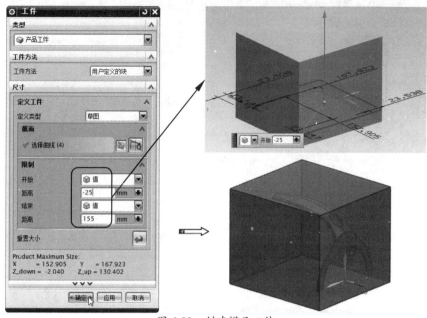

图 6-98 创建模具工件

⑤ 模具前期准备工作完成后,接着进行自动分型设计。在【分型刀具】组中单击【分型管理器】命令,进入自动分型设计模式。

⑥ 利用【检查区域】工具,对产品进行区域定义和划分,如图 6-99 所示。

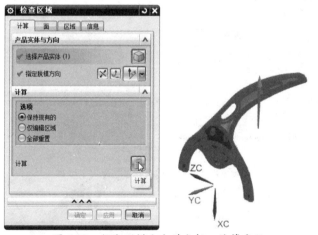

图 6-99 指定脱模方向并分析、计算产品

⑦ 在【区域】选项卡中设置区域颜色,然后对出现的"未定义区域"面进行指派,将"交叉区域面"全指派给型腔区域,将"交叉竖直面"也全部指派给型腔区域,将"未知的面"全部指派给型芯区域,然后将型腔区域中的蓝色面重新指派给型腔区域,再将型芯区域中棕色面重新指派给型芯区域,最终结果如图 6-100 所示。

⑧ 修补破孔。利用【N边曲面】工具,修补破孔,如图 6-101 所示。

⑨ 利用【注塑模向导】选项卡中的【定义区域】工具,抽取型腔区域面和型芯区域面,如图 6-102 所示。

⑩ 利用【主页】选项卡中的【拉伸】工具,创建水平延伸分型面,如图 6-103 所示。

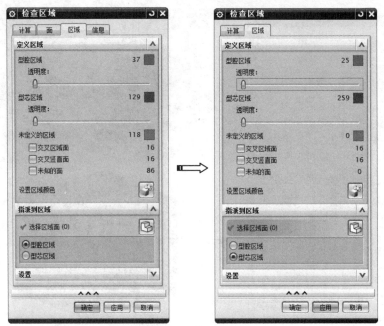

图 6-100 定义区域

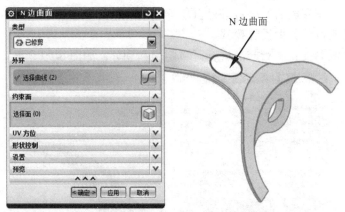

图 6-101 修补破孔

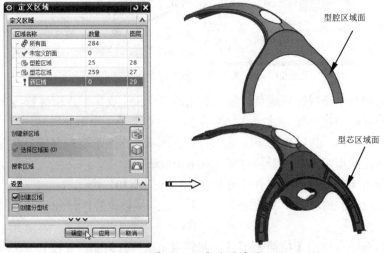

图 6-102 抽取区域面

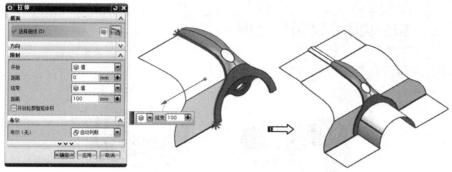

图 6-103　创建拉伸曲面

> **技术点拨**
> 由于是利用建模环境中的建模命令设计的分型面，在 MW 中是不能直接用来分割工件的，需要将其转换成 MW 分型面和曲面补片。

⑪ 在【注塑模向导】选项卡的【分型刀具】组中单击【编辑分型面和曲面补片】按钮，打开【编辑分型面和曲面补片】对话框。全选拉伸曲面和 N 边曲面，取消【保留原片体】复选框的勾选，再单击【确定】按钮完成转换，如图 6-104 所示。

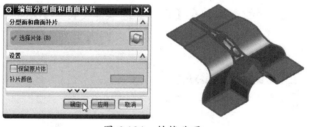

图 6-104　转换曲面

⑫ 转换后，拉伸曲面和 N 边曲面的本色则变为 MW 补片颜色。至此，分型面设计完成。

6.4.3　在建模环境下利用手动+自动分型设计分型面

在建模环境下，利用建模命令和 MW 提供的自动分型设计工具能有效设计分型面并提高设计效率。此方法被多数工厂模具设计师所采用。

具备以下优势：

- 分型面设计方法灵活，效率高；
- 文件存储和输出便于管理；
- 熟练掌握建模命令，能帮助模具设计师更改产品。

有些模具厂家的模具设计师，将产品更改、模具设计、车间跟模装配的流程全部包揽。这种方法唯一的缺点是：

- 结合 MW 进行模架设计、系统设计稍麻烦一些。

如果借助国内某些模具设计辅助工具，如"彭双好工具""胡波外挂 HB_MOULDM""优胜模具外挂"等，可以非常方便地进行模具拆模、模架装配设计和各大模具系统设计，并且整个文件所占用内存很小，仅一个文件。

案例 ——手动+自动分型设计分型面

① 打开本例产品模型"6-7.prt",如图 6-105 所示。

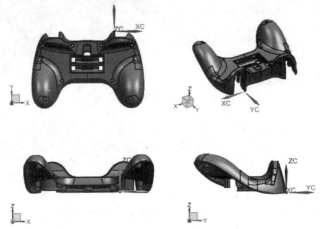

图 6-105　产品模型

② 在建模环境下,首先设置收缩率。在【主页】选项卡【特征】组的【更多】命令库中选择【缩放体】命令,打开【缩放体】对话框。设置比例因子为 1.005,单击【确定】按钮,完成收缩率的设置,如图 6-106 所示。

图 6-106　设置产品收缩率

> **技术点拨**
> 在建模环境下,利用【检查区域】工具,对产品进行拔模分析和区域定义。当然也可以利用【注塑模向导】选项卡中的【检查区域】工具进行操作,便于利用【定义区域】抽取区域面。

③ 在上边框条中执行【菜单】|【分析】|【塑膜部件验证】|【检查区域】命令,打开【检查区域】对话框。选择产品并指定 ZC 轴矢量方向为脱模方向,然后单击【计算】按钮,完成区域分析,如图 6-107 所示。

④ 在【区域】选项卡下,单击【设置区域颜色】按钮,显示区域分析结果。可以看到有问题的"未定义的面"个数为 31,全部为"交叉竖直面"。将全部"交叉竖直面"指派给型芯区域,如图 6-108 所示。完成后关闭此对话框。

06 UG 模具分型设计

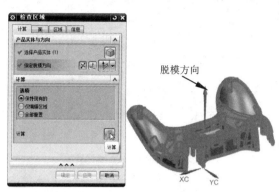
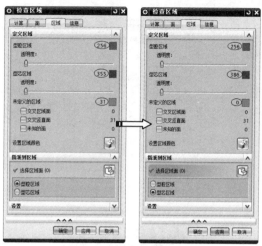

图 6-107 指定脱模方向并执行区域分析　　　图 6-108 区域重新指派的结果

> **技术点拨**
> 由于产品中的破孔位置存在跨区域面，需要进行分割。也就是说上步所得的区域数据是不精确的。

⑤ 鉴于产品中破孔位置存在跨区域面，那么接下来利用 MW【注塑模工具】组中的【拆分面】工具，进行拆分面操作。需要拆分的面有 3 个，如图 6-109 所示。

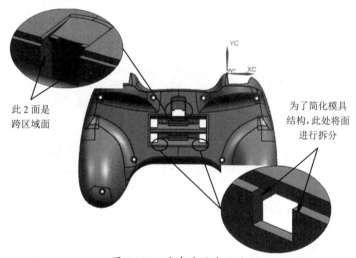

图 6-109 存在跨区域面的孔

⑥ 先拆分 2 个形状、大小都相同的孔的跨区域面。单击【拆分面】按钮，打开【拆分面】对话框。选择【平面/面】类型，选择要分割的面，添加新基准平面后单击【应用】按钮完成拆分，如图 6-110 所示。

⑦ 继续拆分大孔位置一侧的跨区域面，如图 6-111 所示。同理，将另一侧的跨区域面进行拆分。

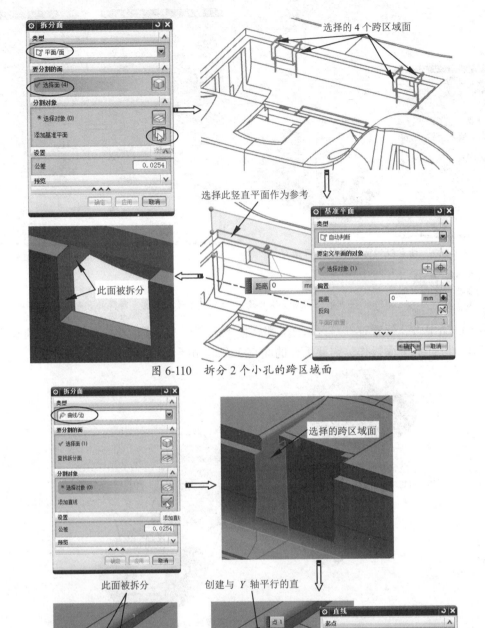

图 6-110 拆分 2 个小孔的跨区域面

图 6-111 拆分大孔位置的跨区域面

⑧ 在手柄一侧的底部中间位置存在"侧穿孔",此处的分型线可以升高作通,利用【拆分面】工具,以【平面/面】类型进行拆分,如图 6-112 所示。

⑨ 重新打开【检查区域】对话框,仅针对区域进行编辑,如图 6-113 所示。

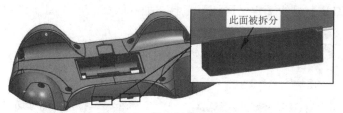

图 6-112　拆分侧穿孔的面

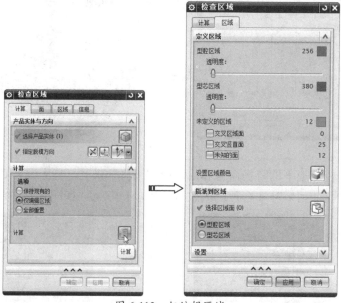

图 6-113　仅编辑区域

⑩ 在【区域】选项卡下，可以看见"未定义的区域"面的个数产生新的变化。那么重新进行区域划分，将 25 个"交叉竖直面"全指派给型芯区域，将 12 个"未知的面"先指派给型芯区域。指派后仔细检查，将拆分后的部分面重新指派给型腔区域，最终结果如图 6-114 所示。

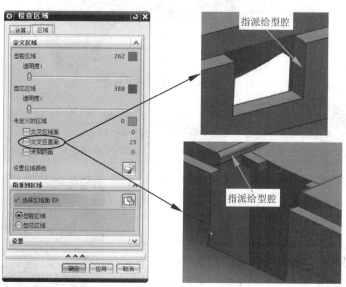

图 6-114　重新定义区域

⑪ 利用【分型刀具】组的【定义区域】工具，抽取区域面，如图6-115所示。

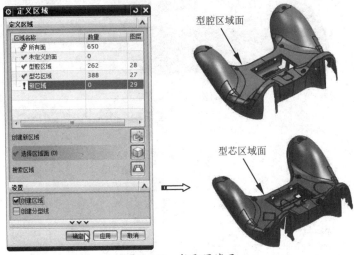

图6-115 抽取区域面

⑫ 接下来利用建模环境下的特征命令和曲面命令来修补破孔。首先修补底部的4个孔。这里介绍一下4个孔如何修补才合理。大致有2种修补方案，如图6-116所示。

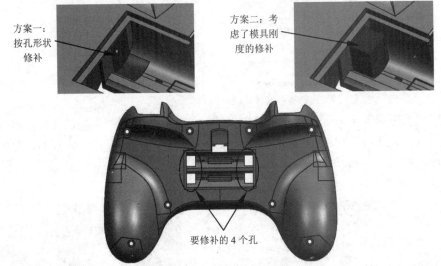

图6-116 2种修补方案

技术点拨

综合上述两种修补方案，方案一虽然使加工变得容易些，但会造成薄钢（翻转产品内部可以看到），久而久之会因模具磨损严重而折断，如图6-117所示。而第二方案却很好地解决了薄钢问题。

⑬ 按第二种方案进行修补。利用【主页】选项卡的【拉伸】工具，创建如图6-118所示的2个拉伸曲面。

⑭ 然后利用【曲面】选项卡的【修剪和延伸】工具，制作拐角特征，完成孔的修补，如图6-119所示。同理，完成其余3个孔的修补。

图6-117 薄钢的解决

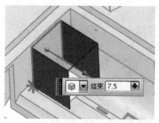

图 6-118 创建拉伸曲面

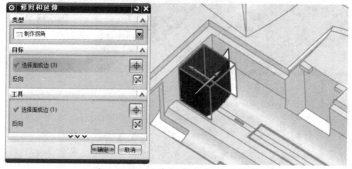

图 6-119 制作拐角完成孔的修补

⑮ 接着利用【N 边曲面】工具,修补 2 个小孔,如图 6-120 所示。

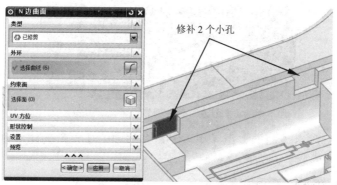

图 6-120 创建 N 边曲面修补 2 个小孔

⑯ 再利用【N 边曲面】工具,修补最大的孔。此孔需要分多次修补,结果如图 6-121 所示。

⑰ 其余 BOSS 柱上的孔也利用【N 边曲面】工具进行修补即可,如图 6-122 所示。

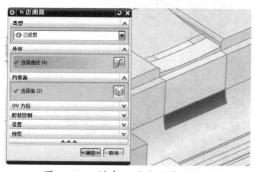
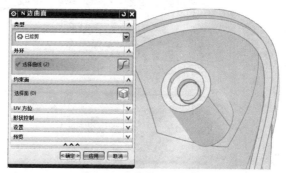

图 6-121 创建 N 边曲面修补大孔   图 6-122 修补 BOSS 柱孔

⑱ 完成孔的修补后,最后设计产品轮廓外的水平延伸分型面。首先利用【拉伸】工具创建如图 6-123 所示的拉伸曲面。

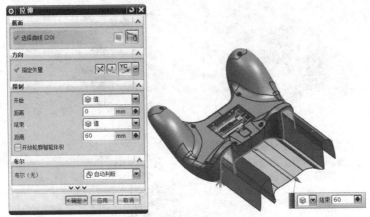

图 6-123　创建拉伸曲面

> **技术点拨**
>
> 其余轮廓边不能再利用【拉伸】工具来创建分型面了，主要是产品底部是相切连续的，并且有弧度。若做成拉伸分型面，转角处会产生角度分型面，增加工艺难度，如图 6-124 所示。所以此处必须做自然平滑过渡。

图 6-124　若创建拉伸曲面，会产生角度分型面

⑲ 利用【曲面】选项卡【曲面】组【更多】命令库中的【条带构建器】工具，创建出如图 6-125 所示的平滑过渡分型面。

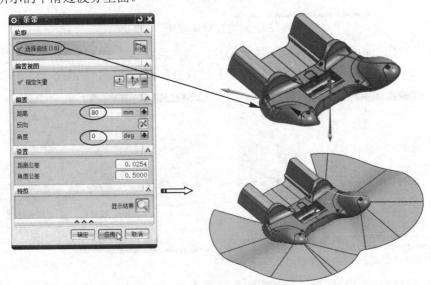

图 6-125　创建平滑过渡分型面

> **技术点拨**
>
> 条带曲面的轮廓线必须是相切连续的。本例产品部分轮廓线不连续，势必不能创建出如图 6-125 所示的条带曲面，需要做细节处理。首先抽取出产品的轮廓线，然后利用【连结曲线】工具将抽取曲线连接成整体曲线，最后利用【光顺样条】工具设置曲线的相切连续。完成一系列的操作后，才能正确创建出条带曲面，如图 6-126 所示。

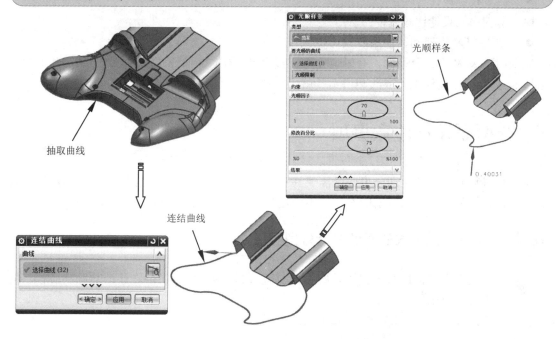

图 6-126 解决不能创建条带曲面的方法

⑳ 最后利用【N 边曲面】工具，修补拉伸曲面和条带曲面之间的缺口，如图 6-127 所示。

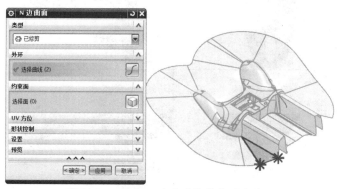

图 6-127 创建 N 边曲面修补分型面缺口

㉑ 至此，完成了本例游戏手柄的分型面设计。

6.4.4 在 MW 环境下利用自动分型工具设计分型面

这种分型面设计方法应用比较有局限性，主要是许多工厂把模具设计分成几个部分：模具分模、模架及系统设计、数控编程。不同部分由相关专业人员进行设计。所以专注于模具分模设计的人员一般不选择这样的设计方法。

此方法缺点如下：
- 文件占用内存较大，管理较麻烦；
- 对于较为复杂的产品，分型面设计过程非常烦琐，也有无法完成的情况。

其优势在于：
- 做多模腔设计方便；
- 型腔布局设计比较方便；
- 利用 MW 模架和其他系统设计也比较方便。

完全利用 MW 设计分型面，有时也无法完成设计。例如前面 6.4.2 节中的产品，其中间破孔若用 MW 分型面设计工具或注塑模工具就无法修补。

6.5 分型面设计注意事项

本节将着重介绍设计合理分型面所需要注意的事项。这些事项中有按照分型面的选择原则进行的，也有根据工程经验做出的参考。下面用实例操作来辅助讲解分型面设计注意事项。

案例 ——在产品最大截面处设计分型面

将分型面设计在产品的最大投影轮廓边缘位置（最大截面位置），能让产品顺利脱模，同时也能减小模具的复杂结构程度。

① 打开本例产品模型"6-8.prt"，如图 6-128 所示。

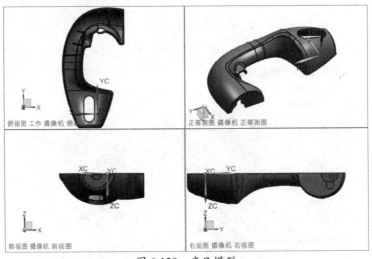

图 6-128 产品模型

② 首先利用【计算面积】工具计算产品在各方向投影的面积。在【注塑模工具】工具条上单击【计算面积】按钮 ，弹出【计算面积】对话框。首先分析以 ZC 轴为投影矢量的面积，如图 6-129 所示。

> **技术点拨**
> 经过从 3 个不同矢量方向进行投影，所得的最大面积就是以 ZC 轴方向进行投影计算所得的面积，那么 ZC 轴方向也就确定为产品的脱模方向。以后的设计工作都将围绕这个结论展开。

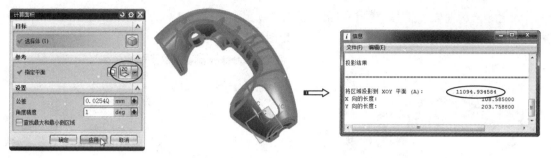

图 6-129 计算 ZC 轴矢量方向的投影面积

③ 接下来计算 XC 轴和 YC 轴矢量方向的投影面积，结果如图 6-130 所示。

图 6-130 计算 XC、YC 矢量方向的投影面积

④ 利用【注塑模工具】工具条中的【拆分面】工具，以【曲线/边】类型拆分如图 6-131 所示的孔面。

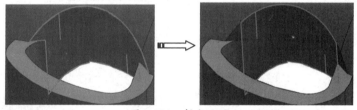

图 6-131 拆分孔面

> **技术点拨**
>
> 由于本产品结构相对较简单，没有复杂的模具结构。所以型腔区域和型芯区域很好区分，也就无须再进行区域分析和拔模分析了。

⑤ 在上边框条中执行【菜单】|【插入】|【关联复制】|【抽取体】命令，弹出【抽取体】对话框。然后选择型腔区域（产品外侧区域）的面，如图 6-132 所示。

图 6-132 抽取型腔区域的面

⑥ 利用【N边曲面】工具，修补产品中的2个破孔，如图6-133所示。
⑦ 首先创建产品半月形内部的拉伸曲面，如图6-134所示。

图6-133 修补破孔

图6-134 创建拉伸曲面

⑧ 利用【基准平面】工具，以"点和方向"类型创建出如图6-135所示的基准平面。
⑨ 利用【曲线】工具条的【直线】工具，创建如图6-136所示的直线。

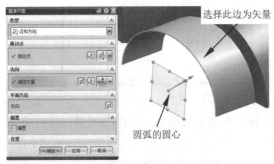

图6-135 创建基准平面

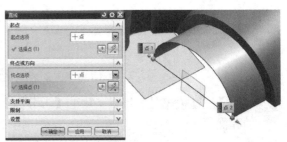

图6-136 创建直线

⑩ 再利用【基准平面】工具，以"成一角度"类型，选择前面创建的基准平面作为平面参考，再选择直线作为旋转轴，然后创建如图6-137所示的倾斜的基准平面。
⑪ 利用【修剪片体】工具，以倾斜的基准平面来修剪拉伸的曲面，结果如图6-138所示。

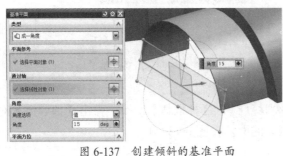

图6-137 创建倾斜的基准平面

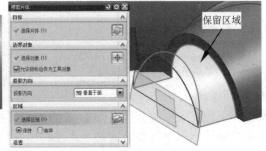

图6-138 修剪拉伸曲面

⑫ 利用【N边曲面】工具先修补修剪的拉伸曲面，然后再修补从半月形内部的区域，如图6-139所示。

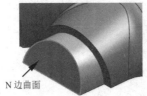

图6-139 N边曲面修补

> **技术点拨**
> 利用 N 边曲面工具修补时，如果一次不能完全修补，可以分多次进行，直至修补完成。

⑬ 最后用【拉伸】工具创建 4 个矢量方向上的拉伸曲面。最终分型面设计完成的结果如图 6-140 所示。

图 6-140　创建拉伸曲面

案例——如何设计斜面分型面

对于分型面为斜面时不宜直接做斜坡，因为熔料在填充过程中有强大的充填压力，使模具部件产生位移，进而会导致制品变形或制品精度不高等问题，所以不可取。如图 6-141 所示的图 1 即是这种情形。因此通常采用的做法为后两种情况，两边做平台（止口）或在斜面下方做虎口，以防止滑坡。

① 打开本例产品模型"6-9.prt"，如图 6-142 所示。

图 6-141　斜面分型面　　　　　　　　图 6-142　产品模型

② 鉴于整个分型面设计过程较烦琐，下面仅介绍延伸/拉伸分型面的设计过程。利用【直线】工具创建如图 6-143 所示的直线。

③ 在【注塑模工具】工具条中单击【扩大曲面补片】，弹出【扩大曲面补片】对话框。选择产品底部面来创建扩大曲面，如图 6-144 所示。

 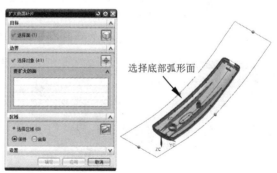

图 6-143　创建直线　　　　　　　　图 6-144　选择底部面来修补孔

> **技术点拨**
> 利用【扩大曲面补片】工具来创建延伸曲面要比【修剪和延伸】工具快得多。

④ 在【设置】选项区中取消【更改所有大小】复选框，拖动 V 向控制点（起点和终点），使曲面再扩大，如图 6-145 所示。

⑤ 在【边界】选项区中激活【选择对象】命令，然后按住 Shift 键选择所有边界（意思即为取消默认的边界），如图 6-146 所示。

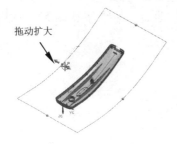
图 6-145 拖动 V 向控制点扩大曲面

图 6-146 选择所有边界

> 技术点拨
> 要想显示 UV 控制点，在选择目标曲面之后，还要再激活【选择面】命令才可以显示。

⑥ 依次选择产品的外轮廓边作为新的边界，如图 6-147 所示。
⑦ 在【区域】选项区中激活【选择区域】命令，然后选择要保留的扩大曲面，最后单击【确定】按钮完成扩大曲面的修剪，如图 6-148 所示。

图 6-147 重新选择边界

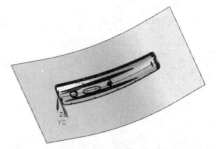
图 6-148 修剪扩大曲面

> 技术点拨
> 如果需要修改扩大曲面的面积，可以在部件导航器中回滚编辑"扩大曲面"。

⑧ 利用【基准平面】工具，创建如图 6-149 所示的新基准平面。
⑨ 同理，在另一侧也创建一个新基准平面，如图 6-150 所示。

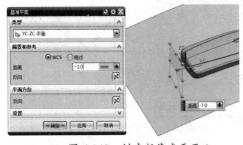
图 6-149 创建新基准平面 1

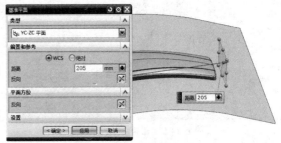
图 6-150 创建新基准平面 2

⑩ 利用【修剪片体】工具，把 2 个新基准平面修剪扩大曲面，结果如图 6-151 所示。

> 技术点拨
> 基准平面修剪扩大曲面后保留的 10mm 区域为有效的封胶距离。

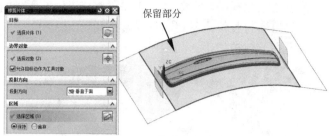

图 6-151　修剪扩大曲面

⑪ 利用【拉伸】工具,创建如图 6-152 所示的拉伸曲面。同理,在另一侧也创建相同距离的拉伸曲面。

⑫ 在侧孔位置也创建拉伸距离为"55"的曲面,如图 6-153 所示。

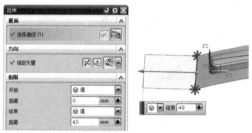

图 6-152　创建拉伸曲面　　　　　　　图 6-153　创建侧孔的拉伸曲面

⑬ 再将侧孔的拉伸曲面向下拉伸,与先前创建的曲面相交,如图 6-154 所示。

⑭ 利用【缝合】工具将如图 6-155 所示的曲面缝合。

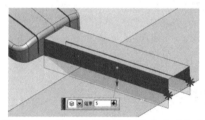

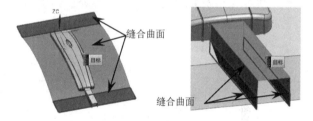

图 6-154　创建拉伸曲面与其他曲面相交　　　图 6-155　缝合曲面

⑮ 利用【修剪和延伸】工具,将两两相互缝合的曲面制作拐角。得到最终的斜面分型面,如图 6-156 所示。

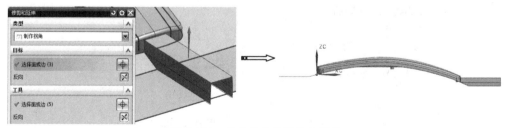

图 6-156　创建完成的斜面分型面

案例——如何设计曲面分型面

当选用的分模面具有单一曲面(如柱面)特性时,要求按图 6-157(b)所示的形式即按曲面的曲率方向伸展一定距离建构分模面。否则会形成如图 6-157（a）所示的不合理结构，产生尖钢及尖角形的封胶面，尖角形封胶位不易封胶且易于损坏。

此外，尖角封胶位也不利于数控加工。

图 6-157　曲面分型面

> **技术点拨**
> 前面 6.4.3 中所设计的分型面也是曲面分型面。

① 打开本例产品模型"6-10.prt"。产品为双色牙刷，如图 6-158 所示。很明显，牙刷产品中的分型线不明显，需要找出。

图 6-158　牙刷

② 因拔模方向与 Z 轴不合，需要做变换操作，如图 6-159 所示。选中牙刷模型，然后在菜单栏中执行【编辑】|【移动对象】命令，打开【移动对象】对话框。

图 6-159　需要调整产品的方向

③ 在显示的坐标系中激活旋转轴柄（绕 *XC* 轴旋转），输入旋转角度为 90，然后单击【确定】按钮完成模型的旋转，结果如图 6-160 所示。

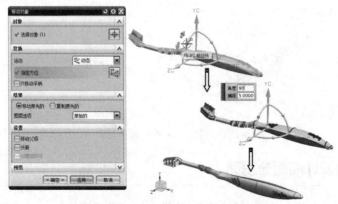

图 6-160　完成模型的旋转

> **技术点拨**
>
> 如果要移动变换的对象中有父子关系的参数，那么在【移动对象】对话框的【设置】选项区中勾选【移动父项】复选框，反之则取消勾选。

④ 在上边框条中执行【菜单】|【分析】|【检查区域】命令，打开【检查区域】对话框。由于拔模方向与 ZC 轴不一致，因此需要指定新的拔模方向，如图 6-161 所示。

> **技术点拨**
>
> 为什么拔模方向与绝对坐标系不一致呢？这是因为拔模方向是由工作坐标系来确定的。很明显本产品的工作坐标系与绝对坐标系不吻合，需要重新定向工作坐标系。

⑤ 关闭【检查区域】对话框。单击【显示 WCS】命令，显示工作坐标系，如图 6-162 所示。

图 6-161 错误的拔模方向

图 6-162 显示 WCS

⑥ 双击 WCS，单击【WCS 定向】命令，然后在弹出的【CSYS】对话框中选择【绝对 CSYS】类型，单击【确定】按钮后，WCS 与 CSYS 重合，如图 6-163 所示。

⑦ 在上边框条中执行【菜单】|【分析】|【检查区域】命令，打开【检查区域】对话框。单击【计算】按钮执行分析，如图 6-164 所示。

图 6-163 重定向 WCS

图 6-164 计算分析产品

⑧ 在【面】选项卡下，单击【面拔模分析】按钮，打开【拔模分析】对话框，选择牙刷产品进行分析。

⑨ 在【拔模分析】对话框的【脱模方向】选项区中激活【指定矢量】命令，然后选择如图 6-165 所示的矢量。

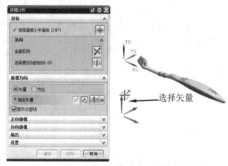
图 6-165 选择拔模分析的拔模矢量

> **技术点拨**
>
> 矢量轴是参考绝对坐标系而建立的。如果有些产品的拔模方向不好确定，可以直接选择筋、肋、BOSS 柱等面作为参考。

⑩ 随后程序自动分析并在模型上显示投影的分型线（绿色与红色的交界线），如图 6-166 所示。

⑪ 在对话框的【输出】选项区中选择【等斜度】单选按钮,并勾选【连结等斜度曲线】复选框,单击【确定】按钮完成拔模分析,如图6-167所示。

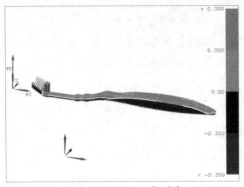

图 6-166 显示分型线　　　　　　　图 6-167 选择输出选项

> 技术点拨
> 角度大于0°的面为型腔区域,小于0°的面为型芯区域,等于0°的面可根据实际情况来指定区域。

⑫ 但是将牙刷头部放大显示后,会发现投影的分型线在局部位置表现得并不平顺,这让分型面变得不易加工,如图6-168所示。

> 技术点拨
> 显然,不平顺的分型线不能用来拆分产品面。需要重新处理这段分型线。

⑬ 下面的工作就是清理分型线。先将多余的分型线删除,如图6-169所示。

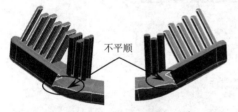

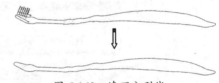

图 6-168 不平顺的分型线　　　　　图 6-169 清理分型线

> 技术点拨
> 由于断开的分型线较多,会出现一些不平顺的情况,在选择分型线进行拉伸的时候,需要根据实际的产品形状来选择。也就是某些段的分型线可能不会利用,而是选择产品的边线,原则是要让分型面平顺。

⑭ 除头部的分型线外,将其余断开的分型线用直线连接。将头部断开部分的分型线删除,如图6-170所示。

⑮ 用直线重新连接,然后在2条直线上创建基准平面,如图6-171所示。

⑯ 最后进行面拆分操作。利用【注塑模工具】中的【拆分面】命令,用分型线和基准平面来拆分没有分界线的产品表面。

⑰ 产品面拆分后,接着可以指派区域了。同样再利用【检查区域】命令,在【区域】选项卡下,将"交叉区域面"和"交叉竖直面"全部指派给型腔侧,将"未知的面"指派给型芯侧,如图6-172所示。本应是型芯侧的面,被指派给了型腔区域,需要重新指派给型芯。最后关闭【检查区域】对话框。

06　UG模具分型设计

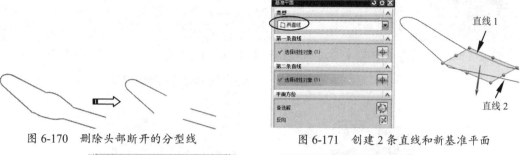

图 6-170　删除头部断开的分型线　　　　图 6-171　创建 2 条直线和新基准平面

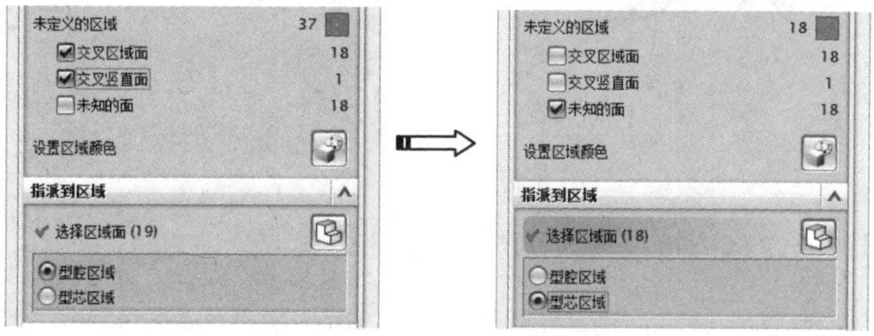

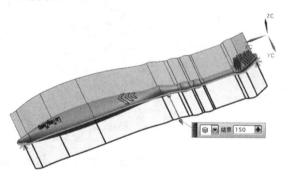

图 6-172　指派未定义的区域

> **技术点拨**
>
> 由于牙刷是双色产品，两种颜色之间存在间隙。这些间隙位置的面没有进行拆分，如果要拆分，可以将连接直线投影到间隙面上再分割即可。由于本例仅仅讲解拉伸或延伸部分分型面，所以就没有必要详细介绍分割操作了。

⑱ 现在该创建拉伸或延伸的分型面了。利用【拉伸】命令，先创建出+YC 和-YC 方向侧的拉伸分型面，如图 6-173 所示。

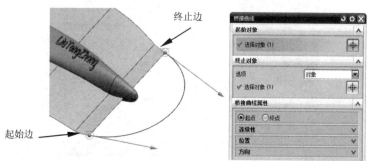

图 6-173　创建拉伸分型面

⑲ 利用【曲线】工具条的【桥接曲线】工具，创建如图 6-174 所示的桥接曲线。

图 6-174　创建桥接曲线

> **技术点拨**
> 牙刷头部和尾端不能直接拉伸，否则会产生尖角，所以需要做光顺的分型面。

⑳ 利用【曲面】工具条中的【通过曲线网格】工具，创建如图 6-175 所示的网格曲面。

图 6-175 创建网格曲面

㉑ 同理，在头部也创建出桥接曲线，如图 6-176 所示。

> **技术点拨**
> 头部由于具有倾斜特点，所以不能直接向-XC 方向拉伸，需要延伸一段距离，方可拉伸。

㉒ 利用【曲面】工具条的【艺术曲面】工具，创建如图 6-177 所示的曲面。

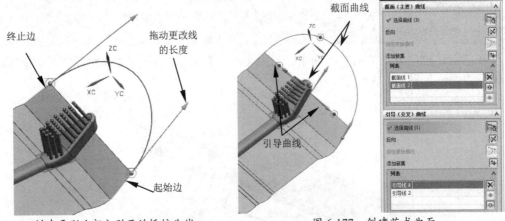

图 6-176 创建牙刷头部分型面的桥接曲线　　　图 6-177 创建艺术曲面

㉓ 利用【基准平面】工具，以"点和方向"类型创建如图 6-178 所示的新基准平面。

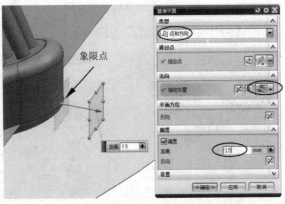

图 6-178 创建新基准平面

> **技术点拨**
> 为了能顺利地捕捉到头部圆形边线上的点，须在选择条上激活"象限点"约束。

㉔ 利用【特征】工具条上的【修剪片体】工具，以新基准平面将头部的斜分型面修剪，如图6-179所示。

㉕ 最后利用【拉伸】工具，创建修剪后的拉伸曲面，如图6-180所示。

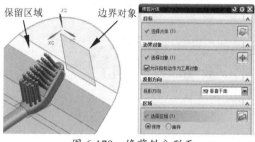

图6-179 修剪斜分型面

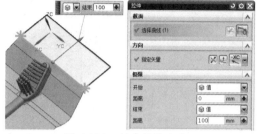

图6-180 创建拉伸曲面

㉖ 利用"缝合"工具将所有的分型曲面缝合成整体。然后对牙刷头部的拉伸曲面进行倒圆处理，如图6-181所示。至此，牙刷产品的曲面分型面已经全部完成，结果如图6-182所示。

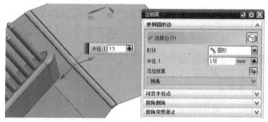

图6-181 倒圆处理

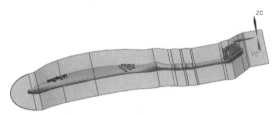

图6-182 牙刷的曲面分型面

> **技术点拨**
> 由此案例我们可以清楚地知道，任何产品在做分模工作前，必须先了解分型线。始终考虑保持分型面的光顺性和可加工性等问题。

案例——处理分型面的转折位问题

在此所说的"转折位"是指不同高度上的分型面为了与基准平面相接而形成的台阶面，如图6-183所示。

台阶面要求尽量平坦，图示尺寸"A"一般要求大于15°，合模时允许此面避空。转角R优先考虑加工刀具半径，一般$R \geq 3.0mm$。

① 打开本例产品模型"6-11.prt"，产品如图6-184所示。

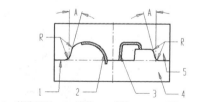

1—基准平面 2—型腔1 3—型腔2 4—后模 5—前模

图6-183 分模面转折位

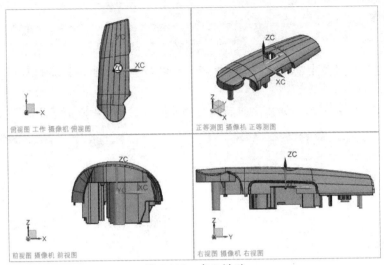

图 6-184 产品模型

> 💡 技术点拨
>
> 对于本案例的产品,在对表面的精度要求不是很高的情况下,允许有少许的"夹线"产生——即产品外表面有分型线,产品成型后会有夹线痕迹。

② 首先是利用【检查区域】工具对产品进行区域分析,结果如图 6-185 所示。

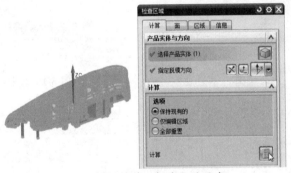

图 6-185 计算分析产品的区域

③ 在【区域】选项卡中,将未定义的面全部指派给型芯。

④ 关闭【检查区域】对话框。下面来解析产品的几个部位如何做分型面。首先观察如图 6-186 所示的部位,理论上所选的竖直面应该在型芯侧,表面精度有保证。因此,将其指派给型芯区域是正确的。但是这样一来,所产生的分型面就会有很大的尖角,这是绝对不允许的。

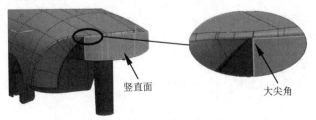

图 6-186 观察第 1 处尖角

> 💡 技术点拨
>
> 然而即使是指派给了型芯侧,也还是有尖角,因此还需进一步进行圆滑过渡。

⑤ 其次观察如图 6-187 所示的部位，如果直接拉伸成分型面，此处也会产生较大尖角。

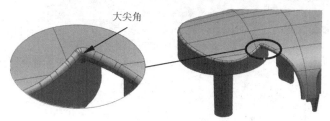

图 6-187　观察第 2 处尖角

> **技术点拨**
> 此处的尖角该怎么处理呢？主要是做圆滑过渡，使分型面不带尖角。由此本例的分型面设计的最大难点就在于此。

⑥ 下面详细讲解两处有尖角的分型面设计过程。首先修改第 1 个尖角，如图 6-188 所示。此尖角需要重新创建桥接曲线来分割尖角面。

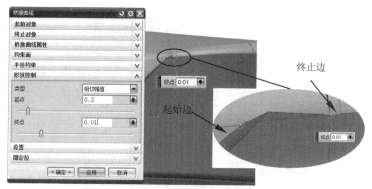

图 6-188　创建桥接曲线

⑦ 利用【拆分面】命令，用桥接曲线来拆分尖角面，如图 6-189 所示。
⑧ 利用【拉伸】工具，创建如图 6-190 所示的拉伸曲面。

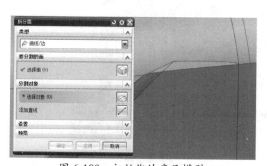

图 6-189　初始化的产品模型

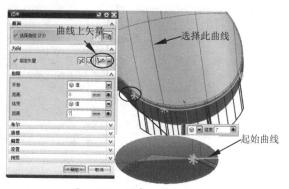

图 6-190　创建拉伸曲面

> **技术点拨**
> 选择产品上的曲线作为拉伸的矢量参考，是符合斜面分型面延伸一定距离要求的。如果以水平方向拉伸，会使分型面不光顺。另外，由于产品在造型时缝合公差大而造成许多处选取的边线不连续，因此可以自行创建桥接曲线来连接。

⑨ 利用【直线】工具创建直线，如图 6-191 所示。

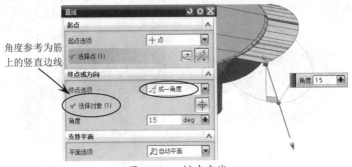

图 6-191 创建直线

⑩ 利用【拉伸】工具创建如图 6-192 所示的拉伸曲面。

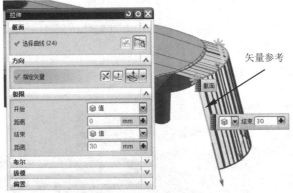

图 6-192 创建模具坐标系

技术点拨

对于非直线截面的拉伸曲面，利用【拔模】命令来创建斜面是比较困难的。更何况本产品边界很多都是不连续的。

⑪ 创建 2 条直线，然后利用 2 条直线来创建 1 个基准平面，如图 6-193 所示。

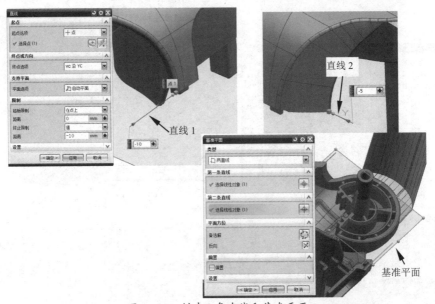

图 6-193 创建 2 条直线和基准平面

> **技术点拨**
> 在创建直线时,将视图切换至俯视图,这样能比较方便地将直线终点往-YC方向拖动。

⑫ 利用【拉伸】工具创建如图 6-194 所示的拉伸曲面。

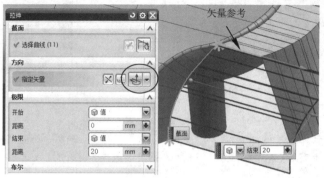

图 6-194　创建拉伸曲面

⑬ 利用【修剪和延伸】命令,以"制作拐角"的方式修剪斜拉伸曲面和上步创建的拉伸曲面,如图 6-195 所示。

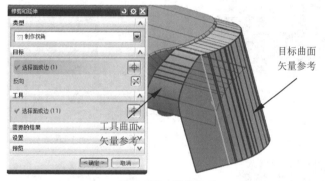

图 6-195　修剪曲面

> **技术点拨**
> 选择目标曲面时,请将选择约束设置为"单个面",否则不能正确修剪曲面。

⑭ 利用【修剪片体】命令,以基准平面作为修剪工具将斜的拉伸曲面修剪,结果如图 6-196 所示。至此,第 1 尖角位置的分型面设计完成。

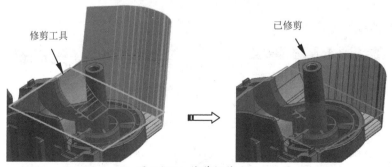

图 6-196　修剪拉伸曲面

⑮ 在前面新建的基准平面上绘制如图 6-197 所示的草图样条曲线。

⑯ 然后将绘制的草图用【投影曲线】命令投影到拉伸曲面上，如图6-198所示。

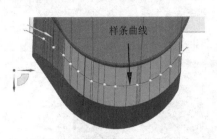
图6-197 绘制草图样条曲线

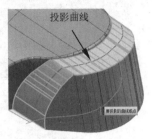
图6-198 投影草图到拉伸曲面上

> **技术点拨**
> 样条控制点选取拉伸曲面上的曲线的中点。在投影曲线时，由于拉伸曲面中部分曲面缝合时造成了烂面，使其投影的曲线没有在烂面上，因此需要利用【曲面上的曲线】工具来创建烂面上的曲线。

⑰ 同理，在 ZC-XC 平面上绘制草图，并将草图投影在如图6-199所示的斜曲面上。

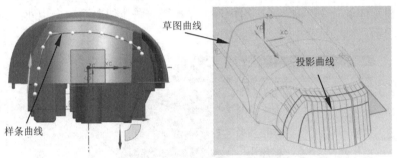
图6-199 绘制草图并投影草图曲线

⑱ 利用【修剪片体】工具修剪拉伸曲面和斜曲面，如图6-200所示。

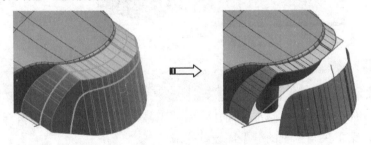
图6-200 修剪曲面

⑲ 利用【桥接曲线】工具创建2条桥接曲线，如图6-201所示。

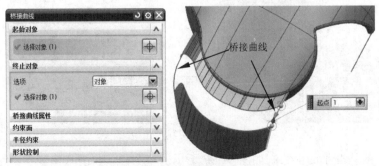
图6-201 创建桥接曲线

⑳ 利用【通过曲线网格】工具，创建如图 6-202 所示的网格曲面，网格曲面与修剪的曲面两侧分别相切约束（G1）。

㉑ 完成第 1 个尖角的分型面设计后，接着设计第 2 个尖角位置的分型面。利用【桥接曲线】工具创建如图 6-203 所示的桥接曲线。

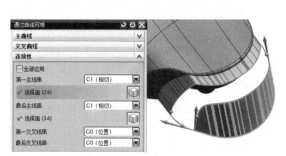

图 6-202 创建网格曲面

图 6-203 创建桥接曲线

技术点拨

第 2 个尖角的分型面设计是基于第 1 个尖角分型面进行创建的。

㉒ 最后利用【通过曲线网格】工具来完成分型面（转折位）的设计，如图 6-204 所示。

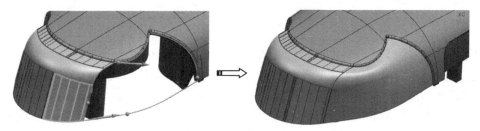

图 6-204 创建网格曲面

㉓ 现在该创建产品的所有拉伸分型面了。利用【拉伸】工具创建完成的拉伸分型面如图 6-205 所示。

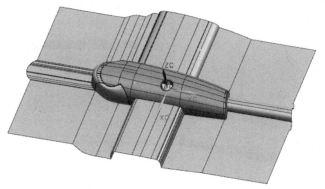

图 6-205 最终创建完成的拉伸分型面

技术点拨

本例产品的分型面设计需要注意的问题比较多，既要考虑第 1 个尖角位如何处理，又要考虑如何将第 2 个尖角的分型面设计得更为合理。希望大家在参考本例后，拿到产品时一定要仔细分析，直至得出最佳设计方案。

案例 ——使制件留在动模侧的分型面

许多时候都会碰到深度浅的产品，这类产品首先考虑的是产品的外观质量要求，本例的产品属于要求高的产品。将产品制件留在动模侧，符合产品顶出、取出较为容易的设计思想。

① 打开本例产品模型"6-12.prt"。产品模型如图 6-206 所示。

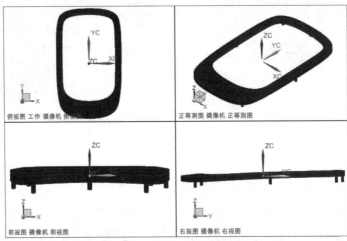

图 6-206　产品模型

② 利用【检查区域】工具对产品进行区域分析，结果如图 6-207 所示。
③ 从结果中可以看出，有 4 个竖直面未定义。定义之前需要分析一下产品。竖直面在产品的内侧破孔和外侧，要想使产品留在动模侧，内侧竖直面须指派给型芯。但是外侧竖直面如果也全部指派给型芯，会造成注塑时产品周边出现披锋（即常说的毛刺），从而致产品形状发生变化，这是不可取的。唯一的方法就是将产品外侧竖直面分割成 2 部分，分型面就在分割线上。
④ 先将所有竖直面指派给型芯，然后关闭【检查区域】对话框。
⑤ 在上边框条中执行【菜单】|【插入】|【关联复制】|【抽取几何体】命令，抽取产品型芯侧的曲面，如图 6-208 所示。

图 6-207　区域分析结果

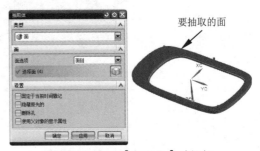

图 6-208　打开【抽取体】对话框

⑥ 利用【修剪和延伸】工具，基于抽取的曲面来创建延伸曲面，如图 6-209 所示。

> **技术点拨**
>
> 创建延伸曲面时必须勾选【作为新面延伸（保留原有的面）】复选框，所得的延伸曲面将与原曲面断开，便于后续操作。要想与原曲面彻底断绝父子关系，必须利用【移除参数】工具移除两者之间的参数关系。在本例中，原曲面可以利用【修剪片体】工具修剪掉。

⑦ 利用【条带构建器】工具，在延伸曲面周边创建偏置距离为 40 的条带曲面，如图 6-210 所示。

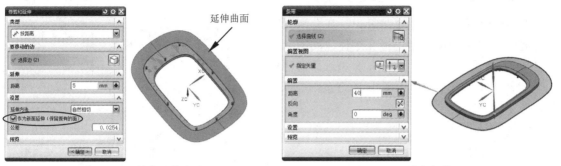

图 6-209　创建延伸曲面　　　　　　　图 6-210　创建条带曲面

⑧ 利用【缝合】工具缝合延伸曲面和条带曲面，如图 6-211 所示。
⑨ 在上边框条中执行【菜单】|【编辑】|【移动对象】命令，然后将缝合后的曲面向+ZC 轴平移 0.8，如图 6-212 所示。

图 6-211　缝合曲面　　　　　　　图 6-212　平移缝合的曲面

技术点拨

在平移时，必须勾选【关联】复选框，否则将弹出无法移动的警报，如图 6-213 所示。

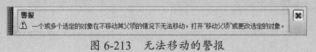

图 6-213　无法移动的警报

⑩ 移动曲面后，再利用【拆分面】工具，将产品侧面进行拆分，如图 6-214 所示。

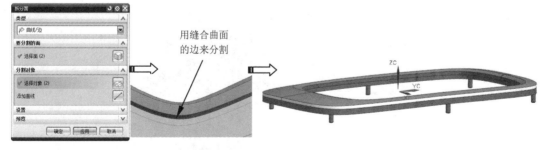

图 6-214　拆分侧面

技术点拨

在拆分面时，如果弹出【拆分面】的错误提示对话框，建议先移除缝合曲面的参数。

⑪ 将拆分后的面再重新指派区域，至此完成了本例产品的分型面设计过程。

案例 ——设计有利于排气的分型面

模具内气体的排出主要是靠设计在分型面上的排气槽，所以分型面应当选择在熔体流动的末端。如图 6-215 所示，图 a 的方案中，分型面距离浇口太近，容易造成排气不畅；而图 b 的方案则可以保证排气顺畅。

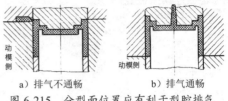

a）排气不通畅　　b）排气通畅

图 6-215　分型面位置应有利于型腔排气

> **技术点拨**
> 模具的排气，除了在分型面设计时需要注意，还应在分型面开设排气槽。模具中的顶出系统也能帮助排气。

① 打开本例练习的产品模型"6-13.prt"，如图 6-216 所示。
② 首先进行区域分析，在上边框条中执行【菜单】|【分析】|【检查区域】命令，打开【检查区域】对话框，对产品进行区域分析，结果如图 6-217 所示。

> **技术点拨**
> 从区域分析的结果看，有 2 个竖直面，恰好是产品最外侧的面。如果将分型面设计在竖直面上边，就会造成排气不畅，因此，设计在竖直面下边是合理的。

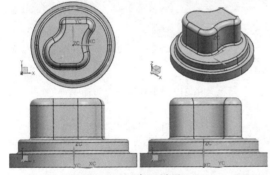

图 6-216　产品模型

图 6-217　区域分析

③ 将未定义的竖直面指派给型腔区域，然后关闭对话框。
④ 利用【抽取体】工具，抽取型芯区域的面，如图 6-218 所示。

图 6-218　抽取区域面

⑤ 隐藏产品。然后利用【修剪和延伸】工具创建出如图 6-219 所示的延伸曲面。

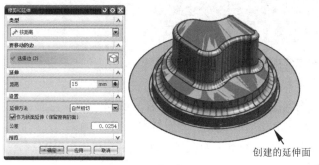

图 6-219 创建延伸曲面

⑥ 利用【拉伸】工具，在延伸曲面边缘创建-ZC 方向拔模的拉伸曲面，如图 6-220 所示。

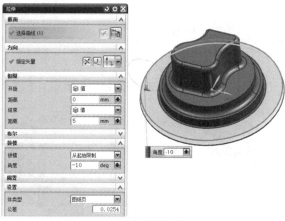

图 6-220 创建拔模的拉伸曲面

> **技术点拨**
>
> 为什么要创建拔模的拉伸曲面呢？是因为此处需要做一个台阶分型面。台阶分型面的主要作用有 3 个：第一是为了防止型腔与型芯侧向滑动，保证了同轴度；第二个作用是可以开设排气槽，缩短排气的距离；第三是接触面变小了，合模力增加了。

⑦ 利用【条带构建器】工具创建最后的分型面部分，结果如图 6-221 所示。

⑧ 利用【缝合】工具，将所有曲面缝合。然后对台阶面进行倒圆，并最终完成本产品分型面的设计，如图 6-222 所示。

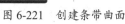

图 6-221 创建条带曲面　　　　　图 6-222 倒圆处理分型面

> **技术点拨**
>
> 值得注意的是，只要是手动创建的分型面，而且在不能影响产品形状的情况下，全部进行倒圆处理。

案例——设计平衡侧压力的分型面

由于型腔产生的侧向压力不能自身平衡，容易引起前、后模在受力方向上的错动，一般采用增加斜面锁紧，利用前后模的刚性，平衡侧向压力，如图 6-223 所示，锁紧斜面在合模时要求完全贴合。

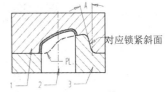

图 6-223　平衡侧向压力的分型面

① 打开本例练习的产品模型"6-14.prt"，如图 6-224 所示。

> **技术点拨**
>
> 此产品就是一个典型的需要做锁紧防滑分型面的范例。同时又具备斜面分型面及曲面分型面的分型面设计特点。

② 从打开的模型可以看出，WCS 需要做旋转变换操作，如图 6-225 所示。

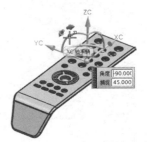

图 6-224　产品模型　　　　图 6-225　旋转 WCS

③ 利用【检查区域】工具对产品进行区域检查，结果如图 6-226 所示。

图 6-226　检查区域

④ 从区域分析的结果看，产品中未定义的面比较多，主要是产品的边界轮廓不明显。首先将"未知的面"指派给型腔，将"交叉区域面"指派给型芯。"交叉竖直面"暂时不指派。然后单击【确定】按钮关闭对话框。

> **技术点拨**
>
> 从交叉区域面的分布情况看，主要在产品的 4 大角。其中左侧交叉区域面必须拆分并重新划分区域，否则脱模时会刮伤产品。而右侧的交叉区域可以做侧向分型机构来辅助脱模，因此右侧交叉区域面不做处理，直接指派给型腔。

⑤ 现在我们来观察交叉区域在产品中的分布情况，先将视图切换至俯视图，如图 6-227 所示。

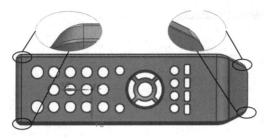

图 6-227　查看交叉区域的分布

⑥ 接下来进行拆分面操作。首先在较为平坦的左侧来拆分面，由于是对称型的产品，仅介绍一侧的拆分。利用【桥接曲线】工具，创建如图 6-228 所示的桥接曲线。

> **技术点拨**
>
> 做拆分面所用的曲线不能直接从两点创建直线或样条，以免产生尖角。这些小的细节决定了产品的质量。

⑦ 利用【投影曲线】工具将桥接曲线投影到交叉区域面上，如图 6-229 所示。

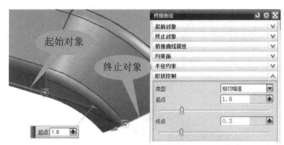

图 6-228　创建桥接曲线

图 6-229　投影曲线

> **技术点拨**
>
> 在确定投影曲线是否就是俯视图中的外形轮廓线时，可以随时切换视图观察，如果两者之间不重合，可以调整桥接曲线的幅值。如果偏差不大，也是可行的。

⑧ 利用【注塑模工具】工具条中的【拆分面】工具，或者利用【特征】工具条中的【分割面】工具，将交叉区域面拆分，如图 6-230 所示。同理，将另一侧的交叉区域面也做拆分。

图 6-230　拆分交叉区域面

⑨ 现在重新指派未定义的交叉区域面,如图 6-231 所示。重新指派区域后,下面进行分型面的设计。

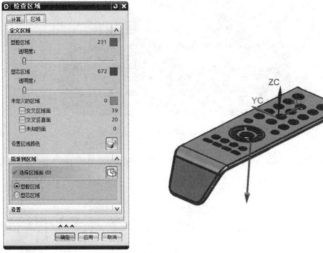

图 6-231　重新指派区域

> 技术点拨
>
> 仔细查看产品底部的斜面,均符合做斜面分型面的要求。因此两端必须设计成"沿斜面延伸一段距离(包胶位)再拉伸成水平分型面"。

⑩ 利用【模具分型工具】工具条上的【定义区域】工具,抽取型芯区域面,如图 6-232 所示。

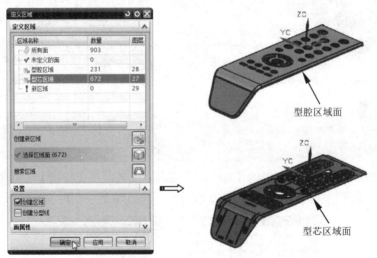

图 6-232　抽取型芯区域曲面

⑪ 暂将产品隐藏。然后利用【拉伸】命令,在产品平坦一侧创建如图 6-233 所示的拉伸曲面。
⑫ 利用【直线】工具创建中点连接线段,如图 6-234 所示。
⑬ 再利用【修剪片体】工具,以直线来修剪拉伸的曲面,如图 6-235 所示。

> 技术点拨
>
> 要保留的拉伸曲面的长度(即封胶距离)大于或等于 3mm。可以根据实际产品的结构、形状来确定。

06 UG 模具分型设计

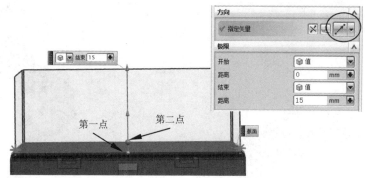

图 6-233 创建拉伸曲面

图 6-234 创建中点直线

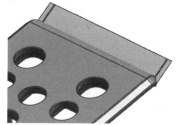

图 6-235 修剪拉伸曲面

⑭ 利用【拉伸】工具，在修剪的曲面基础之上再创建拔模角度的曲面，如图 6-236 所示。

> **技术点拨**
> 有拔模斜度的拉伸曲面，其角度一般为 10°～15°，斜度越大，平衡效果越差。

⑮ 利用【缝合】工具缝合两个曲面。然后对其进行倒圆处理，结果如图 6-237 所示。

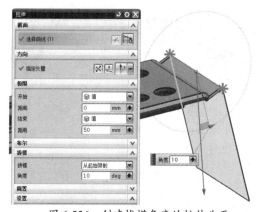

图 6-236 创建拔模角度的拉伸曲面

图 6-237 缝合曲面并创建圆角

⑯ 利用【修剪和延伸】工具创建如图 6-238 所示的延伸曲面。

> **技术点拨**
> 由于抽取的型芯区域面的边界不连续，无法全部进行延伸。所以部分进行延伸、部分进行拉伸。

⑰ 利用【拉伸】工具创建如图 6-239 所示的拉伸曲面。

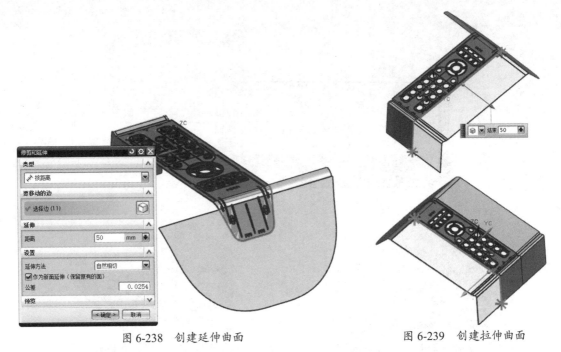

图 6-238　创建延伸曲面　　　　　图 6-239　创建拉伸曲面

⑱ 利用【测量距离】工具测量产品斜面端的底部与 WCS 坐标平面的高度。以这个高度再来确定斜面的延伸距离，如图 6-240 所示。

⑲ 以"测量的高度（30）+延伸距离长度（5）=35"作为偏置距离，创建一个基准平面，如图 6-241 所示。

图 6-240　测量距离　　　　　图 6-241　创建新基准平面

⑳ 利用【修剪片体】工具，以基准平面来修剪两端的斜面，如图 6-242 所示。

㉑ 利用【拉伸】工具，创建两端的水平拉伸曲面，如图 6-243 所示。

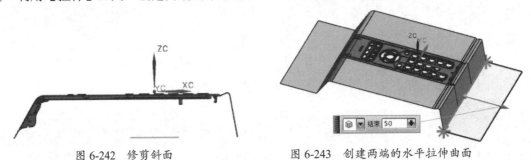

图 6-242　修剪斜面　　　　　图 6-243　创建两端的水平拉伸曲面

> **技术点拨**
>
> 左右两端可以再形成台阶，也可以处于同一平面。位于同一平面较便于刀具走刀。

㉒ 缝合所有曲面，然后对两端的曲面进行倒圆处理，如图 6-244 所示。至此，本例的"平衡侧压力"的分型面设计完成。

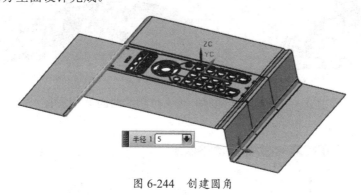

图 6-244　创建圆角

案例 ——流道位置分型面的优化

当模具为一模两腔或一模多腔布局时，每个产品的曲面分型面之间交接处不容易处理。下面介绍 2 种常见的方法：一种是连接处有流道，另一种是连接处没有流道。

> **技术点拨**
>
> 当分型面是复杂的曲面时，如果在曲面上建立流道，极易造成填充不平衡的制件缺陷。有时也要分情况，如果是一模两腔的非平衡布局，可以在前面上直接设计流道，平衡布局的流道必须优化分型面。构建分模面时，如果浇口衬套附近的分型面有高度差异，必须用较平坦的面进行连接，平坦面的范围要大于浇口衬套的直径（不小于 18mm）。

① 打开本例练习的产品模型"6-15.prt"，如图 6-245 所示。
② 利用【抽取体】工具抽取如图 6-246 所示的产品曲面。
③ 利用【修剪和延伸】工具延伸抽取的曲面，如图 6-247 所示。

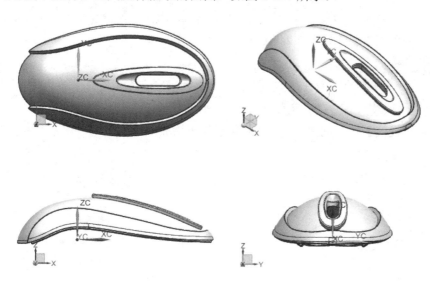

图 6-245　产品模型

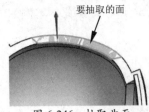
图 6-246　抽取曲面

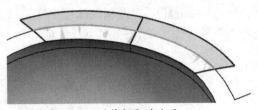
图 6-247　延伸抽取的曲面

④ 利用【艺术曲面】工具，创建如图 6-248 所示的艺术曲面。同理在另一侧也创建相同的艺术曲面。

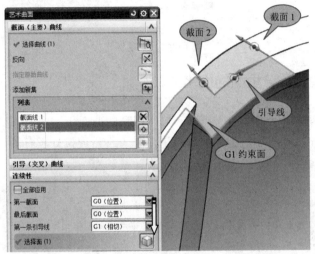
图 6-248　创建艺术曲面

> **技术点拨**
> 注意截面 1 和截面 2 的方向要完全一致，并且指向产品外侧，否则不能创建具有 G1 约束面的艺术曲面。

⑤ 利用【拉伸】工具创建如图 6-249 所示的拉伸曲面。

> **技术点拨**
> 先不要把产品边界全部都拉伸出去，而是先拉伸 4 个主要方向上的边界，最后没有拉伸的边界可以创建圆滑过渡的曲面，使分型面不带尖角。

⑥ 利用【桥接曲线】工具创建如图 6-250 所示的桥接曲线。

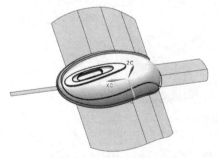
图 6-249　创建拉伸曲面

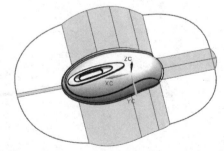
图 6-250　创建桥接曲线

⑦ 利用【网格曲面】工具，创建网格曲面修补开口，如图 6-251 所示。

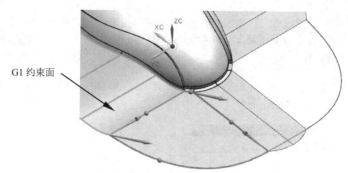

图 6-251　创建网格曲面

> **技术点拨**
> 如果在创建网格曲面时所选的截面曲线属于"主曲线和交叉曲线未在公差内相交"类型,则可以重新创建桥接曲线来跨越不相交的曲面边界,如图 6-252 所示。

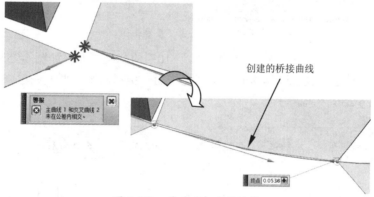

图 6-252　修改不相交的边界

⑧ 同理,创建其余 3 个开口的网格曲面。然后将所有曲面缝合。
⑨ 在上边框条中执行【菜单】|【编辑】|【移动对象】命令,然后将产品和分型面进行旋转复制,如图 6-253 所示。

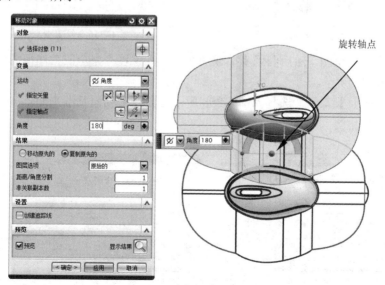

图 6-253　旋转复制产品与分型面

> **技术点拨**
> 如果出现缝合误差，可以暂且不管。旋转变换的轴点坐标为（20,-45,0），旋转轴为 ZC 轴。这个操作也是模腔布局的一种方法。

⑩ 利用【基准平面】工具，以"点和方向"类型创建新基准平面。点的坐标就是旋转变换时的轴点坐标，如图 6-254 所示。

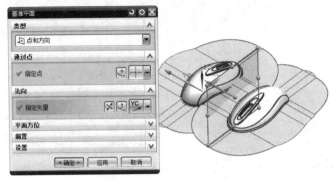

图 6-254 创建新基准平面

⑪ 然后再创建 2 个偏移距离分别为"10"和"-10"的基准平面，如图 6-255 所示。

⑫ 利用【修剪片体】工具，以偏移的 2 个基准平面分别对两个分型面进行修剪，均修剪交叉部分，如图 6-256 所示。

> **设计点拨**
> 两个分型面被修剪后，碰触位置的分型面是有缝隙的，需要做平坦面处理。

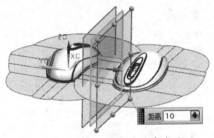 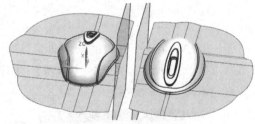

图 6-255 创建 2 个偏移的基准平面　　　　图 6-256 修剪分型面

⑬ 将视图切换至右视图，然后利用【抽取曲线】工具，以"完全在工作视图中"方式抽取曲线，如图 6-257 所示。

⑭ 利用【基准平面】工具，选择如图 6-258 所示的曲线来创建基准平面。

图 6-257 抽取曲线　　　　　　图 6-258 创建基准平面

> **技术点拨**
> 此目的是为了在分型面最高位置创建流道。所以要在分型面最高位置上创建平坦的曲面。

⑮ 利用直接草绘工具在上步建立的基准平面上绘制草图，如图6-259所示。
⑯ 再利用【有界平面】工具填充草图轮廓，得到平整的曲面，如图6-260所示。

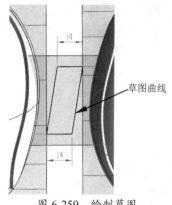

图6-259 绘制草图

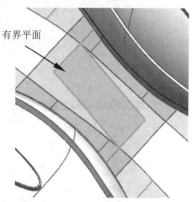

图6-260 创建有界平面

⑰ 以"点和方向"类型创建2个基准平面，如图6-261所示。
⑱ 利用【分割面】工具，用2个基准平面分割两边的分型面，如图6-262所示。

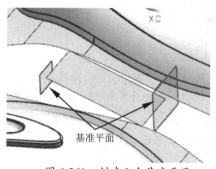

图6-261 创建2个基准平面

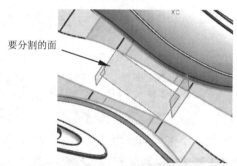

图6-262 分割分型面

⑲ 利用【桥接曲线】工具创建2条桥接曲线，如图6-263所示。
⑳ 利用【艺术曲面】工具创建2个艺术曲面，如图6-264所示。

> **技术点拨**
> 由于分型面在缝合过程中公差太小，以至于产生自交叉的曲面，因此选择截面曲线时十分不便，在这里只能创建一个近似的艺术曲面。

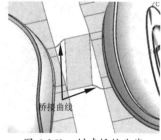

图6-263 创建桥接曲线

㉑ 利用【过渡】工具，在两个分型面之间创建2个过渡曲面，如图6-265所示。
㉒ 利用【通过曲线网格】工具创建如图6-266所示的网格曲面。同理，创建另一个网格曲面修补孔。

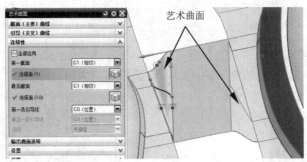

图 6-264 创建艺术曲面

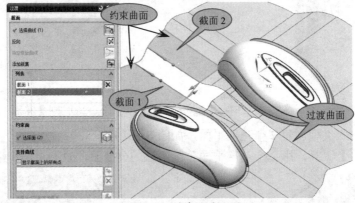

图 6-265 创建过渡曲面

> **技术点拨**
> 要想使多边都具有 G1、G2 连续，只能利用【通过曲线网格】工具来修补最后的孔。此网格曲面必须与周边的曲面都是 G1 连续的。

㉓ 至此，本案例的流道位置的分型面优化设计全部完成，如图 6-267 所示。

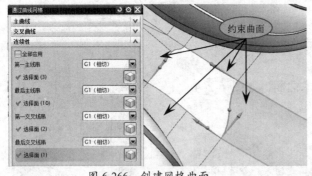

图 6-266 创建网格曲面

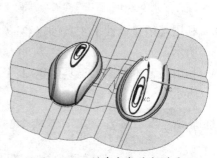

图 6-267 创建完成的分型面

案例——怎样设计避免尖、薄钢位的分型面

拥有丰富的模具设计经验的设计师都知道，模具成型中的尖、薄钢位是导致模具"短命"的重要元凶。通常，尖、薄钢位在产品中是不易体现的，往往是设计师在设计分型面时没有处理好导致的。

① 打开本例练习的产品模型"6-16.prt"，如图 6-268 所示。

② 利用【检查区域】工具对产品进行区域分析，如图 6-269 所示。

> **技术点拨**
> 从结果看，存在未定义的面。主要是产品中有较多的交叉区域和因交叉区域而产生一些未知的面。

③ 将"交叉区域面"全部指派给型腔，将"交叉竖直面"指派给型芯，将"未知的面"指派给型腔。指派后再详细查看交叉区域面，如图 6-270 所示。

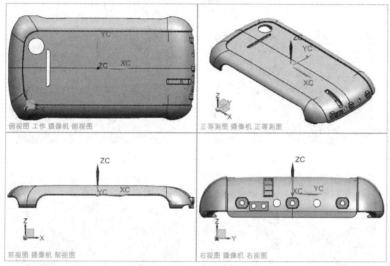

图 6-268 产品模型

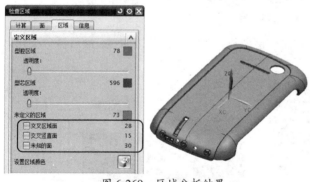

图 6-269 区域分析结果

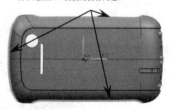

图 6-270 查看区域分析结果

④ 除了将图 6-270 中指引的圆弧曲面指派给型芯，将型腔侧的蓝色面（型芯面）重新指派给型腔。完成指派后单击【确定】按钮关闭对话框。

⑤ 在具有侧孔特征的一侧，有 2 处呈对称位置的分型线错开不连续，并形成尖角，如图 6-271 所示。

> **技术点拨**
> 本例的重点非这种尖角的处理，而是人为设计分型面后出现的尖角问题。

⑥ 创建桥接曲线，并拆分尖角曲面，如图 6-272 所示。此外，在相邻位置还有 2 处也是自然尖角，必须拆分，否则分型面不光顺，如图 6-273 所示。

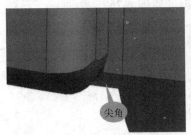 

图 6-271　有尖角

图 6-272　创建桥接曲线并拆分尖角面

图 6-273　有尖角

⑦ 这 2 处尖角区域解决的方法是：先创建桥接曲线，然后投影桥接曲线，最后拆分尖角区域，过程如图 6-274 所示。

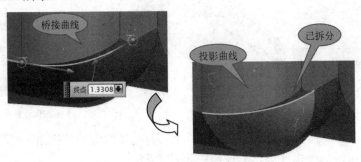

图 6-274　处理尖角

⑧ 尖角处理完成后，最后利用【拉伸】工具，创建拉伸分型曲面，如图 6-275 所示。

💡 技术点拨

　　创建拉伸分型曲面后，可以仔细查看分型面与产品之间是否有小于 90°的尖角？如果有，说明这样的分型面是不合理的，反之是合理的。

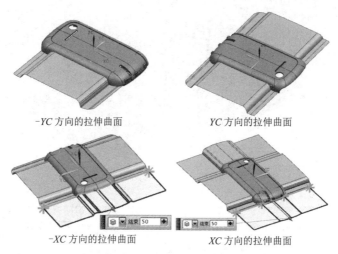

图 6-275　创建拉伸分型曲面

⑨ 将视图切换至仰视图。不难发现，有 2 处位置的分型面与产品之间存在尖角，如图 6-276 所示。

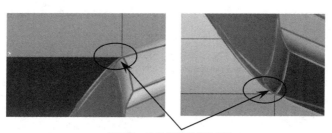

图 6-276　查看是否有尖角

> **技术点拨**
>
> 这是什么原因导致的呢？很简单，由于在-XC 方向侧拉伸的分型面是不对的，应该做圆弧过渡处理。最理想的设计方案是：从圆弧切线的垂直方向拉伸成分型面，当然利用的工具不再是【拉伸】工具，只能是【条带构建器】工具。

⑩ 删除-XC 方向侧的拉伸曲面。利用【条带构建器】工具，选择-XC 方向侧的产品边缘，创建如图 6-277 所示的条带曲面。

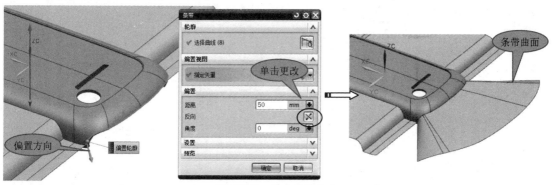

图 6-277　创建条带曲面

⑪ 最后利用【N 边曲面】工具修补缺口，结果如图 6-278 所示。

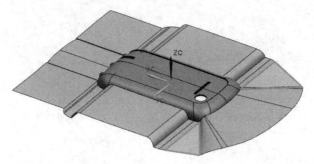

图 6-278　创建 N 边曲面修补分型面的缺口

> 💡 **技术点拨**
> 　　从改进的方案设计效果看，很明显，分型面与产品之间的夹角已经变成钝角，说明尖钢位不存在了。

07

UG 模具零部件设计

构成模具模腔的零件统称为成型零件，它主要包括型腔、型芯、各种镶块、成型杆和成型环等。由于成型零件与成品直接接触，它的质量关系到制件质量，因此要求有足够的强度、刚度、硬度、耐磨性，有足够的精度和适当的表面粗糙度，并保证能顺利脱模。本章将对成型零件的结构设计做深层次的探讨。

本章所讲解的内容主要与真正的实战相结合，让读者直接从模具新手向高手迈进，这也是本章所要达到的目的。

 项目分解

- ☑ 知识点 01：整体式成型零部件设计
- ☑ 知识点 02：组合式成型零部件设计
- ☑ 知识点 03：综合实战——塑料垃圾桶成型零件设计

扫码看视频

UG MoldWizard

7.1 整体式成型零部件设计

整体式成型零部件设计包括整体式型腔、整体式型芯设计。为什么要设计成整体式的？什么样的产品结构适合做整体式成型零部件？这是我们接下来需要掌握的知识。

整体式成型零件的优点：牢固、不易变形、塑件质量好。

适用范围：形状简单、精度要求低、成型数量小于一万件的中小型模具。

> **技术点拨**
> 模板宽 B×长 L≤500mm×900mm 的模具为中小型模具。大型模架的尺寸 B×L 为 630mm×630mm～1250mm×2000mm。

大型模具不易采用整体式结构的原因有几点：
- 不便于加工，维修困难
- 切削量太大，浪费价格昂贵的模具钢材
- 大件不易热处理（淬不透）
- 搬运不便
- 模具生产周期长，成本高

但有些内部结构简单、深腔且尺寸较大的产品，也可以将整体式型芯、型腔与模板设计成整体，这种设计方法称为"原身留"，如图 7-1 所示为整体式型芯与动模板设计成整体的图例。

> **技术点拨**
> 值得注意的是，如图 7-2 所示的小件产品，虽然分型面高低差大（深腔），但由于尺寸较小，且一模多腔，所以不适合做"原身留"的整体式成型零件设计。如果尺寸增加，如垃圾桶，也可以做成"原身留"。

图 7-1 "原身留"设计

图 7-2 不适合做"原身留"的小件产品

案例——整体式型腔、型芯设计

本练习产品内部结构很简单，外观质量要求不高，但属于深腔范围，因此型腔、型芯设计成"原身留"整体式。

① 打开本例产品初始化后的模型"7-1_top_000.prt"，如图 7-3 所示。

> **技术点拨**
> 在初始化的模型中，工件尺寸是默认创建的。本例中还需要按照实际模架尺寸来编辑工件尺寸，使工件与模架中的动模板和定模板的尺寸"B×L"相等。实际上也是将模板边距离工件边的尺寸添加进去。

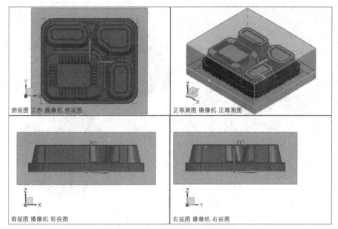

图 7-3　打开的初始化模型

② 在【注塑模向导】选项卡的【主要】选项区单击【工件】按钮，打开【工件】对话框。单击【绘制截面】按钮，进行草图环境编辑工件草图，如图 7-4 所示。

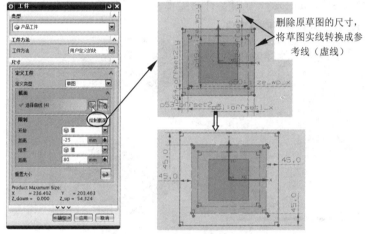

图 7-4　编辑工件草图

③ 在【工件】对话框的【限制】选项区内修改型芯侧厚度值为-60（25+35），修改型腔侧厚度值为 105（80+25），最后单击【确定】按钮，完成工件的编辑，如图 7-5 所示。

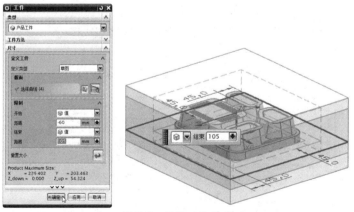

图 7-5　编辑工件厚度

④ 利用上一章中介绍的分型面设计方法，设计出本产品的分型面，如图 7-6 所示。

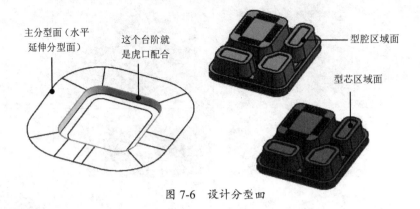

图 7-6 设计分型面

> **技术点拨**
> 整体式成型零件中的虎口配合与组合式成型零件中的虎口配合作用是相同的,但做法完全不一样。

⑤ 单击【定义型腔和型芯】按钮 ,打开【定义型腔和型芯】对话框。选择【所有区域】选项,单击【确定】按钮,完成型腔零件与型芯零件的分割,如图 7-7 所示。

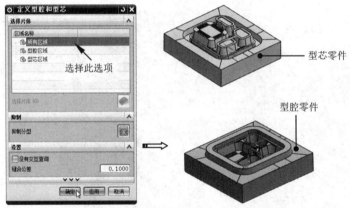

图 7-7 分割型腔零件与型芯零件

⑥ 分割后,整体式成型零件并没有完成。还要进行圆角处理。在上边框条中执行【菜单】|【窗口】|【7-1_core_006.prt】命令,打开型芯零件窗口,如图 7-8 所示。此时已经在建模环境中了。

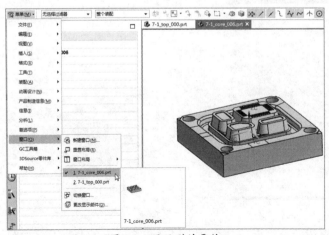

图 7-8 显示型芯零件

> **技术点拨**
> 凡型芯与型腔直接接触的边界位置，必须圆角处理，这是应工艺要求进行操作的。凸边的圆角要大于凹边的圆角，合模后圆角与圆角之间就有间隙了。以此增加合模的精度，保证产品质量。

⑦ 利用【主页】选项卡【特征】组中的【边倒圆】工件，在型芯的凹边和凸边上创建圆角，如图 7-9 所示。

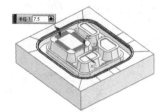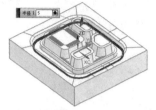

图 7-9　创建型芯零件上的圆角

⑧ 同理，打开型腔零件窗口，对型腔零件进行圆角处理，如图 7-10 所示。

图 7-10　创建型腔零件上的圆角

> **技术点拨**
> 动、定模板之间必须有 1mm 的间隙，这个间隙作用是增强合模力，使型芯与型腔面贴合得更加容易。

⑨ 利用直接建模的【偏置区域】工具，创建如图 7-11 所示的 1mm 的间隙。

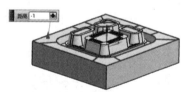

图 7-11　创建间隙

⑩ 在型芯零件和型腔零件上创建 4 个导套孔，如图 7-12 所示。

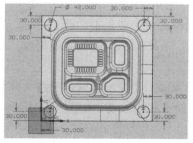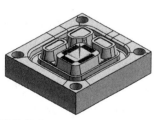

图 7-12　创建型芯导套孔

⑪ 同理，在型腔零件上也创建同样的导套孔，如图 7-13 所示。

> **技术点拨**
> 模具在生产制造、改模过程中，经常拆卸各部件，为了使模具表面完整，避免棱角砸伤，表面划伤等现象的发生，模具设计时有撬模坑，同时，内模与模框的配合比较紧，使取出内模方便而设计内模顶出螺丝等。撬模坑设计在 B 板（动模板）四个角，尺寸为 20×45°×5。

⑫ 利用【拉伸】工具，在型腔零件和型芯零件上设计撬模坑，如图 7-14 所示。至此就完成了整体式成型零件设计。

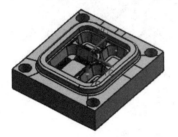

图 7-13 创建型腔导套孔

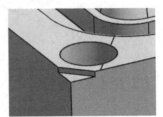

图 7-14 设计撬模坑

7.2 组合式成型零部件设计

设计组合式成型零件时，除了子镶块设计技巧，还要注意虎口配合问题。

当分型面为大曲面或分型面高低距较大时，可考虑型芯零件和型腔零件做虎口配合（型腔与型芯互锁，防止位移），虎口大小按型芯或型腔模料而定。长和宽在 200mm 以下，做 4 个 15mm×8mm 高的虎口，斜度约为 10°。如长度和宽度超过 200mm 以上的模料，应做 20mm×10mm 高或以上的虎口，数量按排位而定（可做成镶块，也可原身留），如图 7-15 所示。

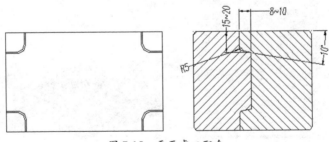

图 7-15 平面虎口配合

还需要注意的是，做虎口配合需有 R 角间隙，以及分型面中若有斜面与平面相接时要做 R 圆角过渡。

- R 角间隙。在动、定模上做锁模（动模的 4 个边角上的凸台特征，用作定位）以及分型面有凸台时，需做 R 角处理，并在两 R 圆角之间做间隙处理，以便于模具的机械加工、装配与修配，如图 7-16 所示。
- R 角过渡。当分型面有斜面或者是圆弧面与平面交接时，应做 R 角过渡，以此来接顺相接面。这主要是为了便于 CNC 的加工和装配模，如图 7-17 所示。

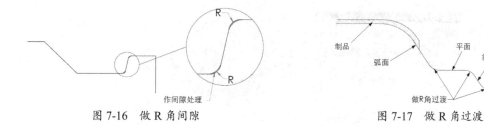

图 7-16　做 R 角间隙　　　　　　　图 7-17　做 R 角过渡

案例——组合式成型零件设计

本练习将严格按照工厂实战需要来设计组合式成型零件,将充分利用 MW 提供的设计工具来操作。

① 打开本例产品初始化后的模型 "7-2_top_000.prt",如图 7-18 所示。

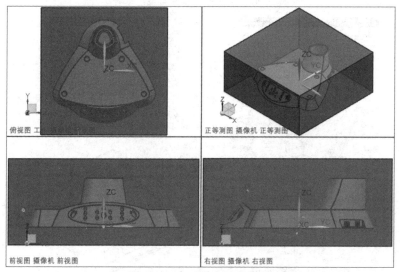

图 7-18　打开的初始化模型

② 利用 MW 提供的自动分型设计工具,设计出如图 7-19 所示的分型面。

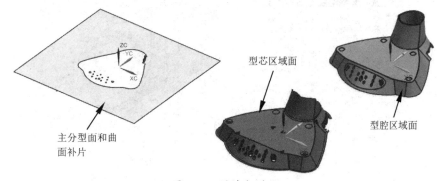

图 7-19　设计分型面

③ 利用【定义型腔和型芯】工具,分割出型腔零件和型芯零件,如图 7-20 所示。
④ 单独打开 "7-2_core_006.prt" 型芯组件。首先在型芯上设计模板间隙,以减小型腔与型芯的接触面积。利用【拉伸】工具,绘制草图后创建出如图 7-21 所示的求差运算的特征。
⑤ 接下来设计虎口配合。利用【拉伸】工具,创建如图 7-22 所示的虎口配合。

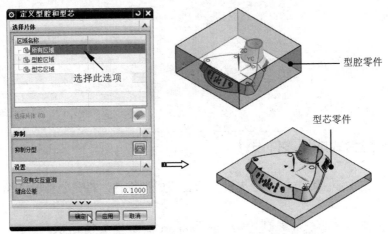

图 7-20 分割型腔零件与型芯零件

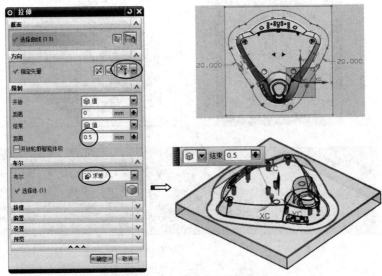

图 7-21 创建型芯上的模板间隙

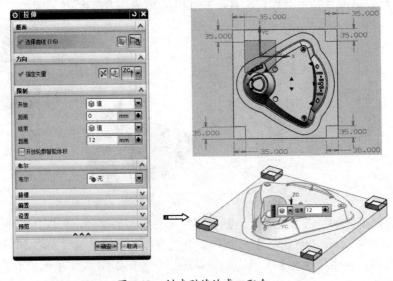

图 7-22 创建型芯的虎口配合

> **技术点拨**
>
> 虎口外侧与型芯外侧不要处于同一平面，要收缩 0.3mm 左右，避免开合模时虎口与模板之间产生摩擦。

⑥ 利用直接建模的【偏置区域】工具，同时偏置 4 个虎口外侧的面（偏置方向向内），如图 7-23 所示。

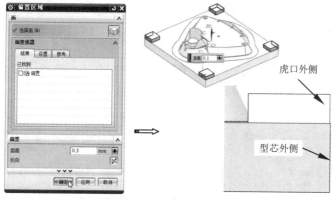

图 7-23　偏置虎口外侧的面

> **技术点拨**
>
> 如果要求型芯、型腔零件的边倒斜角，可以将虎口设计在斜角边上，如图 7-24 所示。

⑦ 利用【求和】工具，将 4 个虎口特征与型芯零件合并，如图 7-25 所示。

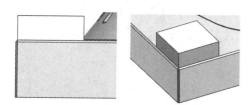

图 7-24　有倒斜角的虎口设计

图 7-25　求和操作

> **技术点拨**
>
> 4 个虎口内侧需要创建拔模角度（一般为 10°），避免开合模时产生摩擦。

⑧ 利用【拔模】工具，选择 4 个虎口内侧的 8 个面，创建拔模特征，如图 7-26 所示。

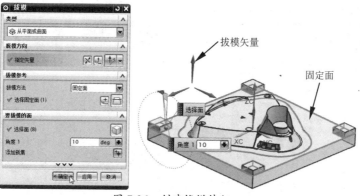

图 7-26　创建拔模特征

⑨ 再利用【边倒圆】工具，在 4 个虎口上创建圆角或斜角，如图 7-27 所示。同理，再创建出圆角半径为 2 的特征，如图 7-28 所示。

图 7-27 创建半径 10 的虎口圆角

图 7-28 创建半径 2 的虎口圆角

⑩ 同理，在型腔零件上也创建相同的模板间隙、虎口配合。在修剪模板间隙时，先返回到总装配中，然后将顶层装配设为工作部件，如图 7-29 所示。

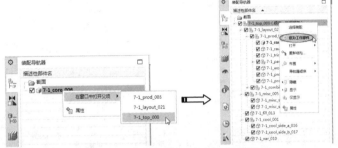
图 7-29 将顶层装配设为工作部件

⑪ 在【应用模块】选项卡下单击【装配】按钮 装配，打开装配模块。然后在上边框条中执行【菜单】|【插入】|【关联复制】|【WAVE 几何链接器】命令，打开【WAVE 几何链接器】对话框。选择型芯零件上模板间隙的边来创建复合曲线，如图 7-30 所示。

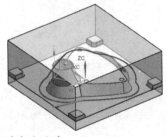
图 7-30 创建复合曲线

> 技术点拨
> 创建复合曲线，是为了在型腔上创建的模板间隙形状与型芯上的相同。复合曲线起参考作用。

⑫ 将型腔零件设为工作部件，然后暂时隐藏型芯零件，如图 7-31 所示。

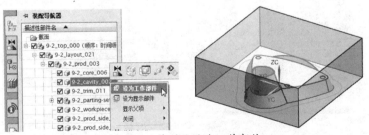
图 7-31 将型腔设为工作部件

⑬ 利用【拉伸】工具，投影复合曲线和型腔边为草图曲线，然后创建出如图 7-32 所示的模板间隙。

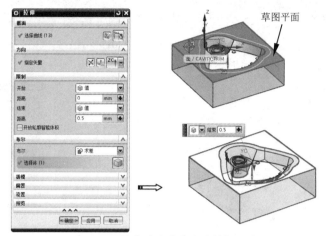

图 7-32 创建型腔零件上的模板间隙

⑭ 然后按在型芯上设计虎口配合的方法，设计出型腔零件上的虎口配合，如图 7-33 所示。

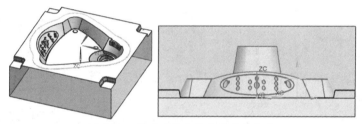

图 7-33 创建型腔零件上的虎口配合

> **技术点拨**
> 值得注意的是，型腔零件与型芯零件的虎口配合之间的接触面，也需要 0.3～0.5mm 的间隙。

⑮ 接下来开始学习拆分子镶块的技巧。将型芯零部件设为显示部件，本产品型芯零件中有 BOSS 孔和异形特征需要拆分，如图 7-34 所示。

> **技术点拨**
> 一般情况下拆分镶块遵循这样的原则，加强筋、BOSS 柱、深腔、奇形怪状部位等都要拆。

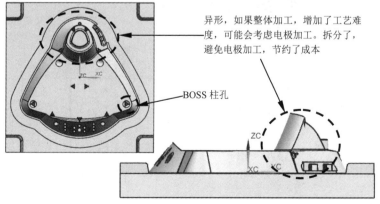

图 7-34 查看要拆分的特征

> **技术点拨**
>
> BOSS 学名凸柱，俗称柱位，也就是产品上的圆柱。通常是用来收螺丝或支撑产品另一部分的面壳，从而使产品更能承受来自外界的压力。

⑯ 首先利用【拉伸】工具，创建拉伸曲面，用来拆分异形部分，如图 7-35 所示。
⑰ 利用【拆分体】工具，拆分异形，如图 7-36 所示。

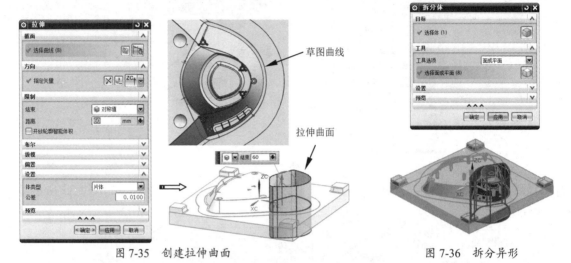

图 7-35　创建拉伸曲面　　　　　　图 7-36　拆分异形

⑱ 将 BOSS 柱孔放大看，来分析一下如何拆分，如图 7-37 所示。

> **技术点拨**
>
> 拆分出来的 BOSS 柱也可以作为顶出系统中的顶杆（也称顶针），可谓一举两得。也就是把 BOSS 镶块设计成顶出系统中的顶杆。利用上边框条【实用工具】中的【简单直径】工具，测量 BOSS 的孔直径和柱直径。经测得在 4～5mm 之间的小顶杆，而且长度在 200～300mm，不得不考虑强度问题。因此，最好选用带有套筒的顶管（也称司筒），套筒直径与孔边直径相同，顶杆直径与柱边直径相同。就算在柱边缘有少许溢料，在攻丝时也可以完全清除。

⑲ 返回到顶层总装配并设为工作部件。隐藏型腔零部件。在【注塑模向导】选项卡的【主要】组中单击【标准件库】按钮，打开【标准件管理】对话框。然后加载第一根顶管标准件，如图 7-38 所示。

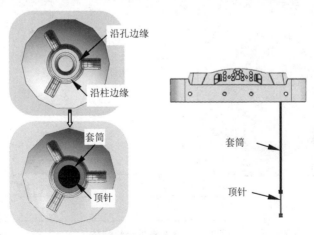

图 7-37　观察 BOSS 孔

图 7-38 加载第一根顶管标准件

⑳ 同理继续加载其余的顶杆标准件,完成结果如图 7-39 所示。完成后单击【取消】按钮关闭【标准件管理】对话框。

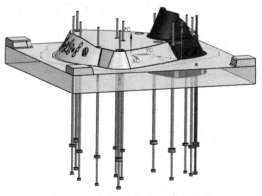

图 7-39 加载其余的顶管标准件

> **技术点拨**
> 如果是相同大小的 BOSS，在拾取圆心时可连续选取。如果尺寸不同，需要返回到【标准件管理】对话框的【部件】选项区中，选中【新建组件】单选按钮，即可添加新尺寸的顶管标准件。

㉑ 在【注塑模向导】选项卡的【主要】组中单击【顶杆后处理】按钮，打开【顶杆后处理】对话框。选择所有顶管标准件，保留其他信息默认设置，然后单击【确定】按钮，完成顶管标准件头部的修剪，如图 7-40 所示。

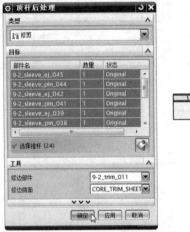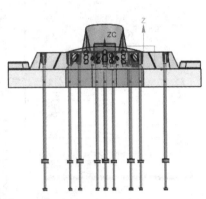

图 7-40 修剪顶管头部

㉒ 在【主要】组中单击【腔体】按钮，打开【腔体】对话框。选择型芯作为"目标体"，选择所有顶管标准件作为工具，单击【确定】按钮完成腔体的创建，如图 7-41 所示。这样，顶管标准件就变成型芯中的子镶块了。

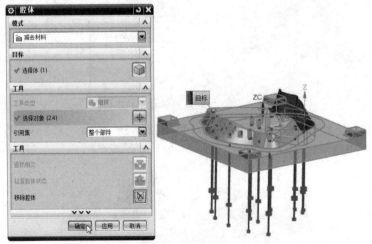

图 7-41 创建腔体

㉓ 返回顶层总装配中，然后设置型腔零部件为"显示部件"，单独打开型腔零部件的窗口。型腔零件中主要有 3 个部位需要拆分，如图 7-42 所示。

㉔ 先将滑块头镶块拆分出来。先利用【注塑模工具】组的【创建方块】工具，创建如图 7-43 所示的包容方块。

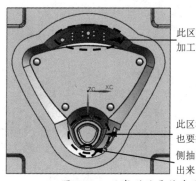

图 7-42 观察型腔零件中要拆分的部分

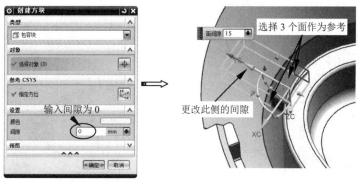

图 7-43 创建包容方块

㉕ 再利用【注塑模工具】组的【延伸实体】工具，延伸方块，并创建拔模特征，如图 7-44 所示。

> **技术点拨**
>
> 将滑块头尾端放大，可以增加滑块头的强度，还可以使抽芯运动摩擦力减小。

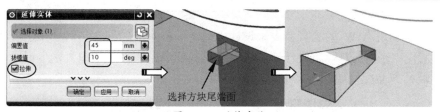

图 7-44 延伸实体

㉖ 利用同步建模的【替换面】工具，将滑块头端面替换成弧形面，如图 7-45 所示。

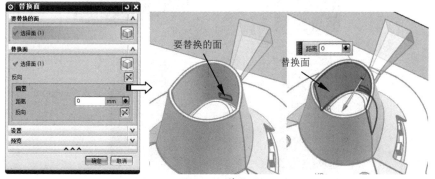

图 7-45 替换面

㉗ 利用【腔体】工具，创建滑块头的空腔体，如图7-46所示。

图7-46 创建腔体

㉘ 利用【拉伸】工具创建出如图7-47所示的拉伸曲面。再利用【拆分体】工具拆分出子镶块，如图7-48所示。

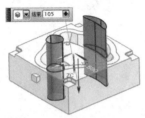

图7-47 创建拉伸曲面

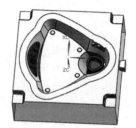

图7-48 拆分子镶块

㉙ 至此，本产品的组合式成型零件设计完成。

7.3 综合实战——塑料垃圾桶成型零件设计

前面介绍了利用 MW 的工具命令来设计成型零件，本节的综合实例将在建模环境下充分利用 MW 工具和建模工具，来设计塑料垃圾桶模具的成型零件，希望大家牢记并掌握基本要领。塑料垃圾桶产品模型如图7-49所示。

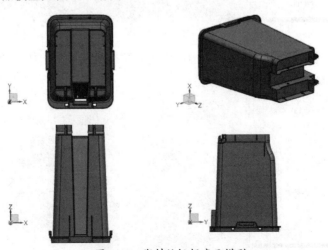

图7-49 塑料垃圾桶产品模型

从垃圾桶模型可以看出，此模型为深腔件，尺寸较大，很适合做成型零件"原身留"，如图 7-50 所示。一般情况下，深腔产品的型芯部分需要整体拆分出来，如图 7-51 所示。

另外，垃圾桶产品的结构属于比较复杂的类型，因此还要拆分出型芯内核和型腔内的子镶块，如图 7-52 所示。最终本例产品的成型零件设计定性为"组合式原身留成型零件设计"。

图 7-50　原身留成型零件设计　　图 7-51　拆分出整体型芯　　图 7-52　型芯零件与型腔零件的拆分

7.3.1　分割出型腔零件和型芯零件

本例塑料垃圾桶的分型面设计已经完成。

① 打开本例源文件"lajitong.prt"。

② 利用 MW【创建方块】工具，创建如图 7-53 所示的工件。

 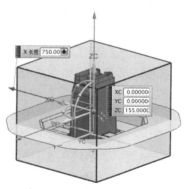

图 7-53　创建工件

> **技术点拨**
>
> 这个方块的尺寸其实就是动、定模板的总尺寸。

③ 利用【拆分体】工具，首先将产品从工件中分割出来，形成内部空腔，如图 7-54 所示。

> **技术点拨**
>
> 产品模型在工件内部，不方便直接选择，可先在上边框条的【选择】组中设置约束为【特征面】或【体的面】，然后在产品位置处停留光标数秒，自动打开【快速拾取】对话框（对话框中列出了光标所处位置的所有点、线、面及实体特征），再选择产品模型即可。

④ 然后继续对工件进行分割，工具体为分型面，分割后得到型芯和型腔。结果如图 7-55 所示。

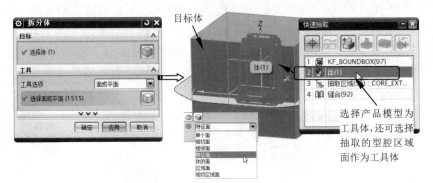

图 7-54 分割工件形成产品空腔

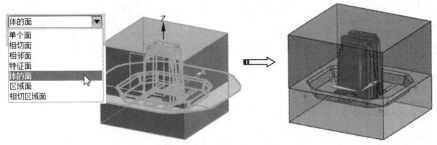

图 7-55 分割出型腔零件和型芯零件

7.3.2 设计型芯零件中的子镶块

在型芯零件上要拆分出来的包括抽芯滑块头镶块、型芯整体嵌入镶块、型芯加强筋镶块。下面讲讲要拆分这些镶块的理由。

首先在设计分型面时已经介绍了产品一侧底部有 2 个侧向分型的圆柱,这个是必须要拆分出来的,否则强制脱模使产品损坏,如图 7-56 所示。

其次是型芯整体嵌入镶块,因为型芯成型部分与水平分型面之间有一条既深又窄的"沟槽",如图 7-57 所示。加工时需要极小、长的刀具,容易折断,并且不能保证加工到位,所以必须拆分出来。

第三是型芯加强筋镶块,型芯成型部分顶端有 2 条加强筋(俗称骨位),也是既深又窄,需要将顶部拆分,这样就解决了因成型零件过重不便于搬动而进行加工的难题,如图 7-58 所示。

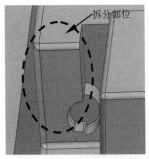

图 7-56 抽芯滑块头要拆　　图 7-57 窄、深的沟槽要拆　　图 7-58 加强筋部位要拆

1. 拆分滑块头镶块

① 将型腔零件暂时隐藏。利用 MW【创建方块】工具，创建如图 7-59 所示的方块。

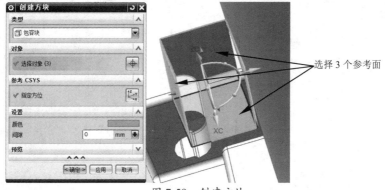

图 7-59 创建方块

② 利用直接建模【替换面】工具，将方块的 1 个面（要替换的面）替换成型芯中的 1 个面（替换面），如图 7-60 所示。

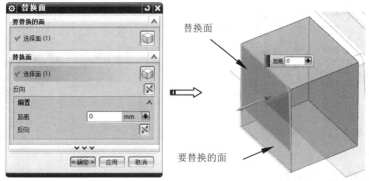

图 7-60 替换面操作

③ 利用【拆分体】工具，将 1/4 圆柱部分拆分出来，这个 1/4 圆柱实体在后面设计型腔镶块时将与型腔中拆分出来的子镶块合并，如图 7-61 所示。同理，另一侧也拆分出来。

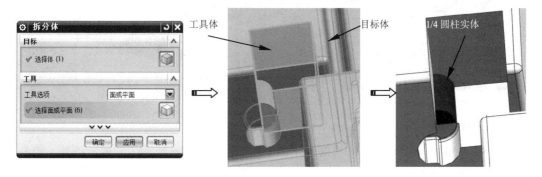

图 7-61 拆分 1/4 圆柱

> ☀ **技术点拨**
>
> 这个"1/4 圆柱"实体不是滑块头，也不是滑块头的一部分。拆分它是为了减少加工的难度——由弧形面加工变为平面加工。

④ 下面拆分滑块头。利用【创建方块】工具，创建如图 7-62 所示的方块。

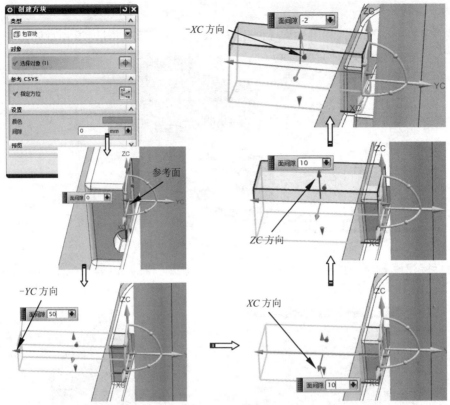

图 7-62 创建方块

⑤ 再用【拆分体】工具，将滑块头分割出来，如图 7-63 所示。同理，将另一个滑块头也拆分出来。

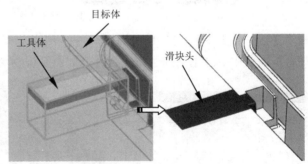

图 7-63 拆分出滑块头

2. 拆分整体型芯

① 利用【拉伸】工具，在型芯沟槽底部平面（这个平面比较小，放大才能看清楚）绘制草图（用【投影曲线】工具投影底部外侧边线），并创建具有拔模斜度的拉伸曲面，如图 7-64 所示。

> 💡 技术点拨
>
> 由于拆分出来的型芯镶块较长，开合模时会产生极大摩擦力，所以这个整体型芯必须做拔模处理，减小摩擦力。

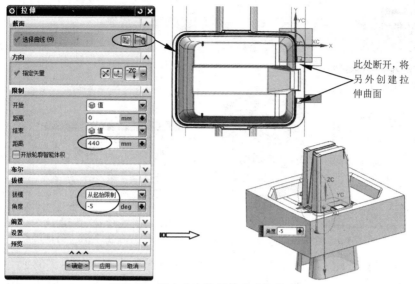

图 7-64 创建具有拔模斜度的拉伸曲面

② 继续绘制草图并创建如图 7-65 所示的拉伸曲面。

> **技术点拨**
> 为什么不将两个草图连成完整草图呢？这主要是由于整体拉伸曲面较长，圆弧半径又比较小，不能创建出相同拔模斜度的拉伸曲面，所以分成两部分创建拉伸曲面。测量该圆弧半径后，可以在曲面上创建圆角。

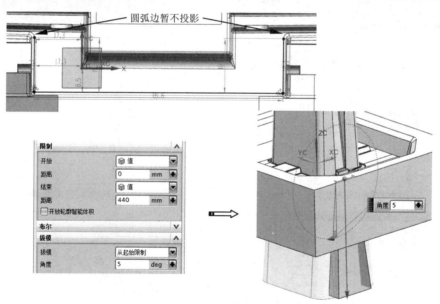

图 7-65 创建拉伸曲面

③ 接下来处理 2 个拉伸曲面的连接。首先利用【修剪和延伸】工具，制作拐角，如图 7-66 所示。

④ 然后利用【边倒圆】工具，创建半径为 2.05 的圆角，如图 7-67 所示。

> **技术点拨**
> 这个圆角半径来源于两个草图之间的连接弧半径。

图 7-66 制作拐角

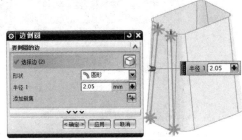
图 7-67 创建圆角

⑤ 利用【拆分体】工具，用拉伸曲面将整体型芯镶块分割出来，如图 7-68 所示。
⑥ 拆分型芯镶块后，还会发现余下的模板上还有深沟槽，需要继续拆分，如图 7-69 所示。

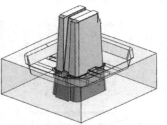
图 7-68 拆分整体型芯镶块

图 7-69 需要拆分沟槽

⑦ 利用【拉伸】工具创建如图 7-70 所示的拉伸曲面。

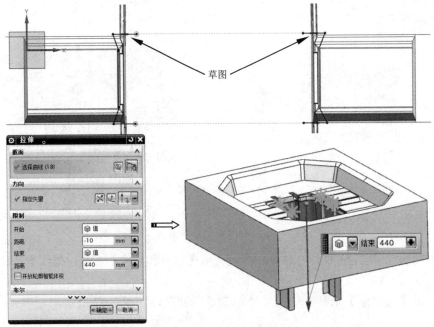
图 7-70 创建拉伸曲面

⑧ 利用【拆分体】工具将镶块拆分出来，如图 7-71 所示。

> **技术点拨**
> 从拆分的结果来看，镶块下端是尖角的，非常不合理，需要做出合理修改。

⑨ 仅介绍一个镶块的处理方法。新建一个基准平面，如图 7-72 所示。然后用基准平面来拆分镶块上的面，如图 7-73 所示。

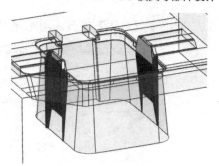
图 7-71 拆分镶块

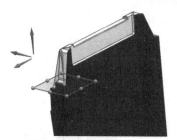
图 7-72 创建基准平面

图 7-73 拆分镶块曲面

⑩ 利用【直接草图】组中的【草图】工具，在镶块侧面上绘制如图 7-74 所示的直线，作为下面创建拉伸曲面的曲线矢量。

⑪ 利用【拉伸】工具，创建如图 7-75 所示的拉伸曲面。

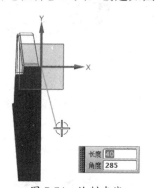
图 7-74 绘制直线

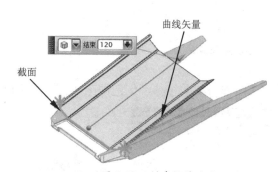
图 7-75 创建拉伸曲面

⑫ 暂将拉伸曲面隐藏。利用直接建模的【拉出面】工具，将镶块上的面拉出以创建出新的实体，如图 7-76 所示。

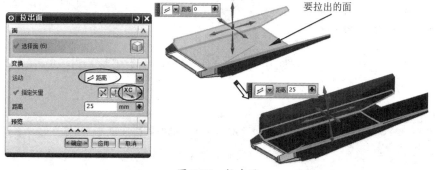
图 7-76 拉出面

⑬ 利用【修剪体】工具，用隐藏的拉伸曲面修剪拉出实体，如图 7-77 所示。

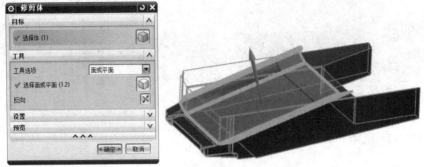

图 7-77 修剪拉出实体

⑭ 利用【拔模】工具，以【从边】类型，创建如图 7-78 所示的拔模特征。

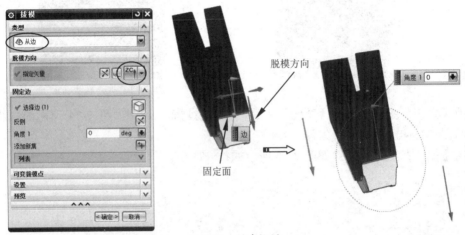

图 7-78 创建拔模

⑮ 利用【创建方块】工具，创建如图 7-79 所示的方块。

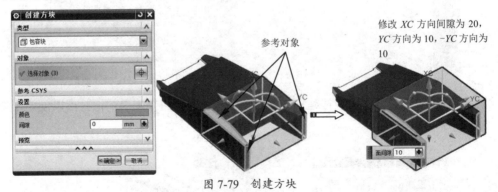

图 7-79 创建方块

⑯ 利用【求和】工具，将方块和镶块合并。利用【替换面】工具，将一些小面替换成大面，如图 7-80 所示。

> **技术点拨**
>
> 　　替换小面的好处是使次面更加光顺，便于加工。当然也好做圆角处理。褶皱多了，圆角处理起来非常麻烦。

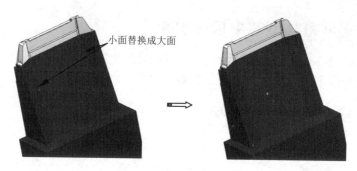

图 7-80　替换面操作

⑰ 再利用【边倒圆】工具创建圆角，如图 7-81 所示。同理，按照相同的设计方法，设计出另一侧的镶块。

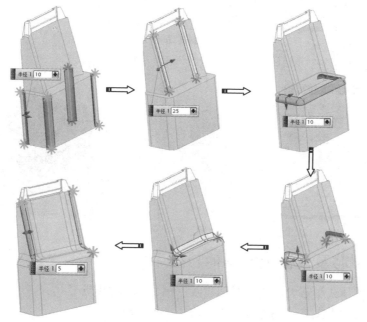

图 7-81　创建圆角特征

⑱ 下面返回去修改型芯整体镶块。利用【求差】工具，选择整体型芯镶块作为目标体，选择两个小镶块作为工具体，然后做求差操作，如图 7-82 所示。

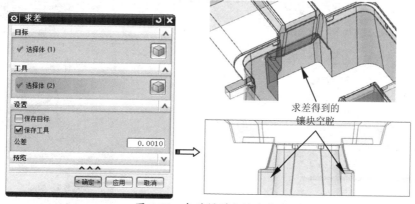

图 7-82　求差得到小镶块空腔

7.3.3 将加强筋槽从型芯中拆分出来

为了便于加工型芯顶部的加强筋沟槽，需要拆分出来。

① 利用【基准平面】工具创建一个基准平面，如图 7-83 所示。

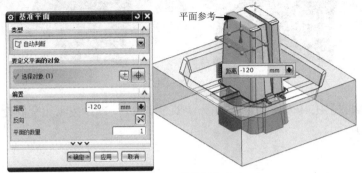

图 7-83 创建基准平面

② 利用【拆分体】工具，用基准平面来拆分型芯，如图 7-84 所示。

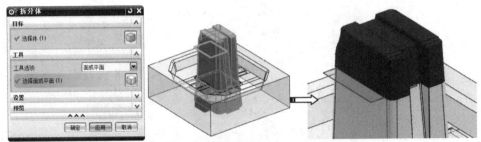

图 7-84 拆分型芯

7.3.4 创建型芯及模板上的其他特征

在原身留的整体式型芯上，还需要创建限位槽、滑块槽和导套孔。

① 首先利用【拉伸】工具，创建滑块槽，如图 7-85 所示。

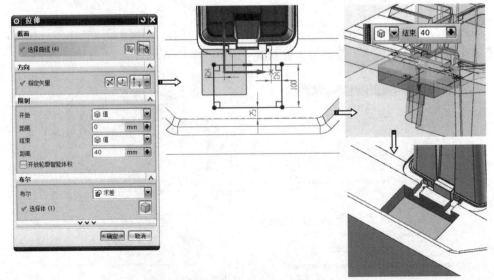

图 7-85 创建滑块槽

② 接下来创建4个限位槽,限位槽的作用跟组合式成型零件中的"虎口配合"作用是相同的。利用【拉伸】工具,创建如图 7-86 所示的限位槽。

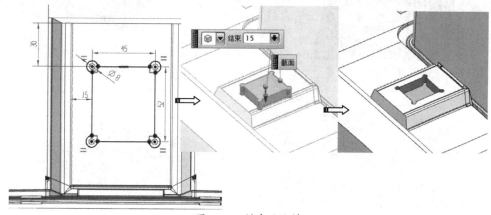

图 7-86 创建限位槽

③ 然后依次创建其余限位槽。再创建如图 7-87 所示的导套孔。至此,型芯部分的镶块拆分完成。

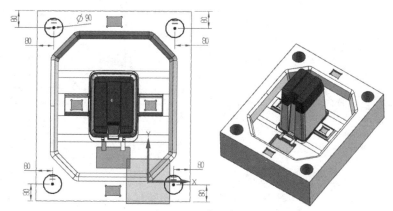

图 7-87 创建导套孔

7.3.5 型腔侧镶块设计

如图 7-88 所示,从产品外侧顶部可以看出,其具有复杂的侧孔、侧凹、加强筋等特征,而且型腔零件尺寸较大、体积重,恐不便于加工和搬动,所以可以在型腔侧再设计分型面,将型腔零件拆分成两半。这样一来,拆分型腔镶块也变得容易多了。本例模具也叫双分型面注塑模具。

鉴于篇幅的限制,在讲解型腔镶块拆分时,操作步骤不再一一列出,很多设计可以按照型芯镶块设计方法来进行。不清楚的地方可以参考本例设计的结果文件辅助学习。

① 首先利用【拉伸】工具设计出如图 7-89 所示的主分型面。然后利用【抽取几何体】工具复制主分型面以上的产品面,如图 7-90 所示。

> **技术点拨**
>
> 在抽取主分型面以上的产品面时,由于面较多,不便于选择,可以采用区域分析的方法,将分型面以下的型腔区域面重新定义型芯区域(面数量少,可节省不少时间),然后再利用【颜色过滤器】工具框选出主分型面以上的型腔区域面。

图 7-88 具有复杂结构的产品外侧顶部

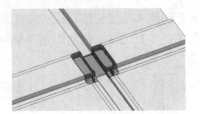
图 7-89 设计分型面

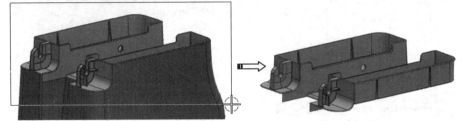
图 7-90 抽取主分型面以上的产品面

② 缝合主分型面和抽取面,生成第二分型面。
③ 创建基准平面,然后绘制如图 7-91 所示的草图。

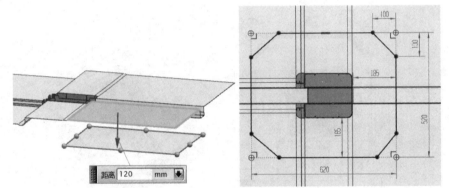
图 7-91 创建基准平面并绘制草图

④ 利用绘制的草图创建拔模斜度为 10、拉伸深度为 140 的拉伸曲面,然后利用【修剪和延伸】工具与第二分型面创建拐角,如图 7-92 所示。

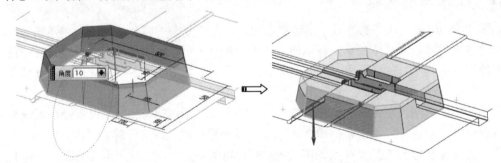
图 7-92 创建拉伸曲面并与第二分型面制作拐角

⑤ 创建条带曲面,然后缝合所有曲面,如图 7-93 所示。
⑥ 利用【拆分体】工具将型腔零件拆分成上下两部分,如图 7-94 所示。

07　UG模具零部件设计

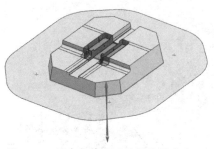

图 7-93　创建条带曲面并缝合所有曲面

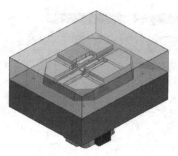

图 7-94　拆分型腔零件

⑦ 在型腔零件下半部分（含上下两面）依次创建圆角特征、斜角特征、限位槽和导套孔，如图 7-95 所示。

技术点拨

将型芯零件显示，参考型芯上的这些特征创建即可。这样可以提高操作效率。

⑧ 对于型腔零件的上半部分，首先要拆分出 2 个侧孔的滑块头，如图 7-96 所示。

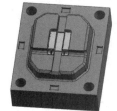

型腔零件下半部分的上面　　型腔零件下半部分的下面

图 7-95　创建型腔零件下半部分的特征

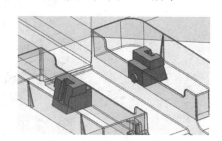

图 7-96　拆分侧孔的滑块头

⑨ 然后拆分出 2 个侧凹的滑块头，如图 7-97 所示。

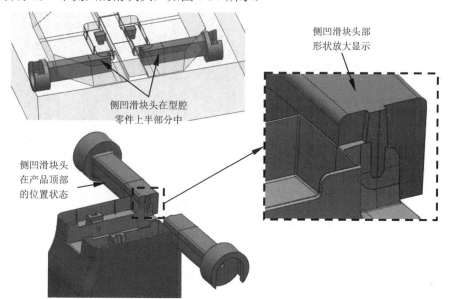

图 7-97　拆分 2 个侧凹滑块头

⑩ 利用【拉伸】工具，创建拉伸实体，再利用【拆分体】工具拆分出加强筋骨位部分镶块，如图 7-98 所示。

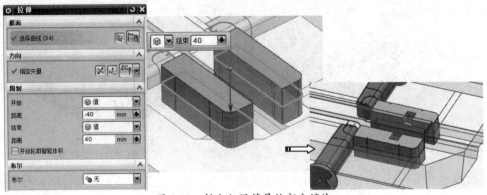

图 7-98 拆分加强筋骨位部分镶块

⑪ 最后对型腔零件上半部分进行圆角、斜角、导套孔、限位槽设计，如图 7-99 所示。

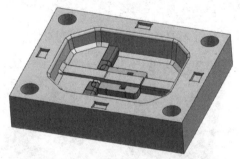

图 7-99 设计完成的型腔零件上半部分

⑫ 至此，本例垃圾桶成型零件设计全部完成，最后将结果保存。

08

UG 系统与机构设计

系统与机构是模具组成中不可或缺的一部分，而且技术性较高，故在本章中仅仅针对某些模具进行解说，其余的设计细节与要求将留给大家慢慢思索。本章将使用 HB_MOULD 模具插件和 MoldWizard 模块来设计系统和机构。

 项目分解

- ☑ 知识点 01：HB_MOULD 模架设计
- ☑ 知识点 02：HB_MOULD 侧向分型与抽芯机构设计
- ☑ 知识点 03：MW 浇注系统设计
- ☑ 知识点 04：MW 冷却系统设计
- ☑ 知识点 05：MW 顶出系统设计

扫码看视频

8.1　HB_MOULD 模架设计

HB_MOULD 是基于 UG 软件应用平台的注塑模设计模块。它具有十分强大的分模设计、模架系统设计、标准件设计、系统与机构设计、模具图纸设计等功能，操作性很强，而且设计效率很高。

HB_MOULD 6.8 是一款免费的模具外挂模块，安装简便，各模具设计论坛均可下载。HB_MOULD 安装以后仅仅在菜单中才能找到其操作命令，应用十分不便，如图 8-1 所示。

我们需要做成跟 UG NX 12.0 其他应用模块相同的命令执行方式——建立功能区选项卡。首先在菜单中执行【工具】|【定制】命令，打开【定制】对话框。在【功能区选项卡】选项卡中单击【新建】按钮，创建命名为 HB_MOULD 的选项卡，如图 8-2 所示。

图 8-1　在菜单中的 HB_MOULD 命令　　　　图 8-2　新建 HB_MOULD 选项卡

从 UG NX 12.0 功能区中就可以看见新建的【HB_MOULD6.8】选项卡，但没有功能命令在其中，如图 8-3 所示。

图 8-3　没有命令的【HB_MOULD】选项卡

在【定制】对话框的【命令】选项卡下，展开【菜单】|【HB_MOULD6.8】命令，然后在右侧命令栏里依次将命令按住不放拖动到新建的【HB_MOULD6.8】选项卡中，如图 8-4 所示。

添加命令后的【HB_MOULD6.8】选项卡如图 8-5 所示。

08 UG 系统与机构设计

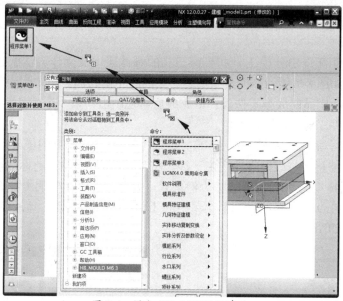

图 8-4　添加 HB_MOULD 命令

图 8-5　添加命令后的【HB_MOULD6.8】选项卡

本节我们仅仅针对 HB_MOULD 的模胚（模架）系列工具进行讲解。
HB_MOULD 提供的模架如图 8-6 所示。

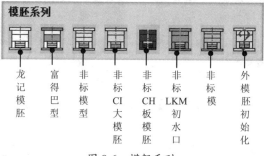

图 8-6　模架系列

从提供的模架系列看，标准模架有龙记和富得巴，非标的有 5 个，最后的"外模胚初始化"工具是将 MW 标准模架装配组件，或由其他模具外挂软件生成的模架组件转换成建模环境下的实体，便于手动分模的模具设计。

当确定所选用的模架尺寸与标准模架中提供的型号相符时，请选用标准模架。当所选的模架尺寸与标准模架中的模架型号不符时，那就选用非标的模架系统。有些时候，即使选用了标准模架，但也会因产品中是否有斜顶机构、侧向分型机构存在而改变标准模架尺寸，在这种情况下，也尽量选用非标模架系统。

案例 ——大水口模架设计

这里以 HB_MOULD 的分模工具和模架工具的具体应用及操作方法阐述某产品的模具设计。本例产品结构如图 8-7 所示。模具布局为一模四腔平衡布局。浇口为潜伏式浇口。分模设计方法是先设计一个产品的成型零件设计，完成后再复制出其余 3 个产品的成型零件。

① 打开本例源文件 "8-1.prt"。

② 经过测量，最后模腔的总体尺寸为 $600\times245\times95$，则本例模具的模架尺寸为 3570（由于导柱导套所占位置会与成型零件产生干涉，将尺寸改为 4070）的标准模架。定模板厚度为 80，动模板厚度为 90。由于浇口为潜伏式，为单分型面，模架类型确定为大水口。

③ 利用 HB_MOULD 的【模胚系列】菜单下的【龙记】标准模架工具，设置 3570 规格的标准模架参数，如图 8-8 所示。

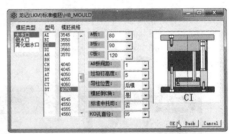

图 8-7 产品模型　　　　　图 8-8 设置标准模架参数

④ 单击【OK】按钮自动加载定义的龙记大水口模架，如图 8-9 所示。

图 8-9 自动加载龙记标准模架

⑤ 利用 HB_MOULD 的【模具特征建模】菜单下的【开框】工具，先创建出型腔及定模板的空腔，如图 8-10 所示。

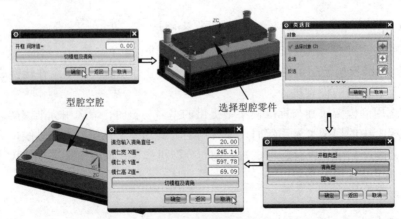

图 8-10 创建型腔零件空腔

⑥ 同理，创建出型芯零件的空腔。

案例——细水口模架设计

细水口模具主要用于以下产品的成型：
- 若一模一腔则要求侧浇口进胶。如果采用大水口模，要么加大模胚造成浪费，要么注胶口严重偏心。
- 一模多腔点浇口进胶制品。
- 一模一腔多个点浇口进胶的制品，通常用于成型较大型的制品。

本例将以一个手机模具设计为例，详解如何设计细水口模具。手机产品模型如图 8-11 所示。

此产品为一模一腔，浇口必须为多浇口形式才能保证熔料充填平衡，又因手机壳产品局部为内观，因此可设计为 3 点进胶。手机模具的进胶方式决定了其应该用细水口模架，如图 8-12 所示。

图 8-11　手机产品

图 8-12　3 点进胶的浇口设计

① 打开本例源文件"8-3.prt"。
② 利用测量工具，测得成型零件尺寸长宽高分别为 115mm、60 mm 和 190 mm，可以基本确定为细水口 DCI 型模架规格为 2735，动模板高度确定为 90 mm，定模板高度确定为 60mm，水口推板（卸料板）确定为 20mm。
③ 利用 HB_MOULD 的【模胚系列】菜单下的【龙记】标准模架工具，单击【新建模胚】按钮，然后在弹出的对话框中设置 2735 规格的标准模架参数，如图 8-13 所示。
④ 单击【OK】按钮，自动加载定义的龙记大水口模架，如图 8-14 所示。

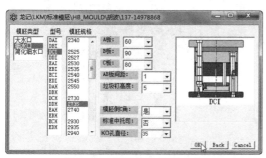

图 8-13　设置标准模架参数

图 8-14　自动加载龙记标准模架

⑤ 利用 HB_MOULD 的【模具特征建模】菜单下的【开框】工具，依次创建出型腔与定模板、型芯与动模板的空腔，如图 8-15 所示。

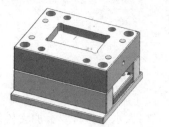

图 8-15　创建成型零件的空腔

⑥ 至此，完成了本例细水口模架的设计。

8.2　HB_MOULD 侧向分型与抽芯机构设计

当塑件上具有与开模方向不同的内外侧凹、侧孔、侧凸台或倒扣时，塑件不能直接脱模，须将成型侧孔或侧凹的零件做成活动型芯（侧向成型零件），在开模前先将之抽出，然后再将制件顶出。

带动活动型芯做侧向移动（抽拔与复位）的整个机构称为侧向分型与抽芯机构。其中，对于成型侧向凸台的情况（包括垂直分型的瓣合模），常常称为侧向分型；对于成型侧孔或侧凹的情况，往往称为侧向抽芯；对于成型产品内侧倒扣的情况，则称为斜向顶出分型。但是，在一般的设计中，统称为侧向分型。

案例——手机盖模具侧向分型机构设计

本例手机盖产品结构比较复杂，有侧孔、侧凹和内部倒扣特征，如图 8-16 所示。

由于产品四周都有侧凹、侧孔，需要做成四面斜导柱滑块抽芯，滑块与滑块之间有 45°碰面，如图 8-17 所示。

此外内部倒扣设计为斜向顶出机构，如图 8-18 所示。

图 8-16　产品模型

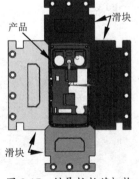

图 8-17　斜导柱抽芯机构

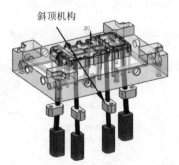

图 8-18　斜顶机构

1. 设计滑块抽芯机构

设计斜导柱抽芯机构的方法是，先将滑块头分割出来，然后加载抽芯机构标准件（也称"行位"标准件)。设计步骤如下。

(1)设计分割滑块头的分型面。

① 打开本例素材源文件"8-3.prt",如图 8-19 所示。

② 隐藏型腔零件和型芯零件,仅显示产品模型。然后利用【抽取几何体】工具,抽取分型线以下型芯侧的产品面,同时包括产品底部面和外侧凹、侧孔面,如图 8-20 所示。

图 8-19 打开的素材文件

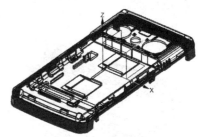
图 8-20 抽取型芯侧的产品面

③ 在无碍侧向分型的情况下,对产品底部抽取的面做细节处理,就是尽量使抽取面的边圆滑,避免出现细、窄、尖等。先利用【桥接曲线】【直线】等工具创建如图 8-21 所示的过渡直线段。

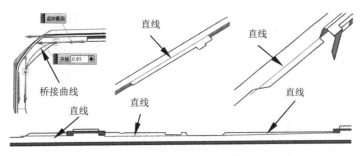
图 8-21 创建过渡直线段

④ 缝合抽取的曲面,再利用【修剪片体】工具,用创建的过渡曲线段将抽取的曲面进行修剪。

> **技术点拨**
> 由于要处理的细节比较多,图片不能完全表达出来,可以参考本例视频来学习。

⑤ 利用【拉伸】工具,创建如图 8-22 所示的拉伸曲面。

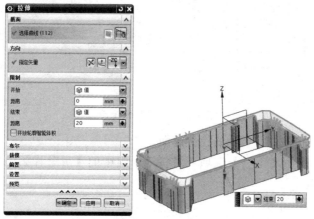
图 8-22 创建拉伸曲面

⑥ 利用【N边曲面】工具修补2个侧孔，如图8-23所示。

⑦ 创建基准平面，如图8-24所示。然后利用基准平面修剪拉伸曲面，如图8-25所示。

⑧ 再创建如图8-26所示的水平拉伸曲面。然后缝合所有曲面。

图8-23 修补侧孔

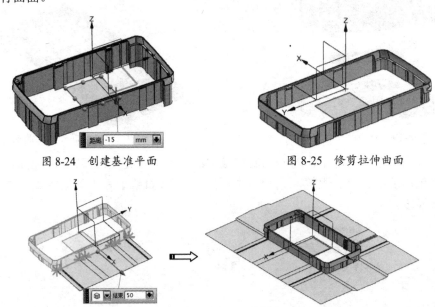

图8-24 创建基准平面　　　　图8-25 修剪拉伸曲面

图8-26 创建水平拉伸曲面

⑨ 在新建的基准平面上绘制草图并创建拉伸曲面，如图8-27所示。

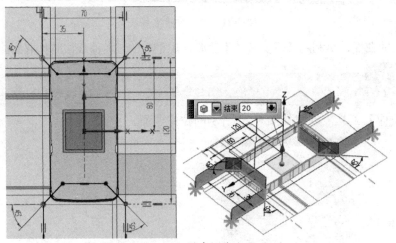

图8-27 创建拉伸曲面

⑩ 同理，再创建出如图8-28所示的拉伸曲面。

⑪ 显示型芯零件。利用【主页】选项卡【特征】组中的【拆分体】工具，首先拆分出如图8-29所示的实体。

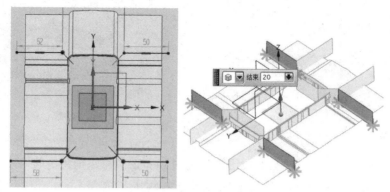

图 8-28 创建拉伸曲面

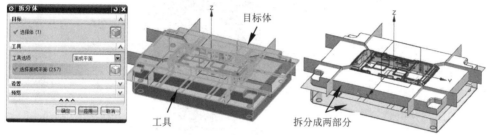

图 8-29 拆分型芯成两部分

⑫ 继续拆分上部分的实体,如图 8-30 所示。

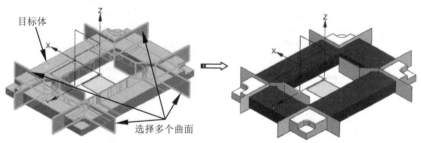

图 8-30 拆分实体

⑬ 将有虎口的 4 个实体重新与型芯下半部分进行布尔求和,如图 8-31 所示。

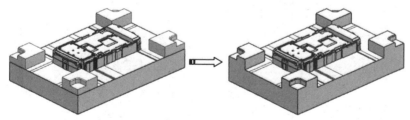

图 8-31 求和操作

⑭ 利用【边倒圆】工具创建如图 8-32 所示的圆角。
⑮ 分割完成的滑块头如图 8-33 所示。

技术点拨

鉴于四面滑块较大,注塑时侧面压力大,为了防止抽芯机构在长久使用后出现磨损误差,须在滑块头上设计虎口来防止滑动。

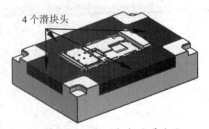

图 8-32 创建圆角　　　　　　　图 8-33 分割完成的滑块头

⑯ 利用【拉伸】工具，在滑块头上创建如图 8-34 所示的具有拔模角度的拉伸实体。

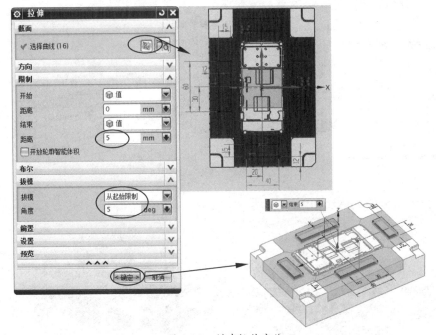

图 8-34 创建拉伸实体

⑰ 利用【倒斜角】工具，在 4 个拉伸实体上创建斜角，如图 8-35 所示。

⑱ 利用【求和】工具，将 4 个拉伸实体分别与各自的滑块头合并。

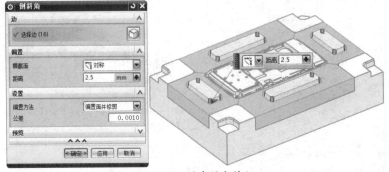

图 8-35 创建斜角特征

⑲ 显示型腔零件，利用【求差】工具，从型腔零件中创建虎口特征，如图 8-36 所示。

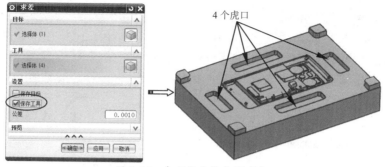

图 8-36　在型腔零件中创建虎口

⑳ 为了便于型腔零件中虎口位的加工,可将虎口位外侧延伸至零件边缘。利用直接建模工具的【移动面】工具,拖动虎口位外侧的面即可,如图 8-37 所示。

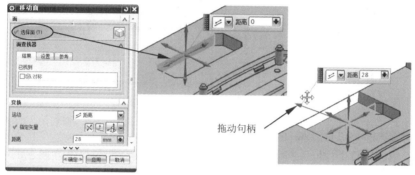

图 8-37　移动虎口位外侧面

㉑ 修改完成的虎口如图 8-38 所示。

（2）加载模架。

经过测量工具测量成型零件总体尺寸为 130mm×190mm×72mm（型腔 30,型芯 42）,如果没有侧向分型机构,模架可选用标准模架 2330 规格,非标准模架为 2130。考虑到有四面抽芯机构,可适当加大模架尺寸,可选用标准模架为 3035。由于浇口设计为多点同时进胶,模架中需要卸料板卸料,因此,模架类型为龙记简化型细水口（3 板模）FCI 模架。本例的成型零件是建模环境下设计的,我们将使用 HB_MOULD 工具来设计模架和侧向分型与抽芯机构。

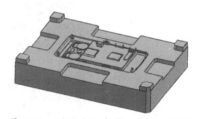

图 8-38　型腔零件中虎口的修改结果

> **技术点拨**
>
> 选择简化型细水口模架,是为了让滑块机构有更大的安装空间。

① 利用 HB_MOULD【模胚系列】中的龙记模架,设置模架参数,如图 8-39 所示。

图 8-39　设置模架参数

② 加载的龙记模架如图 8-40 所示。
③ 加载模架后，需要设计成型零件的空腔。利用 HB_MOULD【模具图纸建模】下的【开框】工具，创建动模板和定模上的空腔。以创建动模板型芯零件空腔为例，如图 8-41 所示。
④ 同理，创建出定模板上的型腔空腔。

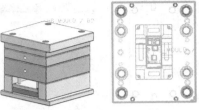

图 8-40 加载的龙记模架

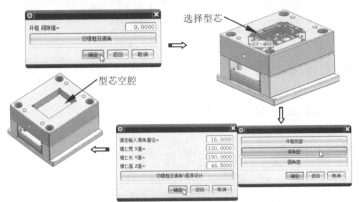

图 8-41 创建动模板的型芯空腔

（3）加载滑块抽芯机构标准件。
① 利用 HB_MOULD【行位系列】下的【行位铲基】工具，加载 XC 方向上的滑块标准件，如图 8-42 所示。

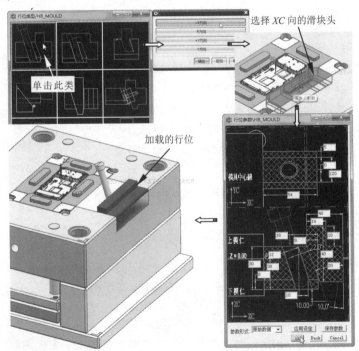

图 8-42 加载滑块抽芯机构标准件（行位）

② 由于滑块头较大较长，需要双斜导柱才能保证滑块抽拔力的均衡。选中自动加载的单斜导柱，按 Delete 键删除。
③ 然后利用 HB_MOULD【行位系列】下的【斜导柱】工具，加载出如图 8-43 所示的斜导柱。

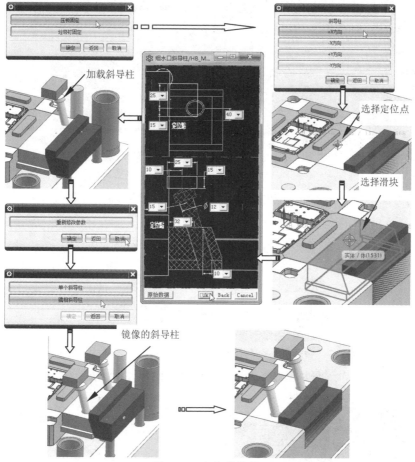

图 8-43 加载斜导柱

④ 接下来加载滑块上的压条。利用 HB_MOULD【行位系列】下的【压条】工具,加载出如图 8-44 所示的压条。

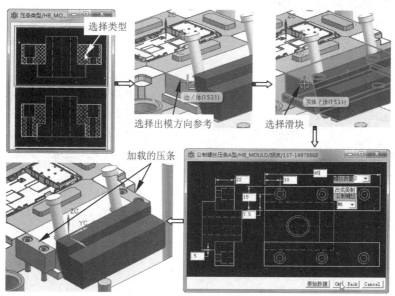

图 8-44 加载压条

⑤ 压条加载后还要创建出滑块标准件的空腔。利用 HB_MOULD【行位系列】下的【梯槽】工具，创建如图 8-45 所示的滑块标准件空腔。

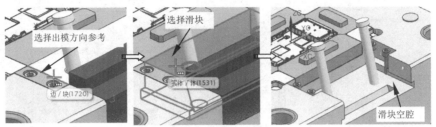

图 8-45　创建滑块空腔

⑥ 用同样的方法，创建出对称一侧的滑块抽芯机构，如图 8-46 所示。

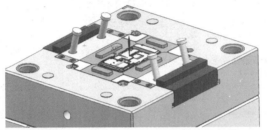

图 8-46　加载对称侧的双斜导柱滑块机构

⑦ 同理，加载第 3 个单斜导柱滑块标准件（行位），如图 8-47 所示。

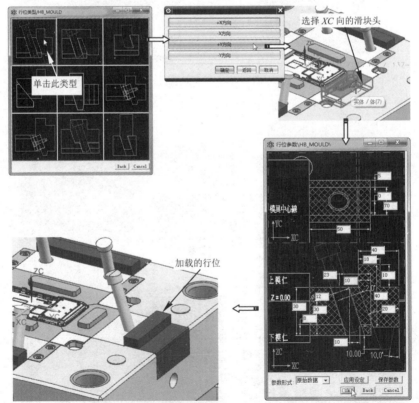

图 8-47　加载滑块抽芯机构标准件（行位）

⑧ 再加载压条，并创建出滑块机构的空腔，结果如图 8-48 所示。

⑨ 同理，按此方法在对称侧也创建相同参数的滑块抽芯机构，如图 8-49 所示。

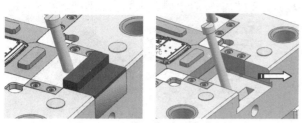
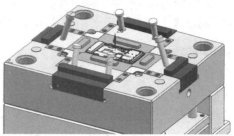

图 8-48　加载压条并创建滑块空腔　　　　图 8-49　对称设计完成的侧滑块抽芯机构

⑩ 滑块头和滑块之间的连接结构设计，可按照本例图 8-17 图示结构来设计。这里就不介绍操作步骤了。

2. 设计斜顶机构

从产品可以看出，有 2 个内部倒扣位和 2 个侧凹，需要设计斜顶机构才能顺利脱模。

（1）设计 2 个内部侧凹的斜顶机构。

① 图形区中仅显示型芯零件，其余零部件隐藏。

② 首先设计展露在外的倒扣位的斜顶机构。利用 HB_MOULD【模具标准件】下的【斜顶】工具，创建如图 8-50 所示的滑块标准件空腔。

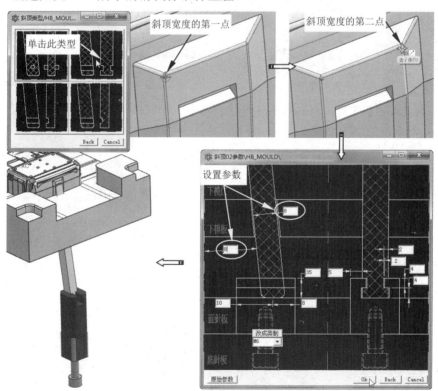

图 8-50　加载斜顶标准件

> **技术点拨**
> 斜顶顶部位置是由坐标系的原点来控制的，也可以先设置坐标系，然后再加载斜顶标准件。

③ 斜顶头部不够长,需要拉长。利用直接建模的【拉出面】工具,拉伸斜顶顶部的面,如图 8-51 所示。

④ 利用【主页】选项卡中的【拆分体】工具,从型芯中修剪出斜顶形状,如图 8-52 所示。

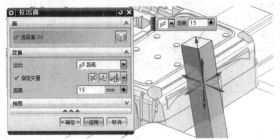 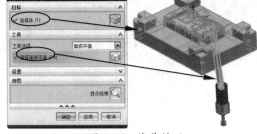

图 8-51 拉出斜顶顶部面　　　　　　　　　图 8-52 修剪斜顶

⑤ 隐藏斜顶标准件后,就可以看到斜顶头部形状,如图 8-53 所示。

⑥ 再利用【求差】工具,将斜顶标准件求差,得到斜顶下半部分,如图 8-54 所示。

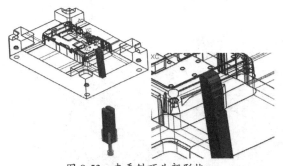 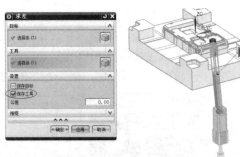

图 8-53 查看斜顶头部形状　　　　　　　　图 8-54 求差得到斜顶下半部分

⑦ 最后利用【求和】工具,将斜顶头部形状和斜顶下半部分合并,得到完整的斜顶机构,如图 8-55 所示。

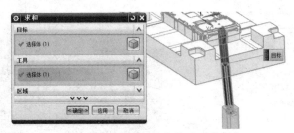

图 8-55 合并斜顶头和斜顶下半部分

⑧ 同理,设计出对称侧的斜顶机构,如图 8-56 所示。

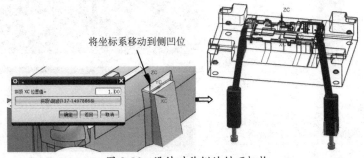

图 8-56 设计对称侧的斜顶机构

08 UG 系统与机构设计

> 💡 **技术点拨**
> 重新加载斜顶标准件时，需重新将工作坐标系移动到侧凹位上。

（2）设计内部侧凹。

接下来设计在型芯内部倒扣的斜顶机构。由于在型芯上看不清倒扣位的形状，不便于设计斜顶。在产品上进行设计就变得容易了。

① 显示产品模型，隐藏成型零件。将坐标系移动到倒扣位上，如图 8-57 所示。

② 然后加载如图 8-58 所示的相同参数的斜顶标准件。

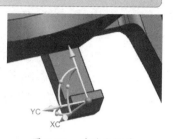

图 8-57　移动坐标系

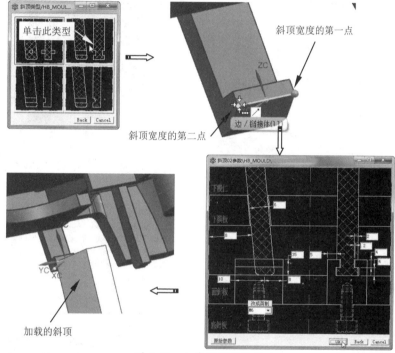

图 8-58　加载斜顶标准件

> 💡 **技术点拨**
> 在选取斜顶宽度的第一点和第二点时，要注意选取顺序，否则斜顶的顶出方向会错乱。

③ 利用【移动面】工具，移动斜顶顶部面，如图 8-59 所示。

④ 利用【分割面】工具，分割斜顶面，如图 8-60 所示。

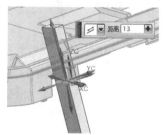

图 8-59　移动斜顶面

图 8-60　分割斜顶面

⑤ 利用【替换面】工具，将分割后的斜顶面替换成倒扣位上的面，如图 8-61 所示。

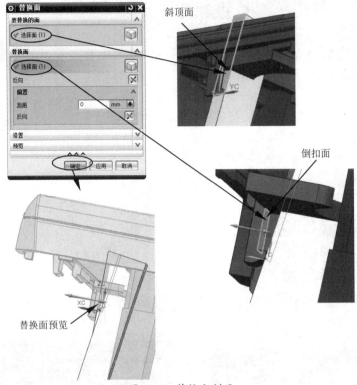

图 8-61　替换分割面

⑥ 由于加载的斜顶宽度不足最低宽度 4mm，在开合模过程中容易折断。因此利用【移动面】工具，将斜顶宽度加大，如图 8-62 所示。

⑦ 同理，按此方法创建另一倒扣位上的斜顶机构，此斜顶宽度足够，无须增大，如图 8-63 所示。

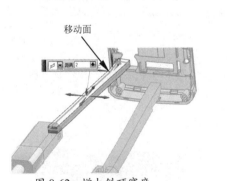
图 8-62　增大斜顶宽度

图 8-63　设计另一倒扣位的斜顶机构

⑧ 隐藏产品，显示型芯零件。先利用【拆分体】工具，拆分出斜顶头部形状，如图 8-64 所示。

⑨ 再利用【求差】工具，用斜顶标准件减去斜顶头部得到斜顶下半部分，如图 8-65 所示。

⑩ 最后利用【求和】工具，合并斜顶头和下半部分斜顶，完成斜顶机构的设计，如图 8-66 所示。

08 UG 系统与机构设计

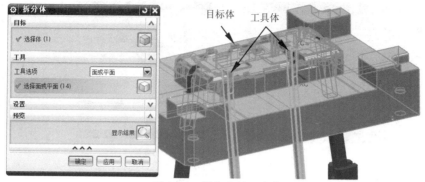

图 8-64 拆分出斜顶头部

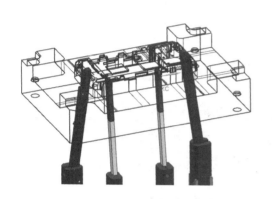

图 8-65 求差减出斜顶头部

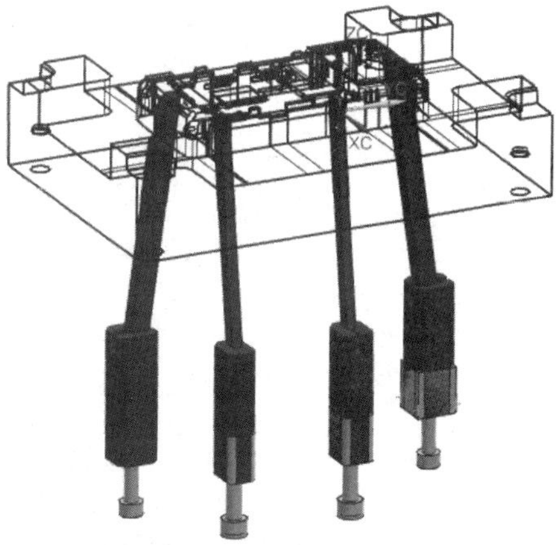

图 8-66 完成的斜顶机构

8.3 MW 浇注系统设计

对讲机后壳为一塑料制件。它的作用是用来固定、保护主体机器内部零件，材料为 PC+ABS。

对讲机后壳模具的成型零件与产品模型如图 8-67 所示。模具浇注系统中，浇口形式采用"侧浇口"，分流道截面为半圆形，主流道为浇口套标准件。

案例——主流道设计

① 打开 "8-4_top_169.prt" 文件。
② 在【注塑模向导】选项卡上单击【标准件库】按钮，程序则弹出【标准件管理】对话框。然后按如图 8-68 所示的操作步骤，完成定位环标准件的加载。
③ 加载浇口套：在【标准件管理】对话框中，按如图 8-69 所示的操作步骤，完成浇口套标准件的加载。

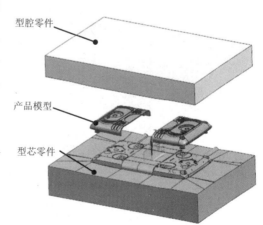

图 8-67 对讲机后壳模具的成型零件与产品模型

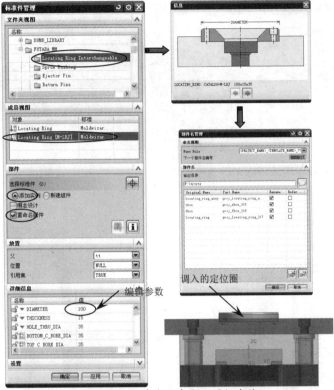

图 8-68　加载浇口套定位圈标准件

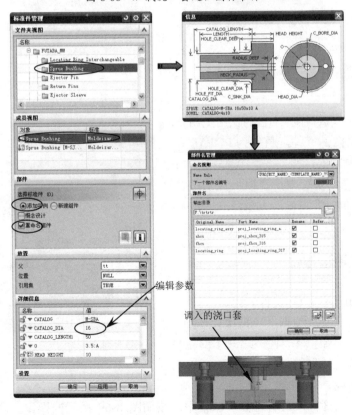

图 8-69　加载浇口套

案例 ——设计分流道

① 将定模部分、型腔、定位环等装配部件暂时隐藏。
② 本案例流道设计采用手动绘制。首先把型芯设为工作部件，然后单击建模工具条中的【拉伸】按钮，再单击建模工具条中的【边倒角】按钮，创建如图 8-70 所示的实体块。

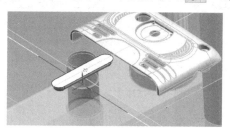

图 8-70 创建流道实体块

③ 最后单击建模工具条中【布尔运算】为【求差】，同时选取型芯为目标体，实体块为刀具，然后单击【确定】按钮，生成如图 8-71 所示的效果图。

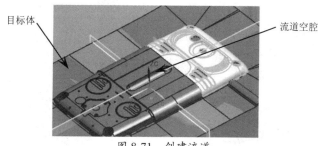

图 8-71 创建流道

案例 ——浇口设计

① 在【注塑模向导】选项卡中单击【浇口库】按钮，弹出【浇口设计】对话框。
② 按如图 8-72 所示的操作步骤，完成浇口组件的加载。

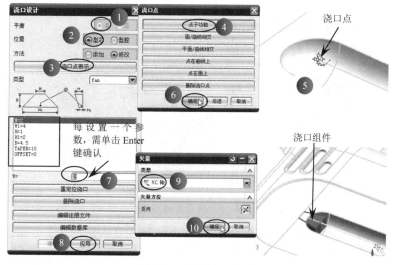

图 8-72 加载浇口组件

③ 使用"腔体"工具,以创建流道空腔的方法,在型芯中创建浇口空腔,结果如图 8-73 所示。

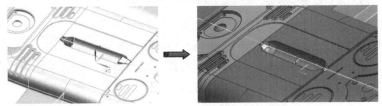

图 8-73　创建浇口空腔

8.4　MW 冷却系统设计

支撑架模具的成型零件与模架如图 8-74 所示。

在模具冷却系统中,为了简化冷却水路,冷却回路全采用"串联循环水路"。本例模具的冷却水路将在型腔、型芯,以及动、定模板中创建。

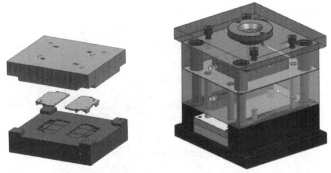

图 8-74　支撑架模具的成型零件与模架

案例——设计动模板及型芯中的冷却水路

① 打开本例源文件"8-5.prt",暂时隐藏定模部分。
② 利用【基准平面】工具,以动模板上表面为参考,创建新基准平面,如图 8-75 所示。

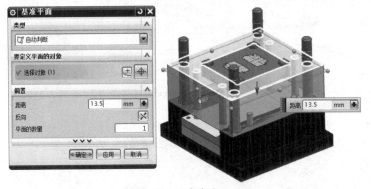

图 8-75　创建基准平面

③ 在【冷却工具】组中单击【水路图样】按钮 ,弹出【水路图样】对话框。单击【绘制截面】按钮,然后在上一步创建的基准平面上绘制如图 8-76 所示的冷却水路草图。

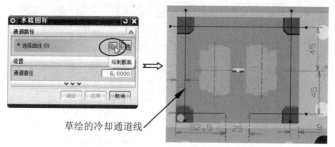

图 8-76 绘制动模板中第 1 条冷却通道组件

④ 退出草绘环境后，设置通道直径为 6，再单击【确定】按钮完成型芯冷却水路的创建，如图 8-77 所示。

图 8-77 创建型芯冷却水路

⑤ 单击【直接水路】按钮，打开【直接水路】对话框，按如图 8-78 所示的步骤创建直接水路。

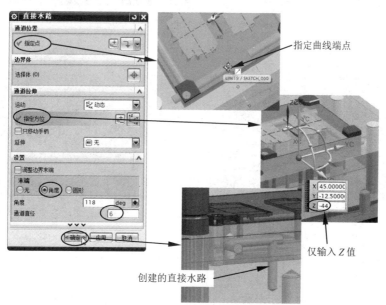

图 8-78 创建直接水路

⑥ 同理，创建另一直接水路，如图 8-79 所示。

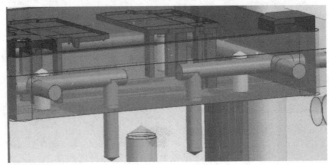

图 8-79 创建另一直接水路

⑦ 再利用【直接水路】工具,设计出动模板冷却水路,结果如图 8-80 所示。
⑧ 用同样的方法创建动模板上的另一条冷却水路,结果如图 8-81 所示。
⑨ 同理,定模板中的冷却水路也按此方法进行加载,形状及尺寸都相同。操作步骤这里就不再介绍了。最终加载完成的定模板冷却通道组件(直径为"6")如图 8-82 所示。

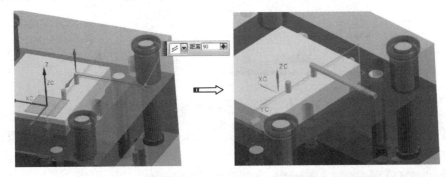

图 8-80 设计动模板冷却水路

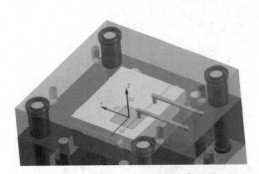

图 8-81 设计动模板另一冷却水路

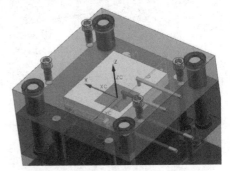

图 8-82 设计完成的定模板冷却水路

⑩ 接下来为冷却通道添加圆锥头部(表示在加工通孔时,钻头留下的形状)。在【冷却工具】组中单击【延伸水路】按钮,弹出【延伸水路】对话框,然后按如图 8-83 所示的操作步骤,选择 6 条冷却通道组件来创建圆锥头。
⑪ 使用"腔体"工具,以动、定模板作为目标体、冷却通道组件作为刀具体,创建出冷却通道空腔。
⑫ 加载冷却组件——接头。在【冷却工具】组中单击【冷却标准部件库】按钮,程序弹出【冷却组件设计】对话框,如图 8-84 所示。【冷却组件设计】对话框中的【成员视图】列表中列出了所有的冷却系统标准件。

08 UG系统与机构设计

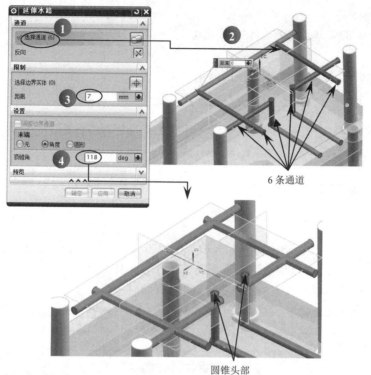

图 8-83 创建圆锥头

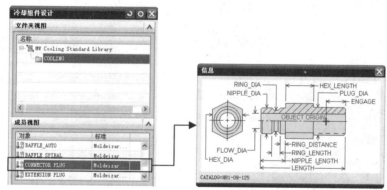

图 8-84 【冷却组件设计】对话框

⑬ 在【冷却组件设计】对话框中,首先单击【应用】按钮,然后单击【重定位】按钮,对【冷却组件】参数进行编辑操作。最后加载结果如图 8-85 所示

⑭ 用同样的方法加载其他冷却组件——接头,如图 8-86 所示。

图 8-85 加载【冷却组件】

图 8-86 加载完成的冷却组件

> **技术点拨**
> 动加载冷却通道组件后,引导线被保存在图层第 181 层,通道组件则保存在图层第 182 层。

8.5 MW 顶出系统设计

继续前一案例支撑架模具的顶出系统设计。在加载顶杆标准件后,再使用"顶杆后处理"工具,将顶杆头部修剪成型芯分型面的部分形状。

案例——加载并修剪顶杆

① 打开本例素材文件"8-6.prt"。
② 加载 5mm 顶杆。在【注塑模向导】选项卡下单击【标准件库】按钮,弹出【标准件管理】对话框,同时程序自动激活一个型芯部件作为工作部件。
③ 按如图 8-87 所示的操作步骤,加载第 1 根顶杆标准件。

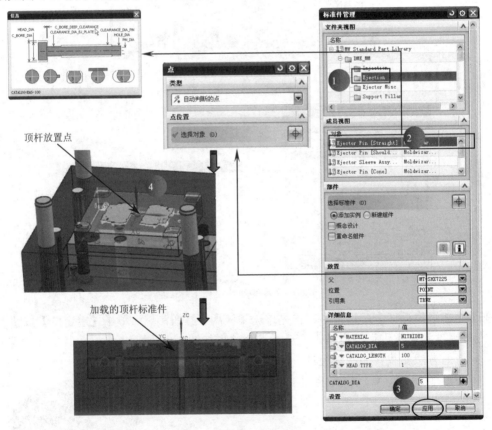

图 8-87 加载第 1 根顶杆标准件

> **技术点拨**
> 如果产品比较规则,可以输入点坐标来确定顶杆位置。但多数产品是不规则的,因此手动选择放置点可提高工作效率。加载的顶杆必须使产品推出时达到平衡,否则会令产品变形。

④ 在【点】对话框没有关闭的情况下，继续选择放置点来加载其余的顶杆组件，完成结果如图 8-88 所示。完成大顶杆加载后，需关闭【标准件管理】对话框。

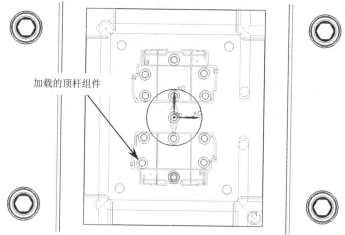

图 8-88　加载完成的顶杆组件

⑤ 图形区中仅显示动模板、型芯和顶杆组件。
⑥ 单击【顶杆后处理】按钮，弹出【顶杆后处理】对话框，同时程序自动激活型芯和该型芯上的顶杆部件作为工作部件。
⑦ 按如图 8-89 所示的操作步骤，完成所有顶杆组件的修剪。

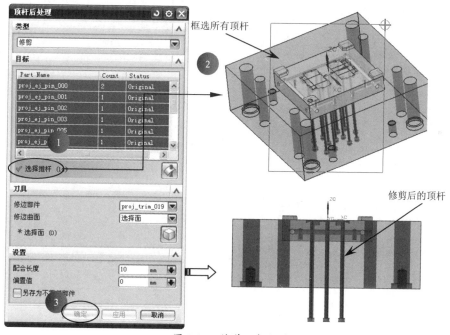

图 8-89　修剪顶杆组件

⑧ 使用"腔体"工具，在型芯和动模板中创建出顶杆空腔，如图 8-90 所示。

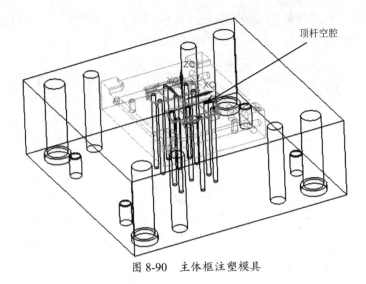

图 8-90 主体框注塑模具

⑨ 顶出系统设计完成,最后将设计结果保存。

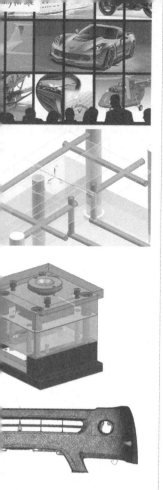

09

UG 模具数控加工案例

在机械制造过程中，数控加工的应用可提高生产率、稳定加工质量、缩短加工周期、增加生产柔性、实现对各种复杂精密零件的自动化加工。

数控加工中心易于在工厂或车间实行计算机管理，还能使车间设备总数减少，节省人力，改善劳动条件，有利于加快产品的开发和更新换代，从而提高企业对市场的适应能力，并提高企业综合经济效益。

项目分解

- ☑ 知识点 01：数控加工基本知识
- ☑ 知识点 02：面铣削
- ☑ 知识点 03：平面铣削
- ☑ 知识点 04：轮廓铣削
- ☑ 知识点 05：固定轴曲面轮廓铣
- ☑ 知识点 06：可变轴曲面轮廓铣（多轴铣）

扫码看视频

9.1 数控加工基本知识

在机械制造过程中,数控加工的应用可提高生产率、稳定加工质量、缩短加工周期、增加生产柔性、实现对各种复杂精密零件的自动化加工,如图 9-1 所示,为数控加工中心。

图 9-1 数控加工中心

9.1.1 计算机数控的概念与发展

学习数控编程,首先要了解数控技术的相关概念。这些概念包括数控的概念、数控机床和数控系统的概念。

- 数控:GB8129—1997 中对其定义为:用数值数据的控制装置,在运行过程中不断地引入数值数据,从而对某一生产过程实现自动控制。
- 数控机床:若机床的操作命令以数值数据的方式描述,工作按照规定的程序自动进行,这种机床则称为数控机床。
- 数控系统:其是指计算机数字控制装置、可编程控制器、进给驱动与主轴驱动装置等相关设备的总称。为区别起见,将其中的计算机数字控制装置称为数控装置。

计算机数控的发展,先后经历了电子管(1952 年)、晶体管(1959 年)、小规模集成电路(1965 年)、大规模集成电路及小型计算机(1970 年)和微处理机或微型计算机(1974 年)等五代数控系统。

前三代属于采用专用控制计算机的硬接线(硬件)数控装置,一般称为 NC 数控装置。第四代数控系统采用小型计算机代替专用硬件控制计算机,这种数控系统称为计算机数控系统(Computerized Numberical Control,即 CNC)。自 1974 年开始,以微处理机为核心的数控装置(Microcomputerized Numberical Control,即 MNC)得到迅速发展。

我国从 1958 年开始研制数控机床,20 世纪 60 年代中期进入实用阶段。自 20 世纪 80 年代开始,引进日本、美国、德国等国外著名数控系统和伺服系统制造商的技术,使我国数控系统在性能、可靠性等方面得到了迅速发展。经过一系列科技攻关,我国已掌握了现代数控技术的核心内容。目前我国已有数控系统(含主轴与进给驱动单元)生产企业五十多家,数控机床生产企业百余家。

9.1.2 数控机床的组成与结构

采用数控技术进行控制的机床，称为数控机床（NC 机床）。

数控机床是一种高效的自动化数字加工设备，它严格按照加工程序，自动地对被加工工件进行加工。数控系统外部输入的直接用于加工的程序（手动输入、网络传输、DNC 传输）称为数控程序。执行数控程序对应的是数控系统内部的数控系统软件，数控系统是用于数控机床工作的核心部分。

数控机床主要由机床本体、数控系统、驱动装置、辅助装置等几个部分组成。

- 机床本体：是数控机床加工的机械部分，主要包括支承部件（床身、立柱等）、主运动部分（主轴箱）、进给运动部件（工作台滑板、刀架）等。
- 数控系统：（CNC 装置）是数控机床的控制核心，一般是一台专用的计算机。
- 驱动装置：是数控机床执行机构的驱动部分，包括主轴电动机、进给伺服电动机等。
- 辅助装置：是数控机床的一些配套部件，包括刀库、液压装置、启动装置、冷却系统、排屑装置、夹具、换刀机械手等。

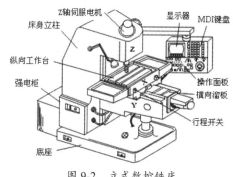

图 9-2　立式数控铣床

如图 9-2 所示，为常见的立式数控铣床。

9.1.3 数控加工特点

总的来说，数控加工有如下特点：

- 自动化程度高，具有很高的生产效率。除手动装夹毛坯外，其余全部加工过程都可由数控机床自动完成。若配合自动装卸手段，则是无人控制工厂的基本组成环节。数控加工减轻了操作者的劳动强度，改善了劳动条件；省去了划线、多次装夹定位、检测等工序及其辅助操作，有效地提高了生产效率。
- 对加工对象的适应性强。改变加工对象时，除更换刀具和解决毛坯装夹方式外，只需重新编程即可，不需要做其他任何复杂的调整，从而缩短了生产准备周期。
- 加工精度高，质量稳定。加工尺寸精度在 0.005～0.01 mm 之间，不受零件复杂程度的影响。由于大部分操作都由机器自动完成，因而消除了人为误差，提高了批量零件尺寸的一致性，同时精密控制的机床上还采用了位置检测装置，更加提高了数控加工的精度。
- 易于建立与计算机间的通信联络，容易实现群控。由于机床采用数字信息控制，易于与计算机辅助设计系统连接，形成 CAD/CAM 一体化系统，并建立起各机床间的联系，容易实现群控。

9.1.4 数控加工原理

当操作工人使用机床加工零件时，通常都需要对机床的各种动作进行控制，一是控制动作的先后次序，二是控制机床各运动部件的位移量。而采用普通机床加工时，这种开车、停车、走刀、换向、主轴变速和开关切削液等操作都是由人工直接控制的。

1. 数控加工的一般工作原理

采用自动机床和仿形机床加工时，上述操作和运动参数则是通过设计好的凸轮、靠模和挡块等装置以模拟量的形式来控制的，它们虽能加工比较复杂的零件，且有一定的灵活性和通用性，但是零件的加工精度受凸轮、靠模制造精度的影响，且工序准备时间也很长。数控加工的一般工作原理如图 9-3 所示。

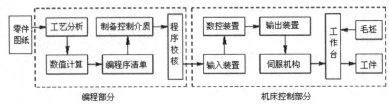

图 9-3　数控加工的工作原理

机床上的刀具和工件间的相对运动，称为表面成形运动，简称成形运动或切削运动。数控加工是指数控机床按照数控程序所确定的轨迹（称为数控刀轨）进行表面成形运动，从而加工出产品的表面形状。如图 9-4 所示为平面轮廓加工示意图。如图 9-5 所示为曲面加工的切削示意图。

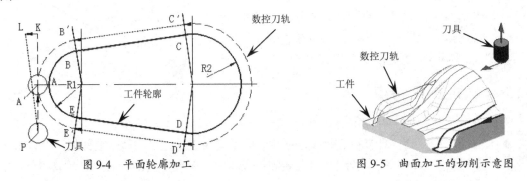

图 9-4　平面轮廓加工　　　　　图 9-5　曲面加工的切削示意图

2. 数控刀轨

数控刀轨是由一系列简单的线段连接而成的折线，折线上的节点称为刀位点。刀具的中心点沿着刀轨依次经过每一个刀位点，从而切削出工件的形状。

刀具从一个刀位点移动到下一个刀位点的运动称为数控机床的插补运动。由于数控机床一般只能以直线或圆弧这两种简单的运动形式完成插补运动，因此数控刀轨只能是由许多直线段和圆弧段将刀位点连接而成的折线。

数控编程的任务是计算出数控刀轨，并以程序的形式输出到数控机床，其核心内容就是计算出数控刀轨上的刀位点。

在数控加工误差中，与数控编程直接相关的有两个主要部分：

- 刀轨的插补误差：由于数控刀轨只能由直线和圆弧组成，因此只能近似地拟合理想的加工轨迹，如图 9-6 所示。
- 残余高度：在曲面加工中，相邻两条数控刀轨之间会留下未切削区域，如图 9-7 所示，由此造成的加工误差被称为残余高度，它主要影响加工表面的粗糙度。

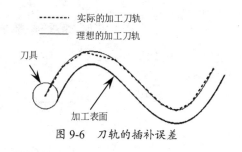
图 9-6 刀轨的插补误差

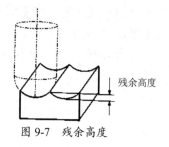
图 9-7 残余高度

9.2 面铣削

面铣削是通过选择面区域来指定加工范围的一种操作,主要用于加工区域为面且表面余量一致的零件。

面铣削是平面铣削模板里的一种操作类型。它不需要指定底面,加工深度由设置的余量决定。因为设置深度余量是沿刀轴方向计算的,所以加工面必须和刀轴垂直,否则无法生成刀路。

9.2.1 面铣削加工类型

面铣削是平面铣削模板里的一种操作类型。如图 9-8 所示为面铣削的零件与加工刀路。

面铣削操作是从模板创建的,并且需要几何体、刀具和参数来生成刀轨。为了生成刀轨,UG 程序需要将面几何体作为输入信息。对于每个所选面,处理器会跟踪几何体,确定要加工的区域,并在不过切部件的情况下切削这些区域。

面铣削有如下特点:

图 9-8 面铣削零件与加工刀路

- 交互非常简单,原因是用户只需选择所有要加工的面并指定要从各个面的顶部去除的余量。
- 当区域互相靠近且高度相同时,它们就可以一起进行加工,这样就因消除了某些进刀和退刀运动而节省了时间。合并区域还能生成最有效的刀轨,原因是刀具在切削区域之间移动不太远。
- 【面铣削】提供了一种描述需要从所选面的顶部去除的余量的快速简单方法。余量是自面向顶而非自顶向下的方式进行建模的。
- 使用【面铣削】可以轻松地加工实体上的平面,例如通常在铸件上发现的固定凸垫。
- 创建区域时,系统将面所在的实体识别为部件几何体。如果将实体选为部件,则可以使用干涉检查来避免干涉此部件。
- 对于要加工的各个面,可以使用不同的切削模式,包括在其中使用【教导模式】来驱动刀具的手动切削模式。
- 刀具将完全切过固定凸垫,并在抬刀前完全清除此部件。

【面铣削】是用于面轮廓、面区域或面孤岛的一种铣削方式。它通过逐层切削工件来创建刀具路径,这种操作最常用于粗加工材料,为精加工操作做准备。在【应用模块】选项卡下单击【加工】按钮 ,进入加工制造环境。然后在【主页】选项卡的【刀片】组中单击【创建工序】按钮，弹出【创建工序】对话框。NX CAM 提供了四种用于创建面铣削操作的子类型，如图 9-9 所示。

图 9-9 四种面铣削操作子类型

- 底壁加工：表面区域铣适用于在实体模型上使用【切削区域】【壁几何体】等几何体类型进行的精加工和半精加工。操作中将包含部件几何体、切削区域、壁几何体、检查几何体和自动选择壁等。
- 带 IPW 的底壁加工：与【底壁加工】方法相同，只是在模拟时有 IPW 残料。
- 使用边界面铣削：使用边界面铣削适用于在实体模型上使用【面边界】等几何体进行的精加工和半精加工。【使用边界面铣削】操作中包含部件几何体、面（毛坯边界）、检查边界和检查几何体。
- 手动面铣削：表面手动铣可以代替使用某一种可选择、预定义的切削模式。操作包含所有几何体类型，并且切削模式为【混合】。

9.2.2 面铣削加工几何体

使用【底壁加工】子类型，只需选择部件几何体、切削区域几何体、壁几何体和检查几何体就可以创建工序。

在【创建工序】对话框的【工序子类型】选项区中选择【底壁加工】子类型，然后单击【应用】按钮，将弹出【底壁加工】对话框，如图 9-10 所示。在对话框的【几何体】选项区中包括用于指定面铣削操作的几何体选项，介绍如下。

1. 几何体

【几何体】选项用于指定面铣削操作的几何体父组对象，如果用户在创建工序之前没有创建几何体对象或者没有指定 CAM 默认几何体父组（MCS_MILL），可以单击【新建】按钮，在随后弹出的【新建几何体】对话框中创建面铣削的几何体父组，如图 9-11 所示。

图 9-10 【底壁加工】对话框

图 9-11 【新建几何体】对话框

> **技术要点**
> 若用户没有创建几何体父组（对象）或没有指定默认的几何体父组时，【编辑】按钮则灰显，反之则亮显。用户可以单击此按钮来重新定义几何体父组对象。

2. 指定部件

【指定部件】选项用于指定面铣削操作的部件几何体，部件几何体对象必须是实体（一般是零件）。单击【选择或编辑部件几何体】按钮，弹出【部件几何体】对话框。

在【部件几何体】对话框中激活【选择对象】命令，选择零件模型作为几何体。可以单击【添加新集】按钮，添加多个零件模型作为部件几何体，选择的几何体将在【列表】中显示。单击【移除】按钮，可以删除不需要的几何体。最后单击【确定】按钮，完成部件几何体的指定，如图9-12所示。

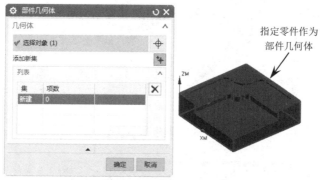

图9-12 指定部件几何体

> **技术要点**
> 若用户没有指定部件，【显示】按钮灰显，反之则亮显。单击【显示】按钮，图形区中将以紫色边框显示所指定的部件几何体。

3. 指定切削区底面

"切削区域"用于定义要切削的面。单击【选择或编辑切削区域几何体】按钮，程序弹出【切削区域】对话框。

通过该对话框，可以选择面、片体和小平面体作为要切削的区域，对选择的切削区域可以进行编辑，也可以添加新的面作为切削区域，如图9-13所示。

 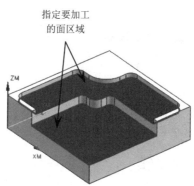

图9-13 指定切削区域几何

4. 指定壁几何体

"壁几何体"是指面铣削过程中,切削区域的侧壁面几何体。通过指定侧壁,可以设置壁余量。单击【选择或编辑壁几何体】按钮 ,将弹出【壁几何体】对话框。

通过该对话框,用户可以选择面、片体和特征(曲面区域)作为壁几何体。单击【确定】按钮关闭【壁几何体】对话框,然后在【几何体】选项区勾选【自动壁】复选框,软件程序会自动选择与切削区域相邻的侧壁面作为壁几何体,如图9-14所示。

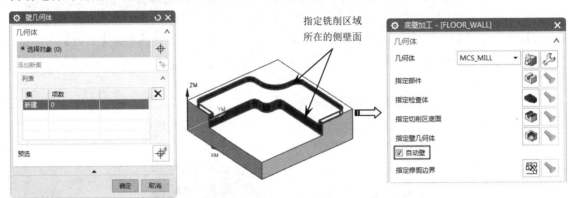

图 9-14 指定壁几何体

> **技术要点**
> 【指定切削区底面】和【指定壁几何体】选项仅当在【表面区域铣】操作和【表面手动铣】操作时才可用。

5. 指定检查体

【指定检查体】选项用于指定代表夹具或其他避免加工区域的实体、面、曲线。当刀轨遇到检查曲面时,刀具将退出,直至到达下一个安全的切削位置。单击【选择或编辑检查几何体】按钮 ,弹出【检查几何体】对话框,如图9-15所示。

如图9-16所示为表示装夹的实体。

 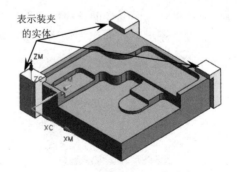

图 9-15 【检查几何体】对话框　　　　图 9-16 表示装夹的实体

9.2.3 刀具和刀轴

面铣削操作的【底壁加工】对话框中,【工具】选项区和【刀轴】选项区用于设置切削加工的刀具和刀具相对于机床坐标系的方位。

1. 刀具

【工具】选项区主要设置刀具类型、尺寸,以及手动换刀、刀具补偿等设置。在【刀具】下拉列表中选择先前已定义的刀具,以进行编辑。【工具】选项区的选项如图 9-17 所示。

(1)新建。

单击【新建刀具】按钮,可以创建新的刀具,并将其放在工序导航器的机床视图中以用于其他操作。弹出的【新建刀具】对话框,如图 9-18 所示。

如果用户需要编辑刀具,可以单击【编辑/显示】按钮,重新定义刀具参数。

(2)输出。

【输出】选项组设置并显示刀具号、补偿、刀具补偿、Z 偏置及其相关继承状态的当前参数。

(3)换刀设置。

【换刀设置】选项组显示手动换刀和文本状态的当前设置。还显示夹持器号和继承状态。勾选【手动换刀】复选框,将由人工来设置换刀。勾选【文本状态】复选框,可在下方的文本框内输入换刀的文字描述。

图 9-17 【工具】选项区

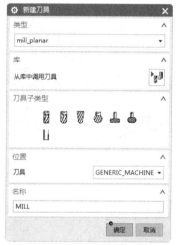

图 9-18 【新建刀具】对话框

2. 刀轴

刀轴可用于多个铣削操作中,除了深度加工、5 轴铣、可变轮廓操作、一般运动、探测和顺序铣。【轴】选项区控制刀具相对于机床坐标系的方位。

在【轴】下拉列表中包括 4 种轴定义方法:

- +ZM 轴:将机床坐标系的轴方位指派给刀具。
- 指定矢量:允许通过定义矢量指定刀轴。激活此命令后,将显示【指定矢量】选项,如图 9-19 所示。用户可以在下拉列表中选择矢量,也可以在图形区中指定矢量,还可以单击【矢量】按钮,在弹出的【矢量】对话框中确定矢量,如图 9-20 所示。
- 垂直于第一个面:将刀轴定向为垂直于第一个选定的面。主要用于面铣削操作。
- 动态:通过手动操作坐标系,使 ZC 轴指向刀轴方向。

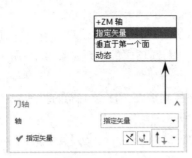

图 9-19　指定矢量方法　　　　　　　图 9-20　【矢量】对话框

案例——表面区域铣削加工

表面区域铣适用于在实体模型上使用【切削区域】【壁几何体】等几何体类型进行精加工和半精加工。表面区域铣可以选择高低不同的平面进行切削。本例表面区域铣削的加工模型如图 9-21 所示。

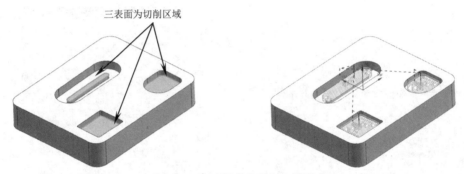

图 9-21　表面区域铣削加工模型

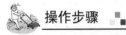

① 打开本例源文件 9-1.prt。
② 在【应用模块】选项卡下单击【加工】按钮，进入加工模块，如图 9-22 所示。
③ 随后弹出【加工环境】对话框。在【加工环境】对话框中保留默认的 CAM 会话设置，然后单击【确定】按钮进入加工环境，如图 9-23 所示。

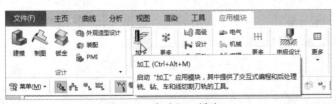

图 9-22　启动加工模块　　　　　　　图 9-23　加工环境设置

④ 在工序导航器中设置【几何视图】，然后双击 MCS 或者执行右键菜单【编辑】命令，弹出【MCS】对话框，如图 9-24 所示。

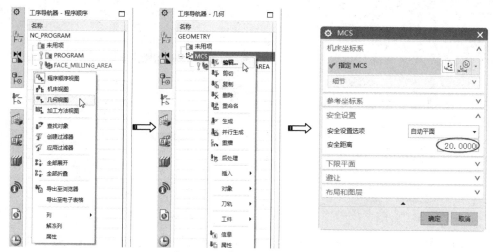

图 9-24 编辑 MCS 加工坐标系

⑤ 在【MCS】对话框中单击【CSYS】按钮，弹出【CSYS】对话框。在对话框的【类型】下拉列表中选择【对象的 CSYS】选项，然后选取待加工模型最高表面为工作坐标原点放置面，如图 9-25 所示。

⑥ 自动返回【MCS】设置对话框，在其对话框中设置安全距离为 20 即可，最后结果如图 9-26 所示。当然，工作坐标原点在程序后处理前都可以重新编辑定义，然后再重新生成刀路轨迹。

图 9-25 【CSYS】下拉列表

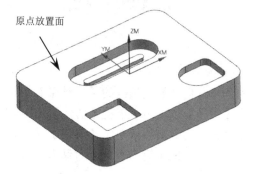

图 9-26 设置工作坐标系原点

> **技术要点**
>
> 设置工作坐标原点在模型最高平面，且在中心位置。这样便于加工时对刀，找准毛坯高度，以防止零件偏位，造成零件报废。

⑦ 在【主页】选项卡的【插入】组中单击【创建工序】按钮，打开【创建工序】对话框。并对其进行设置，完成后单击【确定】按钮，如图 9-27 所示。

⑧ 在【几何体】选项区中单击【选择或编辑部件几何体】按钮，程序弹出【部件几何体】对话框。然后选取图形区整个零件作为部件几何体，最后单击【确定】按钮完成部件几何体的选取，如图 9-28 所示。

图 9-27 创建工序

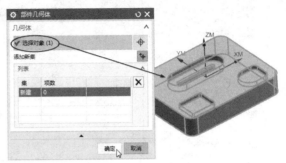

图 9-28 选取部件几何体

⑨ 单击【选择或编辑切削区域几何体】按钮，弹出【切削区域】对话框。接着选取两凹槽底面为切削区域，最后单击【确定】按钮完成切削区域的选取，结果如图 9-29 所示。

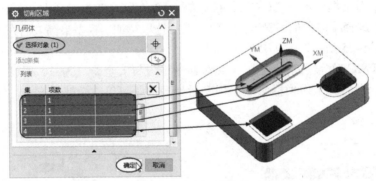

图 9-29 选取切削区域

⑩ 勾选【几何体】选项区的【自动壁】复选框。
⑪ 在【工具】选项区中单击【新建】按钮，弹出【新建刀具】对话框，选择【立铣刀】类型并输入刀具名称，单击【确定】按钮，如图 9-30 所示。
⑫ 然后在弹出的【铣刀参数】对话框中设置刀具参数，如图 9-31 所示。完成后单击【确定】按钮结束铣刀的设定。
⑬ 在【刀轨设置】选项卡的【切削模式】下拉列表中选择【跟随周边】选项，设置【步进】为【刀具平直百分比】选项，其百分比为【50】，结果如图 9-32 所示。

> **技术要点**
>
> 步进和每刀深度的设置与刀具的大小、工件表面要求有很大关系，步进和每刀深度设置与刀具的大小成正比例关系，而每刀深度与刀具的大小几乎成反比例关系，每刀深度愈小，表面就愈光滑，但加工时间会加长。

图 9-30　选择刀具类型　　图 9-31　设置刀具参数　　图 9-32　刀轨设置

⑭ 在【刀轨设置】选项区单击【切削参数】按钮，进入切削参数设置对话框。并在【余量】选项卡下进行参数设置，如图 9-33 所示。最后单击【确定】按钮返回【底壁加工】对话框。

⑮ 单击【进给和速度】按钮，弹出【进给率和速度】对话框。设置主轴转速为【1200】，切削速率为【250】，勾选【在生成时优化进给率】复选框。其他参数默认不变，最后单击【确定】按钮完成设置，如图 9-34 所示。

图 9-33　设置切削参数　　　　　　　　图 9-34　设置进给率和速度

⑯ 最后在【操作】选项区中单击【生成】按钮，生成刀路轨迹，如图 9-35 所示。

⑰ 在【操作】选项区中单击【确认】按钮，打开【刀轨可视化】对话框。在【3D 动态】选项卡中单击【播放】按钮，会出现提示"验证时毛坯是必需的"，如图 9-36 所示。

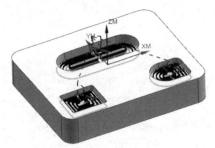
图 9-35　生成刀路轨迹

图 9-36　提示

⑱ 单击【确定】按钮确认，进入【毛坯几何体】设置对话框。保留此对话框的默认设置，直接单击【确定】按钮即可生成如图 9-37 所示的毛坯图。

 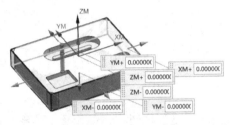

图 9-37　设置毛坯几何体

⑲ 最后单击【播放】按钮，查看切削动态模拟，如图 9-38 所示。

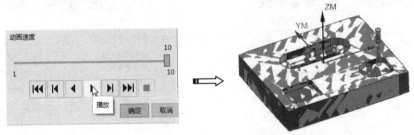

图 9-38　动态切削仿真

9.3　平面铣削

平面铣削中，创建几何体的过程要比表面铣削复杂一些。因为它不再是选择一组要加工的面，而是指定部件边界（零件要加工的轮廓）、指定底面（加工的深度）、指定毛坯边界（加工时区域的毛坯）等。

9.3.1　平面铣削操作类型

平面铣削类型在 mill_planar 模板内，它是基于水平切削层上创建刀路轨迹的一种加工类型。它的子类型比较多，如图 9-39 所示。按照加工的对象分类有：精铣底面、精铣壁、铣轮廓、挖槽等。按照切削模式分类有：往复、单向、轮廓等。

9.3.2 平面铣削加工

平面铣削的参数设置主要是几何体的创建和切削层的设置，其余参数与面铣削相同。

在平面铣削中，【切削体积】是指要移除的材料。要移除的材料指定为【毛坯】材料（原料件、锻件、铸件等）减去【零件（部件）】材料，如图9-40所示。

图9-39 平面铣削类型

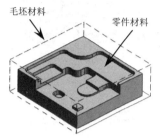

图9-40 平面铣削的【切削体积】

用户可以在【平面铣】中使用边界来定义【毛坯】和【部件】几何体，也可以在【型腔铣】中通过选择面、曲线或实体来定义这些几何体。

在【插入】组中单击【创建工序】按钮，打开【创建工序】对话框，如图9-41所示。

在【创建工序】对话框的【工序子类型】选项区中单击【PLANAR_MILL】按钮，然后再单击【确定】按钮，即可打开【平面铣】对话框，如图9-42所示。

图9-41 【创建工序】对话框

图9-42 【平面铣】对话框

9.3.3 平面铣削切削层

切削层决定多深度操作的过程，切削层也叫切削深度，如图9-43所示。【切削层】可以由岛顶部、底平面和键入值来定义。只有在刀具轴与底面垂直或者部件边界与底面平行的情况下，才会应用【切削层】参数。

在【刀轨设置】选项区中单击【切削层】按钮，程序弹出【切削层】对话框，如图9-44所示。在【切削层】对话框中包含5种切削深度参数类型：用户定义、仅底部面、底部面、临界深度和恒定。

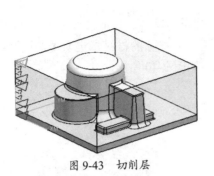

图 9-43 切削层

图 9-44 【切削层】对话框

案例——平面铣削加工

如图 9-45 所示为某模具的零件和加工轨迹效果图，其中有五个凹槽，零件的材料为 45#钢。通过对此机械零件的加工操作，以达到熟悉平面铣削操作功能的目的。本零件加工时采用的 D10 平底刀对零件平面凹槽进行粗加工。平面主要加工与刀轴垂直的几何体，所以平面铣削加工出来的是直壁垂直与底面的零件（如要加工斜壁，可把侧面余量增量的值改为函数关系式），平面铣削无须做出完整的造型，只要依据 2D 图形可直接产生刀路。

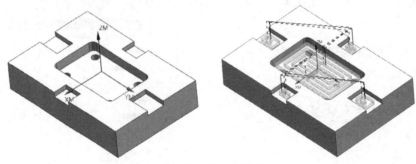

图 9-45 凹模零件图

① 打开 "9-2.prt" 文件，如图 9-46 所示。
② 进入加工模块，如图 9-47 所示。
③ 在弹出的【加工环境】对话框中，将【CAM 会话配置】默认为【cam_general】，如图 9-48 所示。

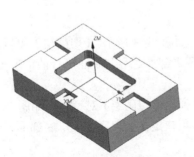

图 9-46 待加工模型

图 9-47 选择【加工】命令

图 9-48 加工环境设置

④ 设置工作坐标系原点。在【工序导航器】的空白区域单击鼠标右键，在弹出的快捷菜单中选择【几何视图】命令，如图 9-49 所示。接着在几何视图中选择坐标系 MCS 进行编辑，如图 9-50 所示。随后弹出【MCS】对话框，如图 9-51 所示。

图 9-49　切换【几何视图】　　　图 9-50　编辑 MCS　　　图 9-51　【MCS】对话框

⑤ 在【MCS】对话框中单击【CSYS】按钮，弹出【CSYS】对话框，如图 9-52 所示。接着在其对话框的【类型】下拉列表中选择【对象的 CSYS】选项，然后选择待加工模型最高表面为工作坐标原点放置面，返回【MCS】设置对话框，设置安全距离为"20"即可，如图 9-53 所示。

 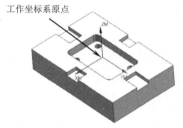

图 9-52　【CSYS】对话框　　　　图 9-53　设置工作坐标系原点

⑥ 在工具条上单击【创建工序】按钮，弹出如图 9-54 所示的【创建工序】对话框，对其进行设置，完成后单击【确定】按钮，弹出【平面铣】对话框，如图 9-55 所示。

图 9-54　【创建工序】对话框　　　　图 9-55　【平面铣】对话框

⑦ 在【工具】选项区中单击【新建】按钮,弹出【新建刀具】对话框,在【刀具子类型】选项区选择【立铣刀】,单击【确定】按钮,如图 9-56 所示。接着弹出【铣刀-5 参数】对话框,如图 9-57 所示。设置刀具直径为【10】,完成后单击【确定】按钮,结束铣刀参数的设置。

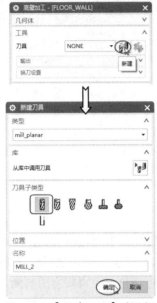
图 9-56 【新建刀具】对话框

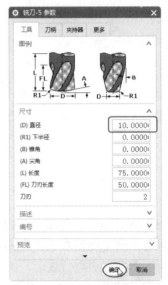
图 9-57 【铣刀-5 参数】对话框

⑧ 在【刀轨设置】选项区的【切削模式】下拉列表中选择【跟随部件】选项,设置【步距】为【刀具平直百分比】,其百分比为【50】,如图 9-58 所示。

⑨ 在【刀轨设置】选项区中单击【切削层】按钮,弹出如图 9-59 所示的【切削层】对话框。在该对话框中设置每刀深度为【1】,其他参数保留默认,完成后单击【确定】按钮,返回【平面铣】对话框。

图 9-58 【刀轨设置】对话框

图 9-59 【切削层】对话框

⑩ 在【平面铣】对话框的【几何体】选项区中单击【选择或编辑部件几何体】按钮,弹出【边界几何体】对话框,如图 9-60 所示。

⑪ 选择【材料侧】为【外部】,保留其余选项的默认设置,然后选择零件中间的凹槽底面,程序自动识别其边界,如图 9-61 所示。

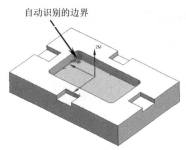

图 9-60 【边界几何体】对话框　　　图 9-61 选择部件边界

⑫ 单击【确定】按钮，弹出【编辑边界】对话框。设定【平面】选项为【用户定义】，如图 9-62 所示。接着选取零件上表面作为部件边界参考面，最后单击【确定】按钮完成部件边界的选取。最终选取凹槽边界的结果如图 9-63 所示。

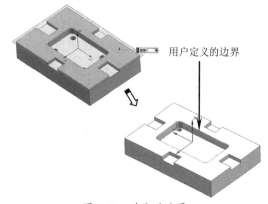

图 9-62 【编辑边界】对话框　　　图 9-63 选取的边界

⑬ 在【编辑边界】对话框中单击【附加】按钮，弹出【边界几何体】对话框，更改【模式】为【曲线/边】，如图 9-64 所示。接着选取其中一个凹槽的 3 条边，单击【创建下一个边界】按钮，完成其他 3 个凹槽的边的选取，如图 9-65 所示。

⑭ 最后单击【确定】按钮，边界选取的最终结果如图 9-66 所示。

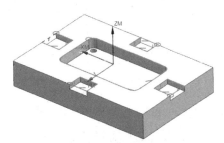

图 9-64 【边界几何体】对话框　　图 9-65 【创建边界】对话框　　图 9-66 创建的边界

⑮ 在【几何体】选项区中单击【指定底面】按钮，弹出【平面】对话框，如图9-67所示。接着选取凹槽底部为底面，单击【确定】按钮完成底面的选取，如图9-68所示。

图9-67 【平面】选择对话框

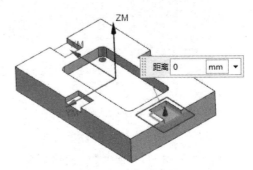

图9-68 选取的底面

⑯ 设置切削参数：在【刀轨设置】选项区中单击【切削参数】按钮，弹出【切削参数】对话框，再单击【余量】选项卡，进入【余量】选项区进行参数设置，如图9-69所示，最后单击【确定】按钮返回【平面铣】对话框。

⑰ 设置进给参数：在【刀轨设置】选项区中，单击【进给率和速度】按钮，弹出【进给率和速度】对话框。设置【主轴速度】为【1200】，【切削速率】为【250】，勾选【在生成时优化进给率】复选框。其他参数默认不变，最后单击【确定】按钮完成设置，如图9-70所示。

图9-69 【切削参数】对话框

图9-70 【进给率和速度】对话框

⑱ 在【平面铣】对话框中单击【生成】按钮生成刀路轨迹，如图9-71所示。

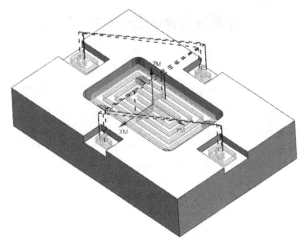

图 9-71 生成刀路轨迹

9.4 轮廓铣削

轮廓铣削的加工过程与平面铣削类似,都是用平面的切削层(垂直于刀轴)去除大量材料。不同的是定义几何体的方法,平面铣使用边界定义加工几何体,而轮廓铣则可以使用边界、面、曲线和实体,并且常用实体来定义模具的型腔和型芯。

平面铣用于切削具有竖直壁的部件以及垂直于刀轴的平面岛和底部面。适合平面铣的零件如图 9-72 所示。轮廓铣用于切削具有带锥度的壁以及轮廓底部面的部件。适合轮廓铣的零件如图 9-73 所示。

图 9-72 平面铣零件　　　　　　　图 9-73 轮廓铣零件

9.4.1 轮廓铣削类型

轮廓粗铣、深度加工铣及其他去除残料的铣削方法都在 mill_contour 轮廓铣削模板中,如图 9-74 所示。

在轮廓铣削模板中,按加工方法不同,可以将轮廓铣削类型分成 4 个:型腔铣、深度铣、固定轴曲面轮廓铣和 3D 轮廓铣。本节简要讲解除固定轴曲面轮廓铣外的其余 3 种加工类型。

型腔铣主要用于粗加工,插铣用于深壁粗加工或半精加工,拐角粗加工铣用于半精加工;深度铣主要用于凸起零件(模具凸模零件)的外形半精加工或精加工;3D 轮廓铣则主要用于平面的 3D 轮廓加工,其实也是平面铣削的一种特殊类型。

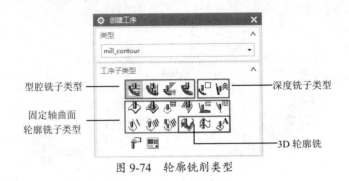

图 9-74 轮廓铣削类型

9.4.2 型腔铣

使用型腔铣操作可移除大体积的材料。型腔铣对于粗切部件，如冲模、铸造和锻造，是理想选择。在图 9-75 中，给出了部件几何体、毛坯几何体和切削区域几何体的示意。

在【创建工序】对话框的【工序子类型】选项区中选择【型腔铣】子类型，再单击【确定】按钮，将弹出如图 9-76 所示的【型腔铣】对话框。

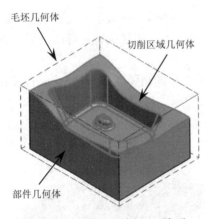

图 9-75 型腔铣的加工几何体

图 9-76 【型腔铣】对话框

9.4.3 深度铣

ZLEVEL_PROFILE（深度轮廓铣）也称等高轮廓铣，是一个固定轴铣削操作，是刀具逐层切削材料的一种加工类型。它适用于零件陡壁的精加工，比如凸台、角落的二轴半加工。因为切削区域的壁可以不垂直刀轴，所以等高铣削的对象包含曲面形状的零件，如图 9-77 所示。

1. 深度铣介绍

深度铣常用于精加工陡峭区域。它有一个关键特征，就是可以指定陡峭角度，通过陡峭角把整个零件几

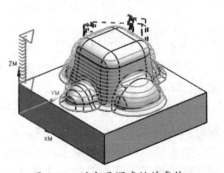

图 9-77 适合于深度铣的零件

何分成陡峭区域和非陡峭区域，使用深度铣操作可以先加工陡峭区域，而非陡峭区域可使用后面章节中将要学习的固定轴曲面轮廓铣来进行。

在某些情况下，使用型腔铣可以生成类似的刀轨。由于深度铣是为半精加工和精加工而设计的，因此使用深度铣代替型腔铣会有一些优点：
- 深度铣不需要毛坯几何体；
- 深度铣具有陡峭空间范围；
- 在先进行深度切削时，【深度铣】按形状进行排序，而【型腔铣】按区域进行排序。这就意味着岛部件形状上的所有层都将在移至下一个岛之前进行切削；
- 在封闭形状上，深度铣可以通过直接斜削到部件上在层之间移动，从而创建螺旋线形刀轨；
- 在开放形状上，深度铣可以交替方向进行切削，从而沿着壁向下创建往复运动。

2. 创建深度轮廓加工操作

许多在深度铣操作中定义的参数与型腔铣操作中所需的那些参数相同。在【创建工序】对话框中选择 ZLEVEL_PROFILE（深度轮廓加工）子类型，然后单击【应用】或【确定】按钮，将弹出【深度轮廓加工】对话框，如图 9-78 所示。

图 9-78 【深度轮廓加工】对话框

案例——型腔铣加工

要加工的零件模型形状如图 9-79 所示。

1. 型腔铣（粗加工）

① 打开本例源文件 9-3.prt 文件，然后进入 CAM 加工环境中。

② 在工序导航器中切换为【几何视图】。双击 MCS_MILL 项目，然后按如图 9-80 所示的操作步骤，移动加工坐标系。

图 9-79 零件模型

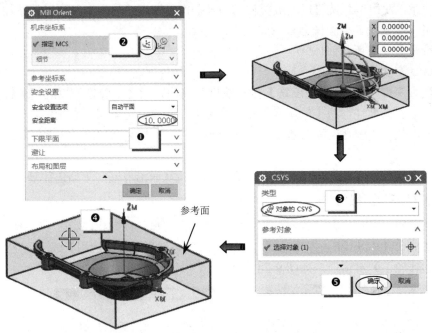

图 9-80 编辑加工坐标系

③ 双击 WORKPIECE 子项目，然后通过弹出的【铣削几何体】对话框指定部件（零件模型）和毛坯（矩形实体）。

④ 使用【创建刀具】工具，创建用于粗加工、半精加工和精加工的 2 把立铣刀。D8R1.5 刀具的刀具参数为：直径【8】、下半径【1.5】、长度【50】、刃长【30】。D40.5 的刀具参数为：直径【4】、下半径【0.5】、长度【50】、刃长【30】。D2.5 的刀具参数为：直径【2.5】、长度【50】、刃长【30】。

⑤ 在【插入】组中单击【创建工序】按钮，然后按如图 9-81 所示的操作步骤创建型腔铣操作并指定加工几何体。

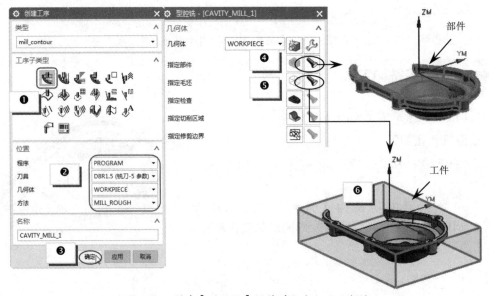

图 9-81 创建【型腔铣】操作并指定加工几何体

> **技术要点**
>
> 在【几何体】选项区中无须指定切削区域。因为这里加工的是整个零件（包括切削零件外的毛坯），而不是加工某部分面。

⑥ 在【刀轨设置】选项区设置如图 9-82 所示的参数。

⑦ 单击【切削参数】按钮，然后在弹出的【切削参数】对话框中设置余量为【1】，如图 9-83 所示。

图 9-82 设置刀轨参数

图 9-83 设置切削余量

⑧ 单击【进给率和速度】按钮，然后在弹出的【进给率和速度】对话框中设置如图 9-84 所示的参数。

⑨ 保留其余参数默认设置，最后在【操作】选项区中单击【生成】按钮，生成型腔粗铣的加工刀路，如图 9-85 所示。

图 9-84 设置进给率和速度

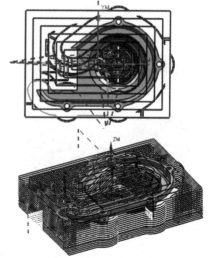

图 9-85 生成刀路

⑩ 在【操作】选项区中单击【确认】按钮，然后通过弹出的【刀轨可视化】对话框对粗加工刀路进行 IPW 模拟，如图 9-86 所示。

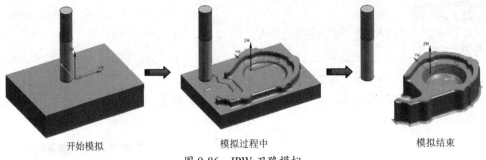

图 9-86　IPW 刀路模拟

⑪ 完成刀路模拟后，关闭【型腔铣】对话框。

2. 剩余铣（半精加工）

① 在【插入】组中单击【创建工序】按钮，然后按如图 9-87 所示的操作步骤创建剩余铣操作。

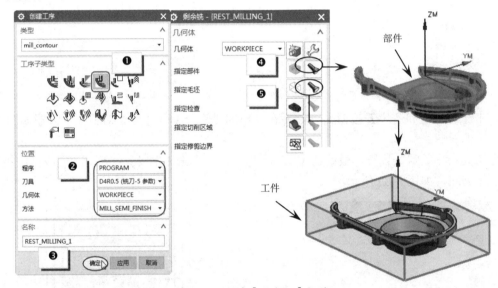

图 9-87　创建【剩余铣】操作

> **技术要点**
>
> 在【创建工序】对话框的【位置】选项区中，【几何体】下拉列表中必须选择为【WORKPIECE】选项，否则将无法加工型腔铣余留的残料。

② 在【刀轨设置】选项区设置如图 9-88 所示的参数。

③ 单击【切削参数】按钮，然后在弹出的【切削参数】对话框中设置余量为【0.01】，如图 9-89 所示。

④ 单击【进给率和速度】按钮，然后在弹出的【进给率和速度】对话框中设置如图 9-90 所示的参数。

⑤ 保留其余参数的默认设置，最后在【操作】选项区中单击【生成】按钮，生成剩余铣的半精加工刀路，如图 9-91 所示。

图 9-88　设置刀轨参数

图 9-89　设置切削余量

图 9-90　设置进给率和速度

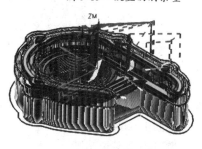

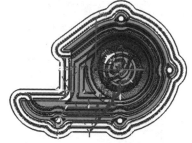

图 9-91　生成半精加工刀路

⑥ 在【操作】选项区中单击【确认】按钮，然后通过弹出的【刀轨可视化】对话框对剩余铣加工刀路进行 3D 状态模拟，如图 9-92 所示。

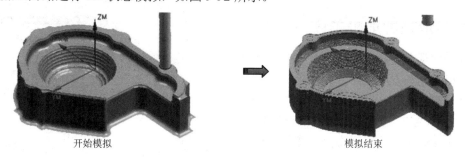

开始模拟　　　　　　　　　　　模拟结束

图 9-92　刀路 3D 状态模拟

⑦ 完成刀路模拟后，关闭【剩余铣】对话框。

9.5 固定轴曲面轮廓铣

固定轴曲面轮廓铣（Fixed Contour）简称为固定轴铣，是用于精加工由轮廓曲面形成的区域的加工方法，并允许通过精确控制和投影矢量，以使刀具沿着复杂的曲面轮廓来运动。

9.5.1 固定轴铣类型

如图 9-93 所示为固定轴铣的铣削原理图。固定轴铣的铣削原理如下：

首先，由驱动几何体产生驱动点，并按投影方向投影到部件几何体上，得到投影点。刀具在该点处与部件几何体接触，故又称为接触点。然后，程序根据接触点位置的部件表面曲率半径、刀具半径等因素，计算得到刀具定位点。最后，将刀具在部件几何体表面从一个接触点移动到下一个接触点，如此重复，就形成了刀轨。

固定轴铣是用于半精加工或精加工曲面轮廓的方法，其特点是：刀轴固定，具有多种切削形式和进刀退刀控制，可投射空间点、曲线、曲面和边界等驱动几何进行加工，可进行螺旋线切削、射线切削及清根切削。

在固定轴铣中，刀轴与指定的方向始终保持平行，即刀轴固定。固定轴铣将空间驱动几何投射到零件表面上，驱动刀具以固定轴形式加工曲面轮廓。固定轴铣主要用于曲面的半精加工和精加工，也可进行多层铣削。

固定轴铣削子类型包括固定轴铣、轮廓区域铣、轮廓面积铣、流线、轮廓区域非陡峭铣和轮廓区域方向陡峭铣，如图 9-94 所示。

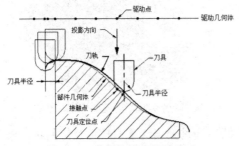

图 9-93 固定轴铣的铣削原理

图 9-94 固定轴铣削类型

9.5.2 固定轴铣加工工序

部件几何体是各种驱动方法中都要指定的元素；切削区域几何体则根据驱动方法不同，可以指定也可以不指定。

在【创建工序】对话框中选择 mill_contour 类型，然后选择 FIXED_CONTOUR（固定轴曲面轮廓铣）操作子类型，如图 9-95 所示，单击【确定】按钮后将弹出【固定轮廓铣】对话框。

在【固定轮廓铣】对话框的【几何体】选项区中，几何体的指定或编辑方法与前面所讲解的型腔铣削操作是相同的。

图 9-95 【创建工序】对话框

案例——固定轴轮廓铣加工

本例是针对一个定模仁的零件利用其【曲线或点】进行【固定轮廓铣】加工，通过对此定模仁的零件的加工操作，以达到熟悉【固定轮廓铣】操作功能的目的。在本练习中将采用 D6 的球刀对定模仁的零件进行加工。动手操作效果如图 9-96 所示。

① 打开本例源文件 "9-4.prt" 文件。然后进入加工模块。
② 设置工作坐标系原点：设置工作坐标原点在模型最高平面，且在中心位置，结果如图 9-97 所示。

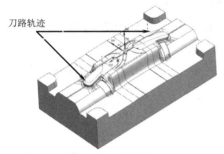 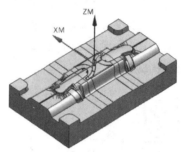

图 9-96 【固定轮廓铣】加工刀轨图　　　　图 9-97 设置工作坐标系原点

③ 在【插入】组上单击【创建工序】按钮，打开如图 9-98 所示的【创建工序】对话框，并对其进行设置，完成后单击【确定】按钮，弹出【固定轮廓铣】对话框，如图 9-99 所示。

图 9-98 【创建工序】对话框　　　　图 9-99 【固定轮廓铣】对话框

④ 在【驱动方法】选项区中，选择驱动方法为【曲线/点】。然后单击【曲线/点】按钮，接着在弹出的【曲线/点驱动方法】对话框中激活【选择曲线】命令，并选取如图 9-100 所示的曲线，最后单击【确定】按钮完成曲线选取。
⑤ 在【工具】选项区中单击【新建】按钮，弹出【新建刀具】对话框。然后选择 CHAMFER_MILL 圆角铣刀，再击【确定】按钮，则弹出【铣刀-5 参数】对话框。设置完成的铣刀参数如图 9-101 所示。

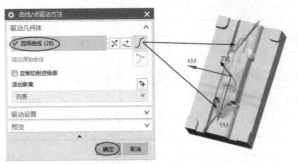

图 9-100　选取驱动曲线

⑥ 单击【选择或编辑部件几何体】按钮，然后指定如图 9-102 所示的零件为部件几何体。

⑦ 在【刀轨设置】选项区中单击【切削参数】按钮，弹出【切削参数】对话框。然后设置如图 9-103 所示的加工余量。

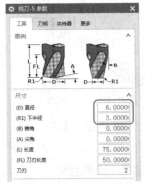
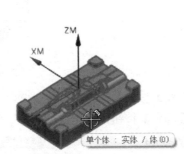

图 9-101　设置刀具参数　　　图 9-102　指定部件几何体　　　图 9-103　【切削参数】设置对话框

⑧ 单击【进给率和速度】按钮。然后设置【主轴速度】为【1200】，【切削速率】为【250】，勾选【在生成时优化进给率】复选框，其他参数默认不变，如图 9-104 所示。

⑨ 操作对话框中的其他参数按默认值进行设置，单击【生成】按钮，生成刀路轨迹如图 9-105 所示。

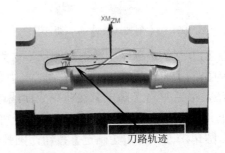

图 9-104　【进给率和速度】设置对话框　　　图 9-105　生成刀路轨迹

9.6 可变轴曲面轮廓铣(多轴铣)

随着机床等基础制造技术的发展,多轴(3轴及3轴以上)机床在生产制造过程中的使用越来越广泛。尤其是针对某些复杂曲面或者精度非常高的机械产品,加工中心的大面积覆盖将多轴加工推广得越来越普遍。

现代制造业所面对的经常是具有复杂型腔的高精度模具制造和复杂型面产品的外形加工,其共同特点是以复杂三维型面为结构主体,整体结构紧凑,制造精度要求高,加工成型难度极大。适用于多轴铣削加工的零件如图9-106所示。

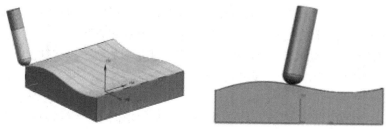

图9-106 适用于多轴铣削加工的零件

9.6.1 多轴铣加工类型

多轴铣(Mill_Multi_Axis)指刀轴沿刀具路径移动时可不断改变方向的铣削加工,包括可变轴曲面轮廓铣(Variable_Contour)、多层切削变轴铣(VC_Multi_Depth)、多层切削双四轴边界变轴铣(VC_Boundary_ZZ_Lead_Lag)、多层切削双四轴曲面变轴铣(VC_Surf_Reg_ZZ_Lead_Lag)、型腔轮廓铣(Contour_Profile)、顺序铣(Sequential_Mill)和往复式曲面铣削(Zig_Zag_Surface)等类型。

如图9-107所示为在Mill_Multi_Axis(多轴铣削)模板中的多轴铣削加工类型。

图9-107 多轴铣削加工类型

9.6.2 刀具轴矢量控制方式

UG多轴加工主要通过控制刀具轴矢量、投影方向和驱动方法来生成加工轨迹。加工关键就是通过控制刀具轴矢量在空间位置的不断变化,或使刀具轴的矢量与机床原始坐标系构成空间某个角度,利用铣刀的侧刃或底刃切削加工来完成。

刀轴是一个矢量,它的方向从刀尖指向刀柄,如图9-108所示。可以定义固定的刀轴,相对地也能定义可变的刀轴。固定的刀轴和指定的矢量始终保持平行,固定轴曲面铣削的刀轴就是固定的,而可变刀轴在切削加工中会发生变化,如图9-109所示。

使用【曲面区域驱动方法】直接在【驱动曲面】上创建刀轨时,应确保正确定义【材料侧矢量】。【材料侧矢量】将决定刀具与【驱动曲面】的哪一侧相接触。【材料侧矢量】必须指向要移除的材料(与【刀轴矢量】的方向相同),如图9-110所示。

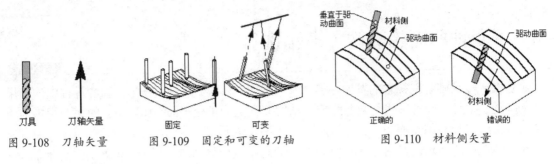

图 9-108　刀轴矢量　　　图 9-109　固定和可变的刀轴　　　图 9-110　材料侧矢量

9.6.3　多轴机床

传统的三轴加工机床只有正交的 X、Y、Z 轴，则刀具只能沿着此三轴做线性平移，使加工工件的几何形状有所限制。因此，必须增加机床的轴数来获得加工的自由度，即 A、B 和 C 轴 3 个旋转轴。但是一般情况下只需两个旋转轴便能加工出复杂的型面。

增加机床的轴数来获得加工的自由度，最典型的就是增加两个旋转轴，成为五轴加工机床（增加一个轴便是四轴加工中心，这里针对五轴的来说明多轴加工的能力和特点）。五轴加工机床在 X、Y、Z 正交的三轴驱动系统内，另外加装倾斜的和旋转的双轴旋转系统，在其中的 X、Y、Z 轴决定刀具的位置，两个旋转轴决定刀具的方向。如图 9-111 所示为普通五轴数控机床加工零件的情况。

如图 9-112 所示为近年来国内某厂家开发的新型五轴并联数控加床。

　　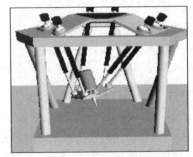

图 9-111　五轴数控机床的零件加工　　　图 9-112　五轴并联数控机床

并联机床又称虚拟轴机床，是近年来世界上逐渐兴起的一种新型结构机床，它能实现五坐标联动，被称为 21 世纪的新型加工设备，被誉为【机床结构的重大革命】。它与传统机床相比，具有结构简单、机械制造成本低、功能灵活性强、结构刚度好、积累误差小、动态性能好、标准化程度高、易于组织生产等一系列优点，与进口的同类机床相比，其性价比高。

9.6.4　多轴加工的特点

多轴数控加工的特点如下：

- 加工多个斜角、倒钩时，利用旋转轴直接旋转工件，可降低夹具的数量，并可以省去校正的时间，如图 9-113 所示。
- 利用五轴加工方式及刀轴角度的变化，并避免静电摩擦，以延长刀具寿命，如图 9-114 所示。

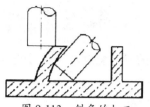
图 9-113　斜角的加工

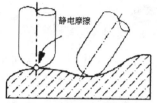
图 9-114　防静电摩擦

- 使用侧刃切削，减少加工道次，获得最佳质量，提升加工效能，如图 9-115 所示。
- 当倾斜角很大时，可降低工件的变形量，如图 9-116 所示。

图 9-115　使用侧刃切削

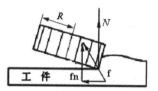
图 9-116　降低工件的变形量

- 减少使用各类成型刀，通常以一般的刀具完成加工。
- 通常在进行多轴曲面铣削规划时，以几何加工方面误差来说，有路径间距、刀具进给量和过切等三大主要影响因素。

> **技术要点**
>
> 在参数化加工程序中，通常是凭借刀具接触点的数据来决定刀具位置及刀轴方向，而曲面上刀具接触数据点最好可以在加工的允许误差范围内随曲面曲率做动态调整，也就是路径间距和刀具进给量可以随着曲面的平坦或是陡峭来做不同疏密程度的调整。这些都能在 UG 多轴加工中充分体现出来。

案例——可变轮廓铣

本例的零件模型如图 9-117 所示。利用可变轴曲面轮廓铣分别对模型上的两个部位进行加工：小圆形凸起面（4 个）和流线凹形面。可以利用【可变流线铣】驱动方式进行半精加工和精加工。如图 9-118 所示为加工刀路。

图 9-117　零件模型

图 9-118　加工刀路

① 打开本例源文件 9-5.prt，然后，打开【加工环境】对话框。
② 在此对话框中选择 mill_multi-axis 的 CAM 设置，并单击【确定】按钮进入 CAM 加工环境。
③ 使用【创建刀具】工具，创建两把直径 10mm、长 200mm（T10）和直径 4mm、长 150mm（T4）的球头铣刀。

> **技术要点**
> 刀具长度根据零件高度来确定。

④ 单击【创建工序】按钮，然后按如图 9-119 所示的操作步骤创建【可变流线铣】工序并指定加工几何体。

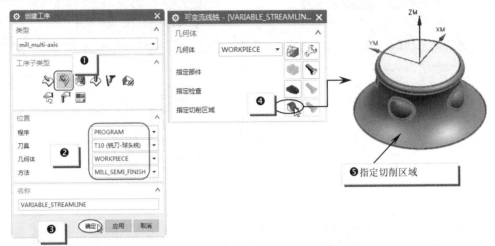

图 9-119　编辑铣削几何体

⑤ 在【可变流线铣】对话框的【驱动方法】选项区中单击【编辑】按钮，将弹出【流线驱动方法】对话框，然后按如图 9-120 所示的步骤来选择流曲线。

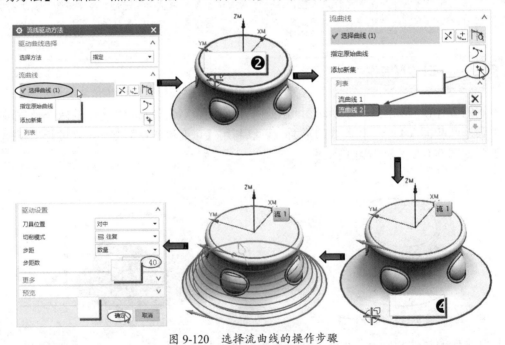

图 9-120　选择流曲线的操作步骤

> **技术要点**
> 首次设置流曲线驱动，程序会自动选择流曲线供用户确认，如果正确，则无须设置流曲线。多个流曲线的方向必须是一致的，可单击【反向】按钮进行调整。

⑥ 在【刀轴】选项区中选择【垂直于驱动体】选项。

⑦ 单击【切削参数】按钮，在弹出的【切削参数】对话框中设置切削参数，如图9-121所示。
⑧ 单击【进给率和速度】按钮，然后在弹出的【进给率和速度】对话框中设置如图9-122所示的参数。
⑨ 保留其余参数的默认设置，最后在【操作】选项区中单击【生成】按钮，生成流线半精加工刀路，如图9-123所示。

图9-121 设置切削参数

图9-122 设置进给率和速度

图9-123 生成刀路

⑩ 完成刀路模拟后，关闭【可变流线铣】对话框。

9.7 综合实战——凸模零件加工

在本节中，将以一个模具后模仁零件的编程动手操作，来重点介绍从粗加工到精加工、从平面铣削到曲面铣削的加工过程。

要加工的模具后模仁零件为一模两腔的模具布局，如图9-124所示。

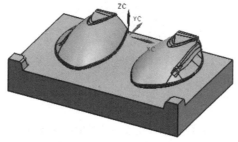
图9-124 模具后模仁零件

9.7.1 数控编程工艺分析

结合数控加工工艺，模具后模仁零件需要依次经过粗加工、半精加工和精加工三道工序才能完成编程。

由于后模仁对表面精度要求不高，因此加工的工序对于前模仁来说就要少很多。具体的加工工艺分析如下：

● 创建【型腔铣】操作粗加工零件；

- 创建【剩余铣】操作半精加工零件；
- 创建【面铣削】操作精加工零件上的平面区域；
- 创建【固定轴曲面轮廓铣】操作精加工曲面区域；
- 创建【深度轮廓加工】操作精加工陡峭区域；
- 创建【单刀路清根】操作精加工拐角区域。

表 9-1 列出了加工刀具所采用的切削参数。

表 9-1 刀具切削参数表

加工方法	刀具	直径（mm）	步距（mm）	主轴转速（rpm）	切削进给率（mmpm）	每刀深度（mm）	最终底面余量（mm）
粗加工	立铣刀	φ20R4	刀具直径的65%	2500	3000	0.5	0.5
半精加工	立铣刀	φ8R1	刀具直径的40%	2500	2500	0.1	0.1
精加工	立铣刀	φ16R0.8	刀具直径的25%	3000	1000	0.1	0
		φ6R1		3000	2000		
		φ3		3000	500		
	球头刀	φ4	刀具直径的15%	3000	2000		

9.7.2 粗加工

后模仁的粗加工过程只有一次型腔铣开粗操作。

① 打开本例源文件，执行【加工】命令，在弹出的【加工环境】对话框中选择 mill_contour 的 CAM 设置，并单击【确定】按钮进入 CAM 加工环境。

② 在工序导航器的几何视图中双击 WORKPIECE 子项目，然后通过弹出的【铣削几何体】对话框指定部件和毛坯，如图 9-125 所示。

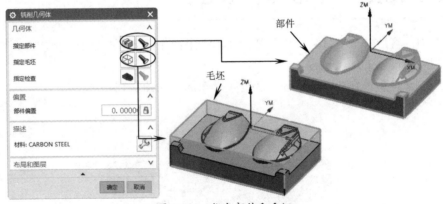

图 9-125 指定部件和毛坯

③ 使用【创建刀具】工具，按【工艺分析】中的切削参数列表中提供的参数创建刀具。

④ 在【插入】组中单击【创建程序】按钮，弹出【创建程序】对话框。通过此对话框依次创建出名为 ROUGH、SEMI_FINISH 和 FINISH 的 3 个程序父组。

⑤ 在【插入】组中单击【创建工序】按钮，然后按如图 9-126 所示的操作步骤创建型腔铣工序。

⑥ 在【刀轨设置】选项区设置如图 9-127 所示的参数。

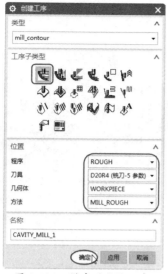

图 9-126 创建型腔铣工序

图 9-127 设置刀轨参数

⑦ 单击【切削参数】按钮，然后在弹出的【切削参数】对话框中设置如图 9-128 所示的切削参数。

图 9-128 设置切削参数

> **技术要点**
> 由于后模仁的表面多数为复杂曲面，因此需要在拐角处设置刀轨形状为【光顺】。

⑧ 单击【进给率和速度】按钮，然后在弹出的【进给率和速度】对话框中设置主轴速度为【2500】、进给率为【3000】，如图 9-129 所示。

⑨ 保留其余参数默认设置，最后在【操作】选项区中单击【生成】按钮，生成型腔粗铣的加工刀路，如图 9-130 所示。

⑩ 生成刀路后关闭对话框。

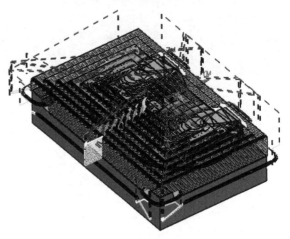

图 9-129　设置主轴速度和进给率　　　　图 9-130　生成型腔粗铣刀路

9.7.3　半精加工

后模仁的半精加工使用【剩余铣】切削类型来完成。

① 在【插入】组中单击【创建工序】按钮，然后按如图 9-131 所示的操作步骤创建剩余铣操作。

② 在【剩余铣】对话框的【刀轨设置】选项区中设置如图 9-132 所示的参数。

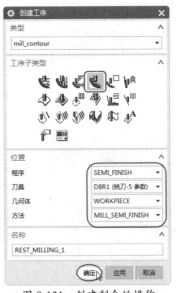

图 9-131　创建剩余铣操作　　　　图 9-132　设置刀轨参数

③ 单击【切削参数】按钮，然后在弹出的【切削参数】对话框中设置切削参数，如图 9-133 所示。

④ 单击【进给率和速度】按钮，然后在弹出的【进给率和速度】对话框中设置主轴速度为【2500】、进给率为【2500】。

图 9-133 设置切削参数

⑤ 保留其余参数默认设置，在【操作】选项区中单击【生成】按钮，生成剩余铣的半精加工刀路，如图 9-134 所示。

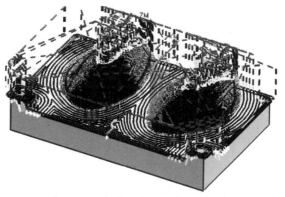

图 9-134 生成剩余铣半精加工刀路

⑥ 生成刀路后，关闭【剩余铣】对话框。

9.7.4 精加工

后模仁精加工过程包括创建【面铣削】操作精加工零件上的平面区域；创建【固定轴曲面轮廓铣】操作精加工曲面区域；创建【深度轮廓加工】操作精加工陡峭区域；创建【单刀路清根】操作精加工拐角区域。

1. 创建【表面区域铣】操作精加工平面

① 在【插入】组上单击【创建工序】按钮，然后按如图 9-135 所示的操作步骤，创建表面区域铣操作并指定加工几何体。

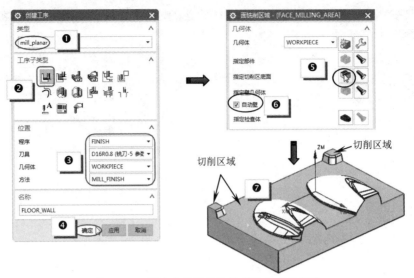

图 9-135　创建表面区域铣操作并指定几何体

② 在【刀轨设置】选项区中按如图 9-136 所示的操作步骤设置刀轨参数。
③ 设置主轴速度为【3000】、进给率为【1000】，如图 9-137 所示。

图 9-136　设置刀轨参数

图 9-137　设置主轴速度和进给率

④ 在【底壁加工】对话框的【操作】选项区中单击【生成】按钮，生成表面区域铣精加工刀路，如图 9-138 所示。

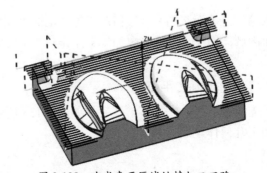

图 9-138　生成表面区域铣精加工刀路

⑤ 生成刀路后关闭【底壁加工】对话框。

2. 创建【固定轴曲面轮廓铣】精加工曲面区域

① 在【插入】组中单击【创建工序】按钮，然后在【创建工序】对话框中创建【固定轴曲面轮廓铣】操作，如图 9-139 所示。

② 在随后弹出的【固定轮廓铣】对话框的【几何体】选项区中单击【选择或编辑切削区域几何体】按钮，然后在零件中选择如图 9-140 所示的曲面作为切削区域几何体。

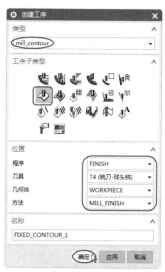

图 9-139 创建固定轴曲面轮廓铣操作

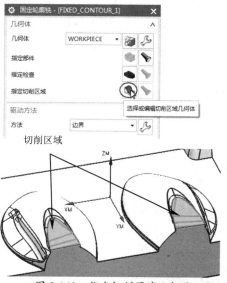

图 9-140 指定切削区域几何体

③ 在【驱动方法】选项区中选择【区域铣削】方法，然后单击【编辑】按钮，在随后弹出的【区域铣削驱动方法】对话框中设置如图 9-141 所示的参数。

④ 在【切削参数】对话框中设置如图 9-142 所示的参数。

图 9-141 设置驱动方法

图 9-142 设置切削参数

⑤ 设置主轴速度为【3000】、进给率为【2000】。

⑥ 在【操作】选项区中单击【生成】按钮，生成固定轴曲面轮廓铣精加工刀路，如图9-143所示。

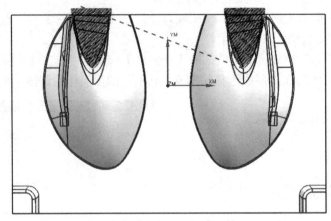

图9-143 生成固定轴曲面轮廓铣精加工刀路

⑦ 生成刀路后关闭对话框。

3. 利用【固定轴曲面轮廓铣】精加工其余曲面

在工序导航器的程序顺序视图中，复制、粘贴【固定轴曲面轮廓铣】操作。在编辑粘贴的操作过程中，将切削区域几何体重指定为如图9-144所示的曲面，其余参数保留默认，最终重生成的精加工刀路如图9-145所示。

> **技术要点**
> 在【非切削移动】对话框中将进刀和退刀的类型设置为【插削】。

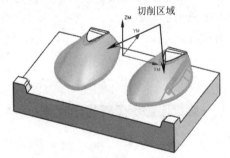 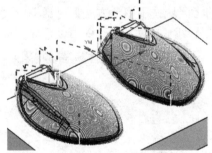

图9-144 重指定切削区域几何体　　图9-145 重生成的精加工刀路

4. 创建【深度轮廓加工】操作精加工陡峭侧壁

① 在【插入】组中单击【创建工序】按钮，然后在【创建工序】对话框中创建【深度轮廓加工】操作，然后单击【确定】按钮，如图9-146所示。

② 在随后弹出的【深度轮廓加工】对话框的【几何体】选项区中单击【选择或编辑切削区域几何体】按钮，然后在凸模零件中选择侧壁面作为切削区域几何体，如图9-147所示。

③ 在【刀轨设置】选项区中设置如图9-148所示的参数。

④ 单击【进给率和速度】按钮，然后在弹出的【进给率和速度】对话框中设置主轴速度为【3000】、进给率为【2000】。

⑤ 保留其余参数默认设置，最后在【操作】选项区中单击【生成】按钮，生成深度轮廓加工的精加工刀路，如图9-149所示。

图 9-146 创建【深度轮廓加工】操作

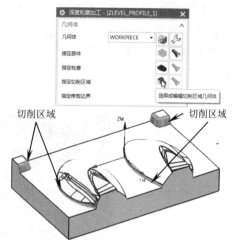

图 9-147 指定切削区域几何体

图 9-148 设置刀轨参数

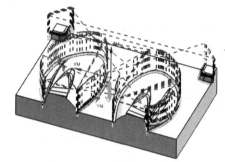

图 9-149 生成精加工刀路

⑥ 生成刀路后,关闭【深度轮廓加工】对话框。

5. 创建【单刀路清根】操作

① 在【插入】组中单击【创建工序】按钮,然后在【创建工序】对话框中创建【单刀路清根】操作,如图 9-150 所示。

② 在【几何体】选项区中单击【选择或编辑切削区域几何体】按钮,然后指定如图 9-151 所示的零件表面作为切削区域。

图 9-150 创建【单刀路清根】操作

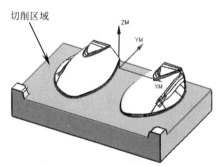

图 9-151 指定切削区域几何体

③ 在【刀轨设置】选项区中单击【进给率和速度】按钮,然后在弹出的【进给率和速度】对话框中设置主轴速度为【3000】、进给率为【500】。

④ 保留其余参数默认设置,最后在【操作】选项区中单击【生成】按钮,生成【单刀路清根】刀路,如图 9-152 所示。

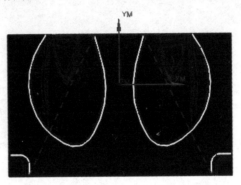

图 9-152　生成【单刀路清根】刀路

⑤ 生成刀路后关闭对话框。

⑥ 至此,后模仁零件的编程动手操作已全部完成。最后单击【保存】按钮。

10

AutoCAD 模具制图案例

LTools 2010 是专用于 AutoCAD 注塑模具设计的辅助设计系统。通常，使用 LTools 2010 来设计注塑模具的模架，可以帮助设计者提高工作效率，同时提高了经济效益。本章将主要讲述典型塑料模具结构——两板模结构的设计，让读者对本章知识要点有个初步的了解。

项目分解

- ☑ 知识点 01：LTools 2010 简介
- ☑ 知识点 02：制作涂料片模具结构图
- ☑ 知识点 03：调用标准模架
- ☑ 知识点 04：模具总装配图设计

扫码看视频

10.1 LTools 2010 简介

LTools 2010 是一款国内厂家自主开发的功能十分强大的注塑模具模架设计辅助系统，该系统集成了诸多注塑模具的标准件和通用件。

> **注意**
> LTools 2010 可以安装在 Windows XP 系统中，且支持 AutoCAD 2004~ AutoCAD 2010 软件版本。若操作系统是 Win 7，可以安装 AutoCAD 2005 软件并搭载 LTools 2010。

10.1.1 LTools 2010 系统集成面板

LTools 2010 系统集成面板中几乎集成了 LTools 2010 所有的扩充功能命令。在 AutoCAD 功能区【LTools_A】选项卡的【LTools 系统】面板中单击【LTools 辅助设计系统】按钮 ITS，程序弹出【LTools 2010 塑胶模具辅助设计系统】对话框，如图 10-1 所示。

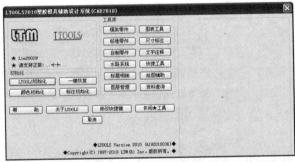

图 10-1 【LTools 2010 塑胶模具辅助设计系统】对话框

> **提示**
> 如果用户的系统是 Win 7 以上的系统，那么可以下载"燕秀工具箱 V2.81"这款免费的插件程序来使用，该插件与 LTools 2010 的使用方法是完全相同的。只不过燕秀工具箱没有集成在功能区选项卡中，而是零散的工具条。对于初学者来讲，工具条形式看不见图标按钮的名称，使用起来着实不便。如图 10-2 所示为燕秀工具箱 V2.81 在 AutoCAD 2018 中的工具。

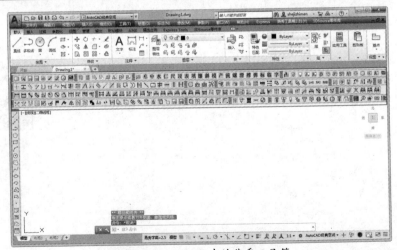

图 10-2 AutoCAD 中的燕秀工具箱

10.1.2 LTools 2010 选项卡

安装完成 LTools 后，在 AutoCAD 的工作界面中，可以找到【LTools_A】选项卡和【LTools_B】选项卡。

【LTools_A】选项卡中包括了所有注塑模具设计相关的模具标准件、常用标准件及其他零件的调用命令，如图 10-3 所示。

图 10-3　【LTools_A】选项卡

10.2 制作涂料片模具结构图

在接到模具设计任务并在进行模具设计前，工程师必须对产品结构、塑料性能、成型加工工艺进行分析，以便设计出来的模具方便加工、利于生产、寿命更长。同时，对模具的设计方案做可行性分析报告。

在本章中，将以常见的塑料产品——涂料片为例，讲述注塑模具结构设计的整个流程，并在整个操作过程中要求读者全面掌握模具设计的核心技术。

10.2.1 设计思路分析

涂料片模具结构设计的思路是：调用产品视图→拆分前后模→模型排位→创建模仁→调用模架→装配模仁→浇注系统设计→顶出系统设计（创建顶针）→冷却系统设计（创建冷却水路）→调用紧固件。

1. 设计赏析

本章中，最终设计完成的涂料片注塑模具结构图如图 10-4 所示。

2. 设计任务

产品规格：136mm×96mm×48mm
产品厚度：均匀壁厚为 2mm。
产品设计任务：
- 材料为 ABS；
- 产品收缩率为 0.005；
- 一模两腔布局；
- 产量 50000 个/年；
- 表面光洁度无要求，无明显制件缺陷。

模具设计依据就是客户产品图纸及样板，设计人员必须对产品图纸及样板进行详细的分析与消化。其内容包括以下几个方面：
- 制品的几何形状；
- 制品的尺寸、公差和设计基准；

- 制品的技术要求；
- 制品所用塑料名称及牌号；
- 制品的表面要求。

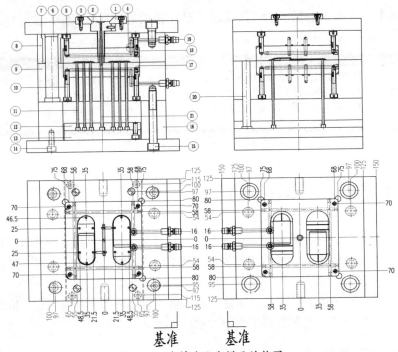

图 10-4　涂料片注塑模具结构图

3. 调用产品视图

如图 10-5 所示为涂料片产品的三视图。

> 💡 提示
> 产品的多视图也可以在 UG 软件工程制图模块中生成零件视图，然后导出为 dwg 格式的图纸文件，比在 AutoCAD 中分模要快许多。

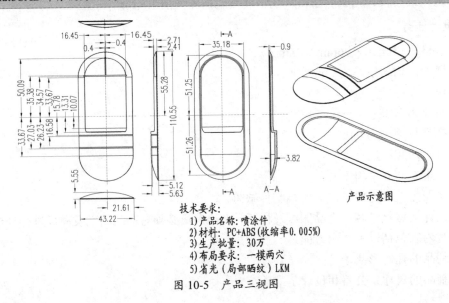

技术要求：
1) 产品名称：喷涂件
2) 材料：PC+ABS（收缩率 0.005%）
3) 生产批量：30万
4) 布局要求：一模两穴
5) 省光（局部晒纹）LKM

图 10-5　产品三视图

4. 拆分前后模

拆分前后模是把前模型腔外形轮廓线和后模外形轮廓线画出来，以便排位之用。拆分前后模时可利用图 10-5 中的产品三视图删掉多余的内部线条，只留下外形轮廓线即可，如图 10-6 所示为拆分的前后模。

5. 模型排位

制品在模仁中的排列应以最佳效果形式排列，要考虑进胶口位置及分型面因素。其位置尺寸的大小与制品的外形大小、高度成正比。此涂料片为小件制品，其成品之间的距离为 15～20mm，但考虑到两产品中间有流道，所以此距离要加宽为 25mm 左右，后面有详细讲解，如图 10-7 所示为模型排位的效果图。

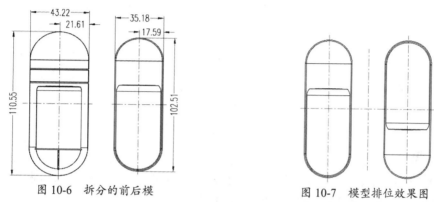

图 10-6　拆分的前后模　　　　　图 10-7　模型排位效果图

6. 创建模仁

创建模仁的过程就是选取产品分型面，把制品的前后模仁分开的过程。在此过程中产品分型面的选取至关重要，其选取的原则是：

- 不影响产品的外观，尤其对外观有明确要求的产品。
- 有利于保证产品的精度。
- 有利于模具的加工，特别是模胚的加工。
- 有利于浇注系统、排气系统、冷却系统的设计。
- 有利于产品的脱模，确保在开模时产品留到后模一侧。
- 方便金属镶件的安装。

如图 10-8 所示为涂料片的前后模仁图。

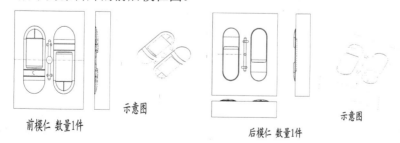

图 10-8　前后模仁图

7. 调用模架

模胚尽量选用标准模胚（例如 LKM 标准或者鸿丰标准）。下面就直接从 LTools 标准模胚库具里直接调用 LKM 标准模胚，如图 10-9 所示。

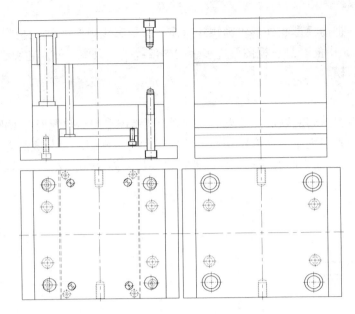

图 10-9 LKM 标准模胚

8. 装配模仁

装配模仁就是把模仁各个视图以中心位置对齐装入模架中,以便能够清晰显示分型面位置,为设计浇注、冷却系统做准备,如图 10-10 所示。

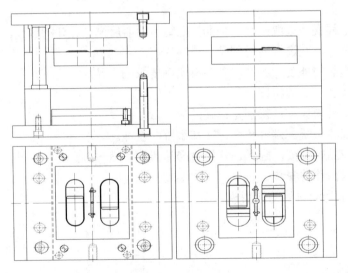

图 10-10 装配模仁图

9. 浇注系统的设计

浇注系统的设计主要包括主流的选择、分流道的截面形状与尺寸的确定、浇口位置的选择、浇口形式以及浇口截面形状与尺寸的确定。

设计浇注系统时,首先应考虑塑料能够迅速充满型腔,尽量减少压力与热量的损失;其次再从经济上考虑,尽量减少由于流道产生的废料比例;最后再考虑要使浇口痕迹容易去除的问题。涂料片浇注系统的设计如图 10-11 所示。

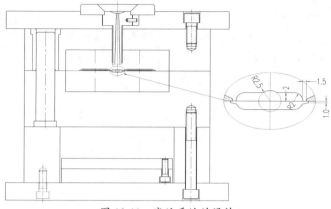

图 10-11 浇注系统的设计

10. 顶出系统设计

产品的顶出是注射成型中的最后一个环节,顶出系统设计的质量好坏将最终决定产品的质量好坏。涂料片顶出系统的设计如图 10-12 所示。

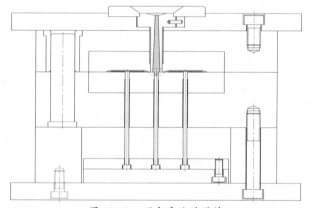

图 10-12 顶出系统的设计

11. 冷却系统的设计

在模具中设计温度调节系统的目的,就是通过控制模温,使注射成型具有较好的制品质量和较高的生产效率,涂料片冷却系统的设计如图 10-13 所示。

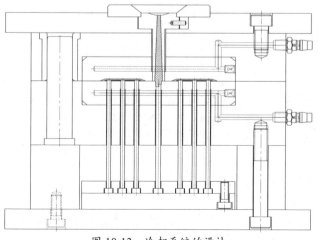

图 10-13 冷却系统的设计

12. 紧固系统的设计

把固定模仁、浇口套等的螺钉从 LTools 标准件的库中调出以中心对齐插到模架中。涂料片紧固系统的设计如图 10-14 所示。

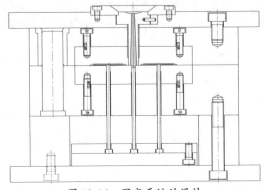

图 10-14　固定系统的设计

10.2.2　产品缩水设置

一般的塑胶产品都经过注塑机高温高压把塑胶注射到模具型腔，然后再冷却成型。由于刚注塑出来的产品带有一定的温度，在室温下存放一段时间后，产品的尺寸会缩小（热胀冷缩的原理），所以设计模型之前，模具设计师必须考虑材料的收缩，并按比例增加参照模型的尺寸，以保证常温下的产品尺寸和图纸尺寸最为接近。设置产品缩水率的方法如下：

打开涂料片产品图文件，单击【修改】面板中的【缩放】按钮，或在命令行中输入 SC（SCALE）快捷指令并按空格键确定执行。等待提示"指定比例因子或[参照（R）]"，在此提示框中输入 1.005 作为产品的收缩率，并按空格键确定，完成产品的缩水设置，如图 10-15 所示。

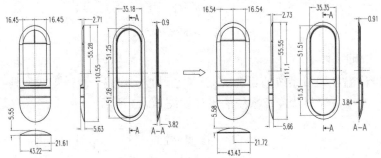

图 10-15　产品的缩水设置

> **技术要点**
>
> 不同的塑料具有不同的收缩率，塑料的收缩率通过查询相关资料得知，也可以向塑料的供应商直接索问。本章中的涂料片使用的材料为 ABS（丙烯腈-丁二烯-苯乙烯共聚物），其收缩率在 0.29%～0.76% 之间，在实际工厂生产中取其平均值 0.5%。

案例——模具成型结构设计

一般说来，模具成型结构设计包括分型面设计（抽取分模线）、排位设计和前后模仁设计等工作。下面简要介绍一下。

1. 抽取前后模轮廓线

抽取前后模轮廓线的过程就是把产品图拆分为前后模的过程，确定哪些特征留后模，哪些特征留前模。整个过程介绍如下。

① 首先创建相应的辅助线。单击【绘图】面板中的【画线】按钮，或者在命令行中输入快捷命令 XL（XLINE），然后按空格键确认，绘制相应的辅助线。

② 此产品在前模表现的轮廓线就是主视图上所对应的半圆，直接根据长对正、宽齐平和高相等的原则把多余的线条删除，只留下对应的前模轮廓线即可。

③ 涂料片抽取好的前后模轮廓线如图 10-16 所示。

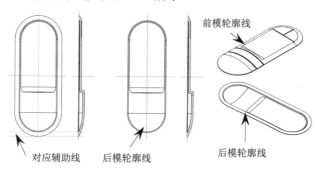

图 10-16　前后模轮廓线

2. 排位设计

排位也称为型腔的布局，一模多腔，通常情况下需要对产品的主、俯视图等进行排位，模具型腔数量的确定主要根据产品的投影面积、几何形状（有无抽芯）、制品精度以及经济效益来确定。常用的命令一般是镜像、移动和旋转复制等。本产品排位设计的过程如下。

① 单击【修改】面板中的【偏移】按钮，或在命令行中输入 O(OFFSET)快捷指令并按空格键确定。

② 在命令行的提示框中输入偏移距离为 35，然后绘制出如图 10-17 所示的中心线。

③ 在【修改】面板中单击【镜像】按钮，然后框选偏移中心线左侧所有图线，以偏移中心线为镜像中心，绘制出如图 10-18 所示的镜像图形。

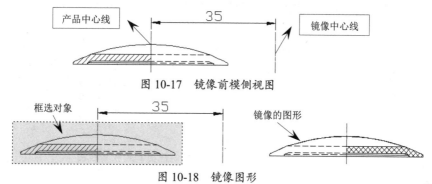

图 10-17　镜像前模侧视图

图 10-18　镜像图形

④ 如图 10-19 为涂料片两个产品的间距显示图。

> **技术要点**
> 在进行产品排位时一定要注意，两个产品之间的间距一般在 15~30mm 之间，本产品间距为 26.65mm。间距太小，会给浇注系统带来很大的困难；间距太大，则会在实际生产过程当中产生水口废距。本产品中心间距为 70mm，目的是在加工的时候便于对位，保证模具精度。

⑤ 单击【修改】面板中的【偏移】按钮，或在命令行中输入 O(OFFSET)快捷指令并按空格键确定，然后绘制出偏移距离为 35 的偏移直线。偏移结果如图 10-20 所示。

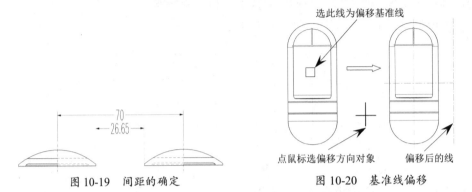

图 10-19　间距的确定　　　　　图 10-20　基准线偏移

⑥ 单击【修改】面板中的【旋转】按钮，框选要旋转复制的对象，指定旋转中心点，然后在命令行选择【复制】选项，即可旋转复制出如图 10-21 所示的前模俯视图。

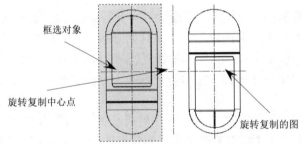

图 10-21　旋转复制后的前模俯视图

⑦ 如图 10-22 所示为涂料片的前后模仁的俯视图。

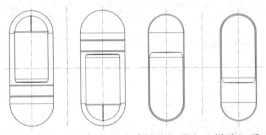

图 10-22　旋转复制后的前模俯视图和后模俯视图

> **技术要点**
> 此产品前后不对称不能做镜像处理，所以才将此产品前模俯视图和后模俯视图做旋转复制。

3. 创建模仁

使用偏移命令创建模仁的长、宽、高；再用倒圆角命令清理周边，模仁周边距产品距离为 20~30mm。创建模仁的过程介绍如下。

① 创建模仁的长和宽。单击【修改】面板中的【偏移】按钮 ⟑，或在命令行中输入 O(OFFSET) 快捷指令并按空格键确认，然后创建出如图 10-23 所示的偏移垂直线和水平线。

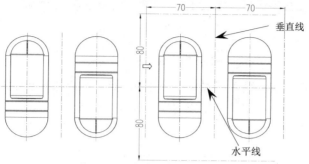

图 10-23　偏移垂直线和水平线

② 单击【修改】面板中的【修剪】按钮，或在命令行中输入 F 快捷指令并按空格键两次确定执行命令，然后将模仁的长宽进行修剪。

③ 继续使用倒圆角命令对其他边进行修剪，并用刷子工具将模仁的四条边改为实线，结果如图 10-24 所示。

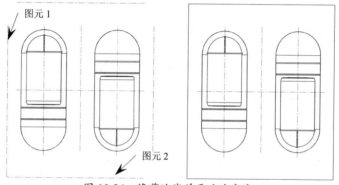

图 10-24　修剪边线并更改为实线

④ 使用同样的方法相应地创建后模仁的长和宽，效果如图 10-25 所示。

⑤ 创建模仁的高。以分型面为偏移基准线，使用偏移命令创建模仁的高，前模仁的高为 30mm，后模仁的高为 30mm，如图 10-26 所示。

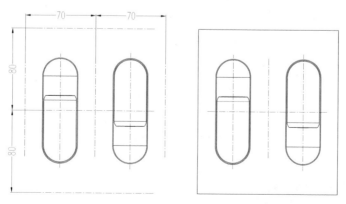

图 10-25　后模仁的长、宽

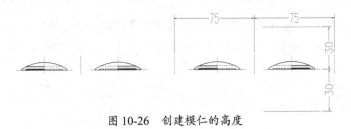

图 10-26　创建模仁的高度

⑥ 使用同样倒圆角命令 F，输入倒圆角的值为 0，接着直接选取要连接的两条边即可，使用刷子将虚线的模仁边改成实线，生成的模仁边效果如图 10-27 所示。

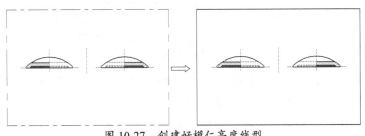

图 10-27　创建好模仁高度线型

4. 分型面设计

分型面就是分割前后模仁的面，因为此涂料片的分型面是一个平面，所以只需在主视图中设计分型面即可。其创建过程如下。

① 绘制分型线。在命令行中输入 EX（EXTEN）快捷指令，选取模仁的左右边线为延伸边界，再选取直线并按空格键确定执行，如图 10-28 所示。

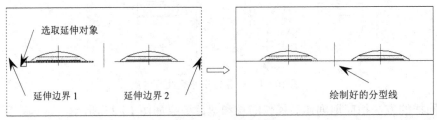

图 10-28　绘制分型面线

② 修剪分型面线。执行 TR 快捷指令修剪分型面，结果如图 10-29 所示。

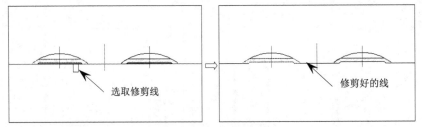

图 10-29　修剪分型面

10.3　调用标准模架

鉴于本例设计的是一模两腔的模具，可见模具结构应为常见的两板模（只有动模与定模）。

10 AutoCAD 模具制图案例

案例——调用标准模架

在本节中我们使用 LTools 创建标准模架，其创建过程如下。

① 在【LTools】面板上单击【标准模架】按钮 后，系统弹出【LTools_国产模架库】对话框。然后设置如图 10-30 所示的参数。

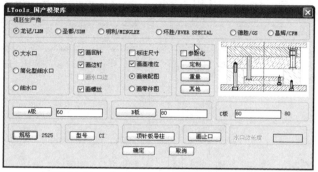

图 10-30　【LTools_国产模架库】对话框

② 在上述对话框中单击【规格】按钮，系统弹出【LTools_选择模架规格】对话框，如图 10-31 所示。在此对话框中选"2525"规格，并单击【确定】按钮。

③ 随后弹出【LTools_选择模架型号】对话框，如图 10-32 所示。在此对话框中选 CI 型模架，单击【确定】按钮，完成模架的型号选择。

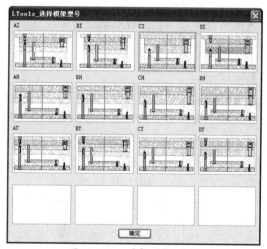

图 10-31　选择模架规格　　　图 10-32　选择模架型号

④ 单击【LTools_国产模架库】对话框中的【其他】按钮，系统弹出【LTools_其他参数】对话框。然后在【A、B 板间距】文本框中输入间距值为"1"，如图 10-33 所示。

⑤ 接着命令行提示"选择基准点"，在绘图区单击拾取任一点作为基准点，系统自动调出按参数设计的模架（一共四个视图），如图 10-34 所示。

图 10-33　【LTools_其他参数】对话框

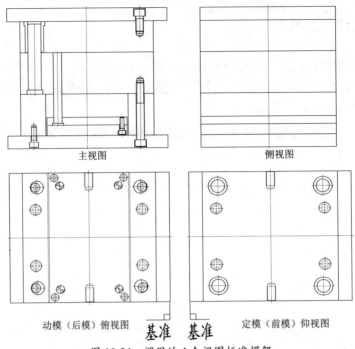

图 10-34 调用的 4 个视图标准模架

案例——装配模仁

装配模仁就是将已经设计好的前、后模移动到模架合适的位置,也是进行模具结构设计的前提条件,装配模仁过程如下。

移动复位杆。

移动复位杆的目的是为了方便看图,因为从标准模架库调出的模架图中,复位杆在模架主视图中显示,而主视图需要做顶出系统,需把复位杆移动到主视图中。

① 执行 MOVE 命令,框选主视图中要移动的复位杆,并选取复位杆中心线与面针板的交点作为移动基点,然后在侧视图中水平位置放置。使用约束工具,将复制的复位杆与模板边缘约束为"25",结果如图 10-35 所示。

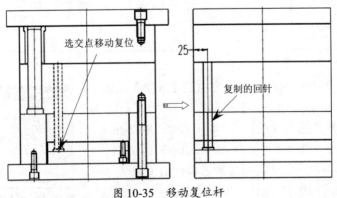

图 10-35 移动复位杆

② 装配模仁。执行 M(MOVE)快捷指令,框选要移动的前模仁,选取前模仁中心点作为移动基点,再选择前模架俯视图中心点为移动的目的点,完成前模仁的装配,如图 10-36 所示。

10　AutoCAD 模具制图案例

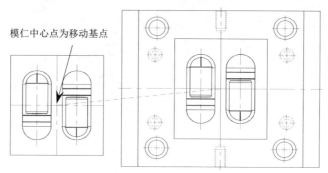

图 10-36　装配前模仁

③　以同样的方法移动装配后模仁，最终结果如图 10-37 所示。

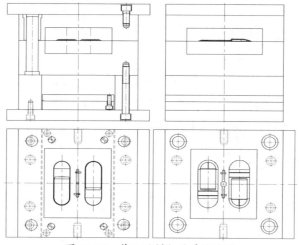

图 10-37　装配后模仁的最终结果

④　模仁周边倒角、模板打避空孔。模具各个装配零件四周都应该倒角，原因是在搬运和装配零件时可避免划伤装配工人的手。用 CHA（CHAMFER）倒角修剪命令对主视图的侧视图进行倒角，倒角距离为 5mm，如图 10-38 所示。

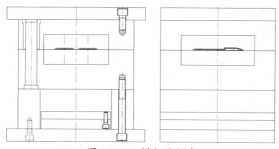

图 10-38　模仁边倒角

⑤　为了方便模仁的装配，应对前后模视图模仁的四角画三个避空孔，再对模仁一角进行倒圆角，基准角模板的 R 角比模仁角小 2mm，最终结果如图 10-39 所示。

技术要点

在工厂实际生产中，需要在模架的 A、B 板型腔的内直角处打避空孔，目的是为了方便机床加工；另外基准角模板的 R 角比模仁小 2mm，既可防止模板 R 角与模仁 R 角相互干涉，又可防止在安装前后模仁时，把其装反。

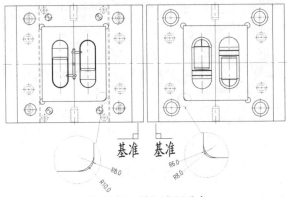

图 10-39　模仁边倒圆角

10.4　模具总装配图设计

模架及有关内容确定后，便可绘制模具装配图，在绘制装配图的过程中，对已选定的浇注系统、冷却系统、顶出系统等做进一步完善，从结构上达到比较完美的设计。另外根据需要添加紧固螺钉、模具总装图尺寸的标注及材料清单。

案例——浇注系统设计

浇注系统设计包括对主流道、分流道截面形状及尺寸的确定，浇口位置的选择，浇口形式及浇口截面形状及尺寸的确定。

1. 主流道的设计

① 设计主流道时，可直接从 LTools 中调用合适的浇口套，在【LTools 系统】面板中单击【标】按钮，系统弹出【LTools_标准零件库】对话框，如图 10-40 所示。再单击【唧咀】按钮，系统弹出【唧咀】对话框。

② 在【唧咀】对话框中设置如图 10-41 所示的浇口套参数。

图 10-40　LTools_标准零件库

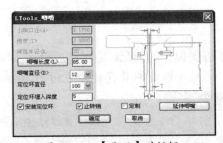

图 10-41　【唧咀】对话框

> **技术要点**
>
> 因为此模具分流道留前模，所以唧咀（浇口套）需要添加止转销，防止唧咀转动而堵塞流道。当然将唧嘴长度减短，同样也可以防止堵塞流道。

③ 单击【唧咀】对话框的【确定】按钮关闭该对话框，然后在命令行提示下，选择主视图中面板（上模座板）中心点为第一点；再指定分型面与 A 板的交点为第二点，完成浇口套的调用，如图 10-42 所示。

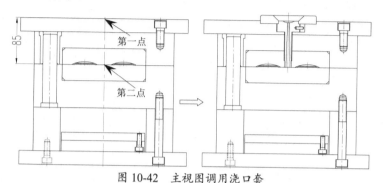

图 10-42　主视图调用浇口套

④ 设计主流道浇口套。因为浇注系统在主视图中表现更为理想，也方便看图，所以主视图的浇口套可以只显示外形轮廓。利用长对正、宽相等、高平齐的投影原则设计主视图浇口套，创建结果如图 10-43 所示。

⑤ 设计前模俯视图主流道。根据长对正、宽相等、高平齐的投影原则设计前模俯视图主流道。单击【绘图】面板中的【圆】按钮⊙，或在命令行中输入 C（CIRCLE）快捷指令并按空格键确定执行。在绘图区域中单击拾取前模俯视图中心点作为圆的中心点，绘制一个直径为 12 和一个直径为 7.52 的圆来表示前模俯视图主流道，结果如图 10-44 所示。

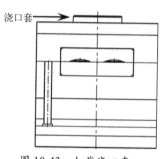

图 10-43　加载浇口套

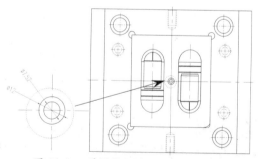

图 10-44　前模俯视图主流道的设计结果

2. 分流道的设计。

分流道是塑胶进入型腔前的过渡部分，可通过截面形状、尺寸大小及方向变化，使塑胶平稳进入型腔，保证成型的最佳效果。

① 创建流道分布线。由于此模腔分布只有左右两个产品，所以在前后模仁的竖直中心线上绘制流道分布线即可。

② 创建流道轮廓线。在【绘图】面板中单击【偏移】按钮⊙，然后创建如图 10-45 所示的 4 条偏移直线，并利用【修剪】命令进行修剪。

③ 在【绘图】面板中单击【倒圆角】按钮⊙，接着选取图元 1 和图元 2，系统自动将其倒圆角，如图 10-46 所示。

④ 创建浇口部分的流道轮廓线。在【绘图】面板中单击【偏移】按钮，系统提示"指定偏移距离"，输入"25"，将模胚的水平中心线分别向上和向下偏移25mm，然后再把刚才偏移的两条水平中心线分别向上和向下偏移 2mm。最后将两产品的两条最大外轮廓线分别向竖直中心线方向偏移 3.5mm。最终偏移的效果如图10-47所示。

⑤ 对刚才偏移好的线进行修剪后，再单击【倒圆角】按钮，接着选取图元1和图元2，系统自动将其倒圆角，如图10-48所示。

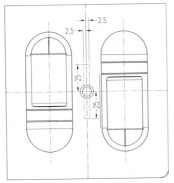

图 10-45　修剪多余图元

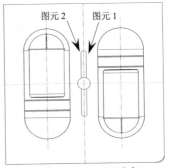

图 10-46　倒圆角

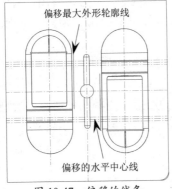

图 10-47　偏移的线条

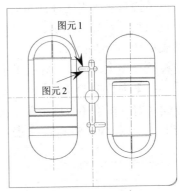

图 10-48　倒圆角

⑥ 设计后模俯视图主流道。用与设计前模俯视图主流道同样的方法，设计出后模俯视图主流道，如图10-49所示。

> **技术要点**
>
> 产品最大轮廓线和分流道最大轮廓线之间的距离不大于2mm，若此距离太大，会在很大程度上消耗注塑机的压力，导致注塑出来的产品缺胶。

3. 浇口的设计

浇口也称进料口，是连接分流道与型腔的通道。也是注塑模具浇注系统的最后部分。其设计过程如下。

① 单击【修改】面板中的【偏移】按钮。命令行提示【指定偏移距离】，在此输入 1 作为浇口的偏移距离，并按空格键确认，命令行接着提示【选择要偏移的对象】，点选要作为偏移基准的图元（后模俯视图分流道的中心线），在偏距方向（中心线的左侧）单击，实现偏移。重复操作，偏移另一边的浇口线。按空格键完成并退出偏移。

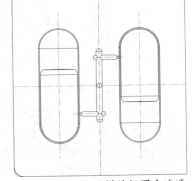

图 10-49　后模俯视图主流道

② 使用修剪命令修剪多余的线，并且使用刷子（属性匹配）将浇口改成实线显示，如图 10-50 所示。

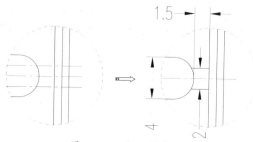

图 10-50 浇口创建过程

③ 同样使用偏移、修剪、镜像的方法创建主视图分流道及浇口，最终设计结果如图 10-51 所示。

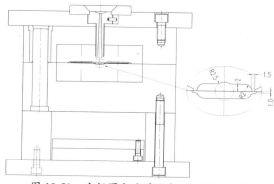

图 10-51 主视图分流道及浇口的设计结果

案例——顶出系统设计

在本节中我们使用 LTools 创建顶出系统（标准顶针），其创建过程如下。

1. 创建拉料杆

① 在 LTools 面板上单击【标准顶针】按钮后，系统弹出【LTools_标准顶针】对话框，在此对话框中单击【剖视图】和【公制】单选按钮；在【直径】下拉列表中选择 5 作为顶针的直径，最后单击【确定】按钮完成顶针的相应设置，如图 10-52 所示。

② 关闭【LTools_标准顶针】对话框后，在主视图中单击一点（模具中心线与面针板底边交点）；接着选择此线到分型面的垂点为第二点，完成调用顶针，如图 10-53 所示。

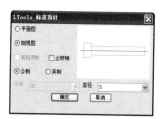

图 10-52 【标准顶针】对话框

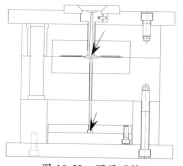

图 10-53 调用顶针

③ 编辑拉料杆，使用直线和修剪命令编辑拉料杆，最终结果如图 10-54 所示。
④ 创建后模俯视图拉料杆。在 LTools 面板上单击【标准顶针】按钮 ，后，系统弹出【LTools_标准顶针】对话框，在此对话框中选择【平面图】和【公制】单选按钮；在【直径】下拉列表中选择 5 作为顶针的直径，最后单击【确定】按钮完成顶针的相应设置，如图 10-55 所示。

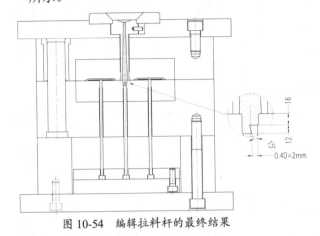

图 10-54　编辑拉料杆的最终结果　　　　图 10-55　顶针相应的设置

⑤ 关闭【LTools_标准顶针】对话框后，单击后模俯视图中心点，完成顶针调用。俯视图拉料杆设计结果如图 10-56 所示。

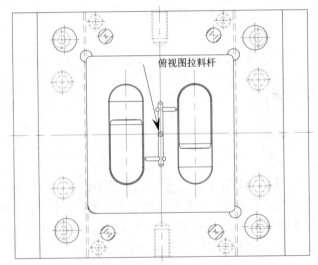

图 10-56　俯视图拉料杆设计结果

2. 创建后模产品顶针

① 确定后模主视图产品顶针位。从命令行输入快捷指令 O（OFFSET），输入偏移的值为 13.5，选取图元 1 作为偏移的对象，然后在图元 1 的左边单击拾取任意一点，系统自动产生图元 2，如图 10-57 所示。
② 同理，采用同样方法创建产品顶针，产品顶针的直径为 4，结果如图 10-58 所示。

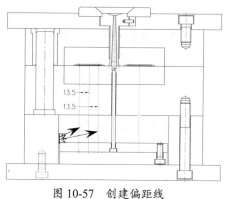
图 10-57 创建偏距线

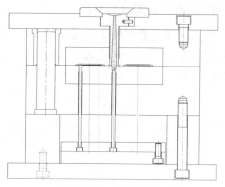
图 10-58 创建产品顶针

③ 再创建主视图和主视图其他顶针（产品顶针直径均为4），效果如图 10-59 所示。

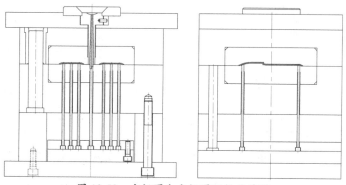
图 10-59 主视图和主视图顶针效果图

④ 创建后模俯视图顶针。根据长对正、宽齐平、高相等的原则创建前模俯视图顶针，效果如图 10-60 所示。

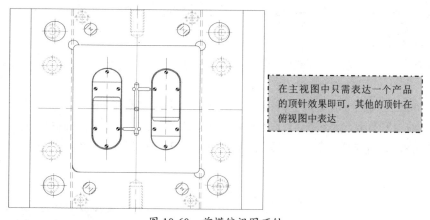

在主视图中只需表达一个产品的顶针效果即可，其他的顶针在俯视图中表达

图 10-60 前模俯视图顶针

案例——冷却系统设计

注射成型时，模具温度直接影响塑料的填充和塑料制品的质量，也影响到注射周期。因此在使用模具时，必须对模具进行有效的冷却，使模温保持在一定范围。模具冷却方式有水冷、空气冷却和油冷等，常用的是水冷法。

1. 定位主视图冷却水线

单击【修改】面板中的【偏移】按钮 ，或在命令行中输入 O（OFFSET）快捷指令并按空格键确定执行。分别从 A 板顶部向下偏移 15mm，前模仁顶部向下偏移 15mm，模仁边向内侧偏移 17mm，来定位冷却水线，如图 10-61 所示。

2. 创建主视图前模冷却水路

① 单击 LTools 工具栏中的【LTools_运水】按钮 ，系统弹出【LTools_运水】对话框；在【进水】和【出水】下的图形处单击来切换需要的水嘴类型；在【运水直径】下拉列表中选择 6；最后单击【确定】按钮完成设置，如图 10-62 所示。

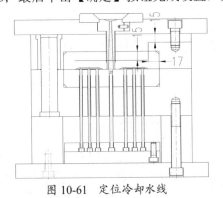

图 10-61　定位冷却水线　　　　　图 10-62　【LTools_运水】对话框

② 关闭对话框后，然后在上步绘制的冷却水线中依次选取点来放置运水，结果如图 10-63 所示。

> **技术要点**
>
> 三个点就可以确定一条运水，如不需要再增加点，则在鼠标指针变成拾取框时按两次空格键，出水堵头自动在最后一个点生成；如还需要增加点，则运水自动生成但不会生成出水堵头，再单击拾取一点来确定下一个点，直到不需要再增加点时，按两次空格键自动生成出水堵头。

3. 修改定模运水

由于现在创建的运水不符合加工要求，所以需要将其修改以适合孔加工，并在端点添加堵塞。

① 单击 LTools 工具栏中的【水】按钮 ，系统会自动弹出【LTools_水管系统】对话框。单击【水管系统 2】类型，系统会自动显示【LTools_水管系统】水堵头的设置，在【规格】处设定位为 1/8，勾选【虚线】【铜塞】复选框，【水径】处输入 6，操作结果如图 10-64 所示。

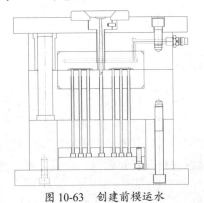

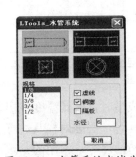

图 10-63　创建前模运水　　　　　图 10-64　水管系统水堵头

② 命令行提示【选择起点】，单击选取第一点；命令行接着提示【下一点】，单击选取第二点。最后按空格键完成冷却水路的水堵头的创建，如图 10-65 所示。

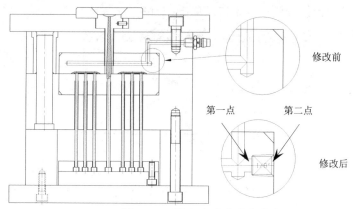

图 10-65 添加水路系统水堵头

4. 创建主视图后模冷却水路

① 单击【修改】面板中的【偏移】按钮，然后从 B 板底部向上偏移 25mm，后模仁底部向上偏移 15mm，模仁边向内侧偏移 17mm，来定位冷却水路线，如图 10-66 所示。

② 依照上述方法，创建出主视图后模冷却水路，再遵循长对正、宽相等、高平齐的投影原则，创建前后模俯视图和主视图的运水、运水孔。单击工具栏上的【运水】按钮不放，在弹出的下拉菜单中单击【运水孔】命令，在前后模俯视图和主视图中添加运水孔。创建前后模俯视图和主视图的运水、运水孔效果如图 10-67 所示。

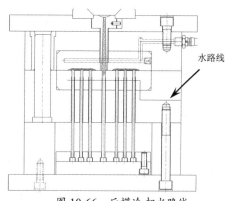

图 10-66 后模冷却水路线

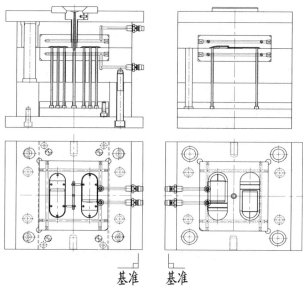

图 10-67 运水、运水孔最终设计结果

③ 在模仁与模板之间加密封圈。首先在【LTools 系统】面板中的【运水】下拉列表中单击【密封圈】按钮，弹出【LTools_O 型密封圈槽】对话框。单击【剖视图】和【可见】单选按钮；最后单击【确定】按钮完成设置，如图 10-68 所示。

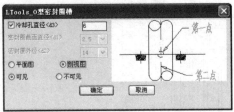

图 10-68 【LTools_O 型密封圈槽】对话框

④ 关闭对话框后，命令行提示 "Pick base point"，单击指定前模底边与运水交点为第一点；接着指定第二点，系统自动生成密封圈，如图 10-69 所示。

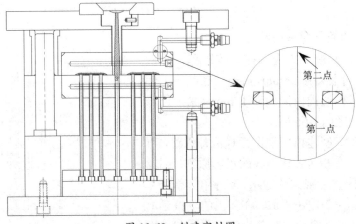

图 10-69 创建密封圈

⑤ 以同样的方法创建主视图密封圈，结果如图 10-70 所示。
⑥ 同理，按此方法在【LTools_O 型密封圈槽】对话框中选择 "平面图" 密封圈来创建前、后模俯视图中的密封圈，如图 10-71 所示。

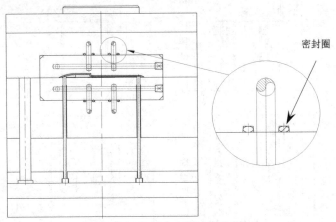

图 10-70 创建主视图密封圈

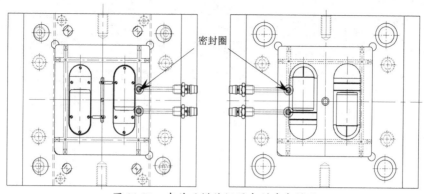

图 10-71　在前后模俯视图中创建密封圈

案例——紧固系统设计

紧固系统设计内容包括：A 板和前模仁之间紧固螺钉位置的确定和螺钉的加载；B 板和前模仁之间紧固螺钉位置的确定和螺钉的加载。在确定紧固螺钉位置时尤其要注意避开冷却系统，防止钻穿运水。

① 首先使用【偏移】命令将侧视图模具中心线分别往两边偏移 70mm，主视图模具中心线分别往两边偏移 68mm，如图 10-72 所示。

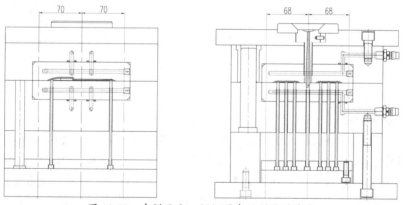

图 10-72　在模具主、侧视图中绘制偏移直线

② 然后调用螺丝：单击 LT-STD TOOLS 工具栏中的【标准螺丝】按钮，弹出【LTools_标准螺丝】对话框。在此对话框中单击【标准内六角螺丝】按钮，再弹出【LTools_标准杯头内六角螺丝】对话框。然后设置如图 10-73 所示的选项及参数。

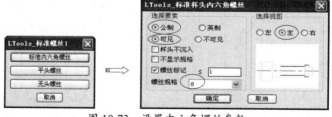

图 10-73　设置内六角螺丝参数

③ 在侧视图中选择两点以生成标准杯头内六角螺丝。使用同样的方法完成另一螺丝的加载，如图 10-74 所示。

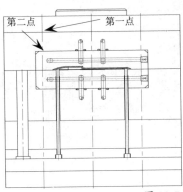
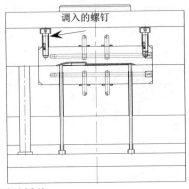

图 10-74 调用螺丝

④ 同理,完成侧视图定位环标准杯头内六角螺丝的加载(此螺丝直径为6),如图 10-75 所示。
⑤ 以同样的方法加载主视图标准杯头内六角螺丝,如图 10-76 所示。

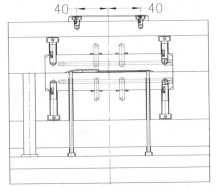
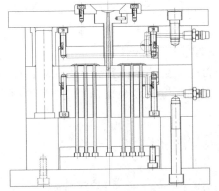

图 10-75 侧视图标准杯头内六角螺丝设计结果　　图 10-76 主视图标准杯头内六角螺丝设计结果

⑥ 加载俯视图紧固螺丝,定位螺丝。首先使用偏移命令,俯视图模具中心线分别往左右偏移 68mm,上下偏移 70mm。然后单击 LT-STD TOOLS 工具栏中的【标准螺丝】按钮；系统弹出【LTools_标准螺丝】对话框;在此对话框中单击【标准内六角螺丝】按钮,系统弹出【LTools_标准杯头内六角螺丝】对话框,在此对话框中选择【公制】【左】【不可见】单选按钮,在【螺丝直径】下拉列表中选择 8 作为螺丝的直径。最后在俯视图中单击一点(刚偏移两线的交点),标准杯头内六角螺丝自动生成,如图 10-77 所示。

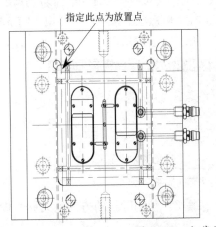
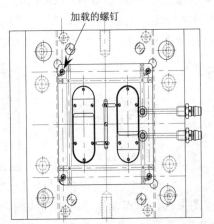

图 10-77 加载俯视图紧固螺丝

10 AutoCAD模具制图案例

案例——总装配图尺寸标注

在总装配图尺寸标注中需要用到各种标注,读者可以根据需要选择适当的线性标注或坐标标注。需要提示的是在坐标标注前需把坐标系移到指定位置(如需用坐标标注后模俯视图的尺寸,那么第一步就需把坐标系移到后模中心)。

① 在菜单栏中选择【工具】|【移动 UCS (V)】命令,命令行提示【指定新原点或[Z 向深度(Z)]】,单击指定后模中心点为新原点,系统自动把 UCS 坐标系移动到指定点,如图10-78所示。

② 标注模仁尺寸。标注模仁长、宽尺寸:在菜单栏中选择【标注】|【坐标】命令或在命令行输入 DO (DIMORDINATE) 快捷指令并按空格键执行。命令行提示【指定点坐标】,单击指定一点为要标注的点;命令行接着提示【指定引线端点】,在要放置标注的位置单击,完成第一个尺寸的坐标标注,如图10-79所示。

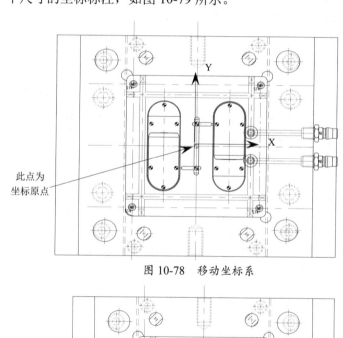

图 10-78 移动坐标系

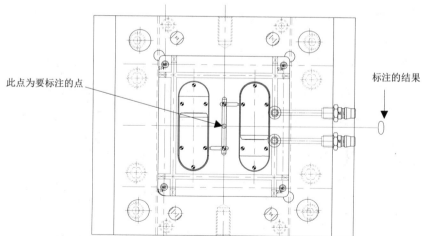

图 10-79 坐标标注

③ 按空格键重复执行坐标标注命令,分别标出前后模仁的长宽尺寸,结果如图10-80所示。

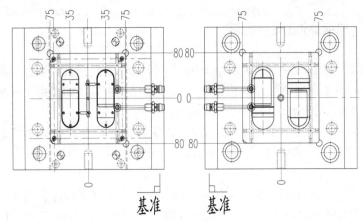

图 10-80　前后模仁的尺寸标注

④ 标注顶针、运水、紧固螺丝尺寸。执行 DO（DIMORDINATE）快捷指令，完成运水螺钉的尺寸标注，如图 10-81 所示。

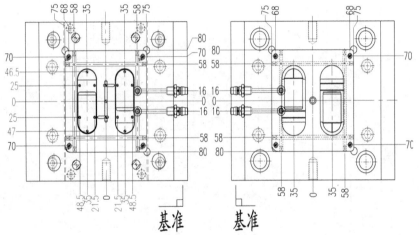

图 10-81　顶针、运水的尺寸标注

⑤ 标注模架、导套等标准件尺寸，重复执行坐标标注命令，完成模架长、宽和标准件标注，结果如图 10-82 所示。

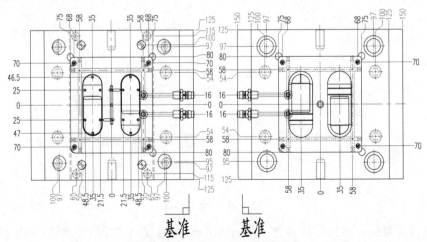

图 10-82　模架长、宽和标准件标注

⑥ 标注模板的厚度。执行【线性】标注命令，完成模具模板厚度的标注，如图 10-83 所示。

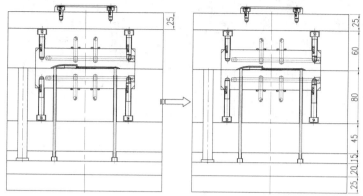

图 10-83　模板厚度的标注

案例——BOM 表单设计

BOM 表单即物料清单，其内容包括零件的序号、名称、规格、数量、材料和采购情况等要素，在 LTools 中经过相应的设置后，系统可以自动生成 BOM 表单，其操作过程如下。

1. 创建零件编号

① 首先在菜单栏中选择【LTools】|【标题栏|明细表】|【零件编号 NL】命令，弹出【LTools_零件编号】对话框。在"零件编号"文本框中输入 1；在"零件名称"文本框中输入"定位环"；在"规格"文本框中输入"%%C100×15"；在"材料"文本框中输入"S50C"，其他使用默认设置，最后单击【确定】按钮完成设置，如图 10-84 所示。

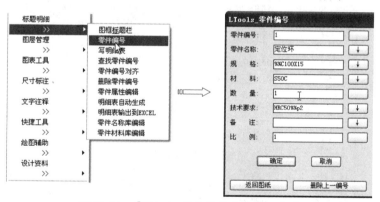

图 10-84　【LTools_零件编号】对话框设置

② 命令行提示"Pick start point"，在定位环上单击一点为零件编号的起点；命令行提示"Pick end point"，在要放置编号的位置单击，完成定位环的编号，如图 10-85 所示。

③ 以同样的方法创建其他零件的编号（各零件的参数请参照后面的明细表），结果如图 10-86 所示。

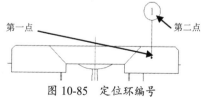

图 10-85　定位环编号

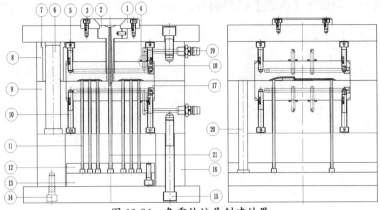

图 10-86 各零件编号创建结果

2. 自动生成明细表

① 在菜单栏中选择【LTools】|【标题栏|明细表】|【模具明细表自动生成 MAL】命令；系统弹出【LTools_模具零件明细表】对话框。在"模具编号"文本框中输入"TLP2011-03"；在"模具名称"文本框中输入"涂料片"，最后单击【确定】按钮完成设置，如图 10-87 所示。

② 在图形区要放置明细表的位置单击，系统自动生成零件明细表（自动生成的明细表可手动修改），如图 10-88 所示。

图 10-87 【LTools_模具零件明细表】对话框

NO.编号	PART NAME 零件名称	SIZE 规格	QTY.数量	MAT'L 材料	NOTE 技术要求	DATE 交货期	REMARK 备注
1	定位环	ø100X15	1	S50C	HRC50±2		
2	唧嘴	ø100X15	1	S50C	HRC40±2		
3	杯头螺丝 S13	M6X15	2	STD			
4	弹簧圈	ø5X13.5(外径)	4	胶皮			
5	杯头螺丝 S9	M8X35	1	STD			
6	导柱	ø30X130	2	45			
7	导套	ø30X70	4	45			
8	A 板	250X250X60	1	718H	HRC50±2		
9	B 板	250X250X80	1	45	HRC50±2		
10	杯头螺丝 S5	M8X55	4	STD			
11	顶针	ø4X150	20	STD			
12	杯头螺丝/S.H.C.S/S2	250X250X25	1	45			
13	底针板	250X250X20	1	45			
14	杯头螺丝	M10X30	4	STD			
15	杯头螺丝	M14X140	6	STD			
16	模身	250x48x80	2	45			
17	后模仁	160x150x30	1	718	HRC50±2		
18	前模仁	160x150x30	1	718	HRC50±2		
19	水管接头	M1/4	4	STD			
20	弹簧	ø35X100x125	4	STD			
21	杯头螺丝/S.H.C.S/S2	5X140	1	STD			

设计：　　　　审核：　　　　批准：　　　　日期:2011.03.13

图 10-88 明细表生成结果

③ 创建自动图框,在菜单栏中选择【LTools】|【标题栏|图框】|【生成标题栏 BORDER】命令,系统弹出【LTools_图框选择】对话框。设置如图 10-89 所示的选项及参数后,单击【确定】按钮关闭该对话框。

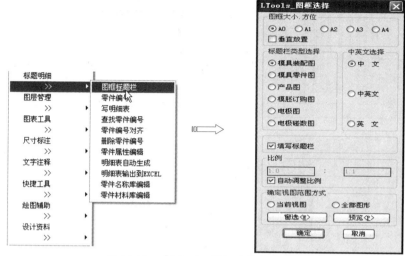

图 10-89 【LTools_图框选择】对话框

④ 按命令行提示操作在图形区中指定 2 个放置点,如图 10-90 所示。

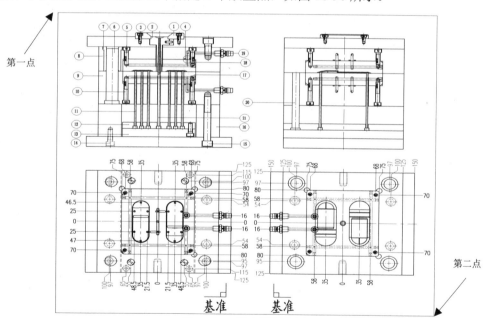

图 10-90 指定图框位置

⑤ 随后返回到【LTools_图框选择】对话框,单击【确定】按钮完成,系统弹出【LTools_模具装配图】对话框,在【树脂材料】文本框中输入 ABS;在【收缩率】文本框中输入 1.005,最后单击【确定】按钮完成设置,如图 10-91 所示。

⑥ 系统自动生成模具图框和标题栏,把刚才创建的零件明细表移动至图框中,最终结果如图 10-92 所示。

图 10-91 设置标题栏

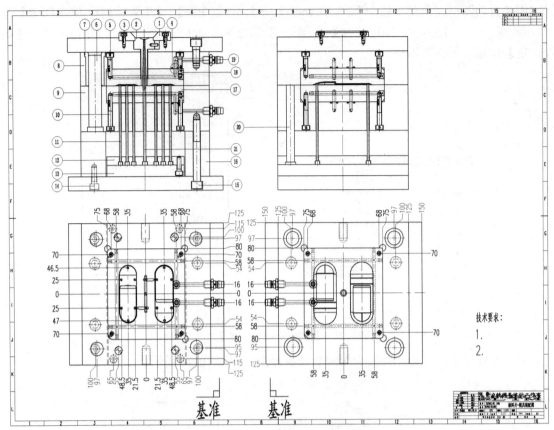

图 10-92 总装配图的设计结果